应用型本科机电类专业"十三五"规划精品教材

U0342056

液压与气动

YEYA YU QIDONG

主　编　刘绍力　王海文

副主编　罗文军　董少峥　封居强

李军　崔勇

华中科技大学出版社
http://www.hustp.com
中国·武汉

内 容 简 介

本书在讲解了液压与气压传动涉及的流体力学基本知识的基础上,分别介绍了液压与气压传动的动力元件、执行元件、控制元件、辅助元件,以及液压与气压传动的基本回路和常用回路,并在此基础上讲解了液压与气压传动系统的设计方法和步骤,分析了液压与气压传动的工程实例。

本书注重理论和实际应用相结合,内容由浅入深、通俗易懂,各章配有适量的习题,既便于教学又利于自学,可以作为学校教学教材或工程技术人员的参考资料。

为了方便教学,本书配有电子课件等教学资源包,任课教师和学生可以登录"我们爱读书"网(www.ibook4us.com)免费注册并浏览,或者发送邮件至 hustpeiit@163.com 免费索取。

图书在版编目(CIP)数据

液压与气动/刘绍力,王海文主编. —武汉:华中科技大学出版社,2017.8
应用型本科机电类专业"十三五"规划精品教材
ISBN 978-7-5680-2880-6

Ⅰ.①液… Ⅱ.①刘… ②王… Ⅲ.①液压传动-高等学校-教材 ②气压传动-高等学校-教材
Ⅳ.①TH137 ②TH138

中国版本图书馆 CIP 数据核字(2017)第 108448 号

液压与气动
Yeya yu Qidong

刘绍力　王海文　主编

策划编辑:康　序
责任编辑:舒　慧
责任监印:朱　玢
出版发行:华中科技大学出版社(中国·武汉)　　电话:(027)81321913
　　　　　武汉市东湖新技术开发区华工科技园　　邮编:430223
录　　排:武汉正风天下文化发展有限公司
印　　刷:武汉科源印刷设计有限公司
开　　本:787mm×1092mm　1/16
印　　张:18
字　　数:466千字
版　　次:2017年8月第1版第1次印刷
定　　价:38.00元

只有无知，没有不满。

Only ignorant, no resentment.

..........................迈克尔·法拉第(Michael Faraday)

迈克尔·法拉第（1791—1867）：英国著名物理学家、化学家，在电磁学、
化学、电化学等领域都做出过杰出贡献。

应用型本科机电类专业"十三五"规划精品教材

前言 PREFACE

"液压与气动"是高等院校机械工程、材料成型、机械电子工程及自动化等专业的重要专业基础课。本书在编写过程中,结合应用型本科机械类人才培养目标和专业教育需要,本着突出应用、易教易学的原则,尽量使学生掌握扎实的理论基础,但又不追求理论深度,在打好基础的前提下,以培养学生实际工程能力为目标,强调"重基本理论、基本概念,淡化过程推导,突出工程应用"。为此,本书重点讲述了液压与气压传动的基本原理,强调基本技能的培养,对液压元件与系统的使用和维护、故障的分析和排除等相关知识也进行了一定的阐述。

通过对本书的学习,学生可以掌握液压与气压传动的基本结构和工作原理、液压与气压传动系统的设计方法,掌握它们各自的特点以及应用,从而提高学生解决实际工程问题的能力。

面对工业 4.0 和中国制造 2025 的发展路径安排,为适应 21 世纪科技发展的需要,考虑到技术进步,在讲清系统和基本原理的基础上,本书采用了新型液压与气动元件,引入了先进的回路和系统,详述了新型传动介质的性能及其选用,增加了电液比例控制、电液伺服控制和数字控制等新技术内容。为使学生在校学习期间就对这些日新月异的现代液压与气压传动技术有所了解,我们将现代的与经典的液压与气压传动技术进行了有机融合,在遵循理论联系实际的原则的基础上编写了本书。

本书共分三个部分,共 14 章:第 1 章、第 2 章和第 3 章介绍了液压与气压传动的基本知识和液压流体力学的基本理论;第 4 章至第 8 章分别介绍了各类液压元件(泵、缸、马达、阀、辅件)的结构、原理、性能、特点与选用,介绍了常用液压基本回路的组成、功能、特点及应用情况;第 9 章介绍了不同类型的典型液压系统的组成、工作原理和性能特点;第 10 章介绍了液压系统的设计计算方法和步骤;第 11 章至第 14 章分别介绍了气源装置、气动元件的原理、性能,气动回路的应用等。

本书在教学使用过程中,可根据专业特点和课时安排选取教学内容。本书可作为高等院校本科机械制造专业、材料成型专业及相近专业液压与气压传动课程的教材,也可作为各类院校专科层次相关专业类似课程的选用教材,还可作为机械制造、材料成型方面的工程技术人员的参考书。

本书由大连工业大学艺术与信息工程学院刘绍力、大连工业大学王海文担任主编，桂林航天工业学院罗文军、大连工业大学艺术与信息工程学院董少峥、淮南师范学院封居强、哈尔滨石油学院李军、大连豪森设备制造有限公司崔勇担任副主编。全书共 14 章，其中：刘绍力编写第 10 章至第 14 章及附录，王海文编写第 1 章，罗文军编写第 2、3 章，董少峥编写第 5、6 章，封居强编写第 8 章，李军编写第 7、9 章，崔勇编写第 4 章。王威舒、宫玉瑶、王艺茨、崔杨、张跃警、康路协助进行了资料的整理工作。全书由大连工业大学艺术与信息工程学院的金崇源老师主审。

在编写本书的过程中，参考了兄弟院校的资料及其他相关教材，并得到许多同仁的关心和帮助，在此谨致谢意。

为了方便教学，本书配有电子课件等教学资源包，任课教师和学生可以登录"我们爱读书"网（www.ibook4us.com）免费注册并浏览，或者发送邮件至 hustpeiit@163.com 免费索取。

限于篇幅及编者水平，本书在内容上若有局限和欠妥之处，竭诚希望同行和读者赐予宝贵的意见。

编　者
2017 年 5 月

目录 CONTENTS

第1篇 液压与气压传动基础理论

第2篇 液压传动

第 3 篇 气压传动

第1篇
Part 1　液压与气压传动基础理论

第①章 液压与气压传动概述

液压与气压传动是以流体(液压液或压缩空气)作为工作介质对能量进行传递和控制的一种传动形式,相对于机械传动来说,它是一门新技术。但若从1650年帕斯卡提出静压传递原理,1850年开始英国将帕斯卡原理先后应用于液压起重机、压力机等算起,也已有两三百年的历史了。而液压与气压传动在工业上的真正推广使用,则是20世纪中叶以后的事。近几十年来,随着微电子和计算机技术的迅速发展,且渗透到液压与气压传动技术中并与之密切结合,使其应用领域遍及各个工业部门,液压与气压传动已成为实现生产过程自动化、提高劳动生产率等必不可少的重要手段之一。

1.1 液压与气压传动的工作原理及组成

1.1.1 液压与气压传动的工作原理

液压系统以液压液作为工作介质,而气动系统以空气作为工作介质。两种工作介质的不同在于液体几乎不可压缩,气体却具有较大的可压缩性。液压与气压传动在基本工作原理、元件的工作机理及回路的构成等方面是极为相似的。下面以图1-1所示的原理图来介绍它们的工作原理。

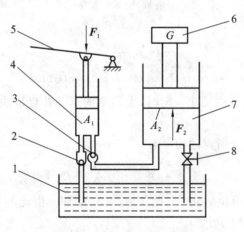

图 1-1 液压千斤顶示意图

1—油箱;2—吸油阀;3—压油阀;4—小缸;5—手柄;
6—负载(重物);7—大缸;8—截止阀(放油螺塞)

图1-1所示为液压千斤顶示意图。向上提手柄5,使小缸4内的活塞上移,小缸下腔因容积增大而产生真空,油液从油箱1通过吸油阀2被吸入并充满小缸容积;按压手柄5,使小缸4内的活塞下移,则刚才被吸入的油液通过压油阀3输入到大缸7的下腔,油液被压缩,压力立即升高。当油液的压力升高到能克服作用在大活塞上的负载(重物G)所需的压力值时,重物就随手柄的下按而同时上升,此时吸油阀是关闭的。为了能把重物从举高的位置放下,系统中专门设置了截止阀(放油螺塞)8。

图 1-1 中的两根通油箱的管路如通大气,则图 1-1 变成气动系统的原理图。这种情况下,上下按动手柄 5,空气就通过吸油阀 2 被吸入,经压油阀 3 输入到大缸 7 的下腔。在这里,因气体有压缩性,不像液压系统那样,一按手柄重物立即相应上移,而是需多次按动手柄,使进入大缸 7 下腔中的气体逐渐增多,压力逐渐升高,一直到气体压力达到使重物上升所需的压力值时,重物便开始上升。在重物上升过程中,也不像液压系统那样,压力值基本上维持不变(因是举起重物),因气体可压缩性较大的缘故,气压值会产生波动。

图 1-1 所示的系统不能对重物的上升速度进行调节,也没有防止压力过高的安全措施。但就从这简单的系统中,可以得出有关液压与气压传动的一些重要概念。

设大、小活塞的面积为 A_2、A_1,当作用在大活塞上的负载和作用在小活塞上的作用力为 G 和 F_1 时,根据帕斯卡原理,大、小活塞下以及连接导管构成的密闭容积内的油液具有相等的压力值,设为 p,如忽略活塞运动时的摩擦阻力,则有

$$p = \frac{G}{A_2} = \frac{F_2}{A_2} = \frac{F_1}{A_1} \tag{1-1}$$

或

$$F_2 = F_1 \frac{A_2}{A_1} \tag{1-2}$$

式中,F_2 为油液作用在大活塞上的作用力,$F_2 = G$。

式(1-1)说明,系统的压力 p 取决于作用负载的大小。这是第一个重要概念。式(1-2)表明,当 $A_2/A_1 \gg 1$ 时,在小活塞上作用一个很小的力 F_1,便可在大活塞上产生一个很大的力 F_2,以举起负载(重物)。这就是液压千斤顶的原理。

另外,设大、小活塞移动的速度为 v_2 和 v_1,在不考虑泄漏情况下稳态工作时,则有

$$v_1 A_1 = v_2 A_2 = q \tag{1-3}$$

或

$$v_2 = v_1 \frac{A_1}{A_2} = \frac{q}{A_2} \tag{1-4}$$

式中,q 为流量,定义为单位时间内输出(或输入)的液体体积。

式(1-4)表明,在缸的结构尺寸一定时,大活塞的运动速度取决于输入的流量。这是第二个重要概念。

使大活塞上的负载上升所需的功率为

$$P = F_2 v_2 = p A_2 \frac{q}{A_2} = pq \tag{1-5}$$

式中,p 的单位为 Pa,q 的单位为 m^3/s,则 P 的单位为 W。由此可见,液压系统的压力和流量之积就是功率,称之为液压功率。

由这个例子可清楚地看到,在小缸中,手按动小活塞所产生的机械能变成了排出流体的压力能;而在大缸中,进入大缸的流体压力能通过大活塞转变成驱动负载所需的机械能。所以,在液压与气压传动系统中,要发生两次能量的转变。把机械能转变为流体压力能的元件或装置称为泵或能源装置,而把流体压力能转变为机械能的元件称为执行元件。

比较完善的系统是图 1-2 所示的驱动机床工作台的液压系统。它的工作原理如下:电动机(图中未画出)带动液压泵 4 旋转,经过滤器 2 从油箱 1 中吸油,油液经液压泵 4 输出,进入压力管 10 后,在图 1-2(a)所示的状态下,通过开停阀 9、节流阀 13、换向阀 15 进入液压缸 18 左腔,推动活塞 17 和工作台 19 向右移动,而液压缸 18 右腔的油液经换向阀 15 和回油管 14 排回油箱。

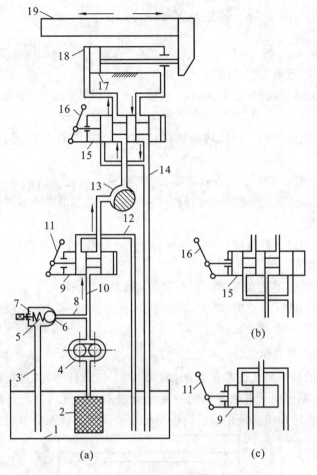

图 1-2 机床工作台液压系统的工作原理图

1—油箱；2—过滤器；3,12,14—回油管；4—液压泵；5—弹簧；6—钢球；7—溢流阀；
8—压力支管；9—开停阀；10—压力管；11—开停手柄；13—节流阀；15—换向阀；
16—换向阀手柄；17—活塞；18—液压缸；19—工作台

如果将换向阀手柄 16 转换成图 1-2(b)所示的状态，则压力管中的油液将经过开停阀、节流阀和换向阀进入液压缸右腔，推动活塞和工作台向左移动，并使液压缸左腔的油液经换向阀和回油管排回油箱。

工作台的移动速度是由节流阀来调节的。开大节流阀，进入液压缸的油液增多，工作台的移动速度增大；反之，工作台的移动速度减小。

为了克服移动工作台时所受到的各种阻力，液压缸必须产生一个足够大的推力，这个推力是由液压缸中的油液压力产生的。要克服的阻力越大，液压缸中的油液压力越高；反之，压力就越低。输入液压缸的油液流量是通过节流阀调节的。液压泵输出的多余的油液须经溢流阀 7 和回油管 3 排回油箱。只有在压力支管 8 中的油液压力对溢流阀钢球 6 的作用力等于或略大于溢流阀中弹簧 5 的预紧力时，油液才能顶开溢流阀中的钢球而流回油箱。所以，在图示系统中，液压泵出口处的油液压力是由溢流阀决定的，它和液压缸中的油液压力不同。

如果将开停手柄 11 转换成图 1-2(c)所示的状态，压力管中的油液将经开停阀和回油管 12 排回油箱，不输入到液压缸中去，液压泵出口处的压力就降为零，这时工作台就停止运动。

1.1.2 液压与气压传动系统的组成和表示方法

1. 系统的组成

由图 1-2 可知,液压系统主要由以下四部分组成。

(1) 能源装置:把机械能转换成油液液压能的装置,最常见的形式就是液压泵,它给液压系统提供压力油。

(2) 执行元件:把油液的液压能转换成机械能的元件,有作直线运动的液压缸,或作旋转运动的液压马达。

(3) 控制调节元件:对系统中的油液压力、流量或油液流动方向进行控制或调节的元件,例如图 1-2 中的溢流阀、节流阀、换向阀、开停阀等。这些元件的不同组合形成了不同功能的液压系统。

(4) 辅助元件:上述三部分以外的其他元件,例如油箱、过滤器、油管等。它们对保证系统正常工作有重要作用。

气压传动系统则除了能源装置——气源装置,执行元件——气缸、气动马达,控制元件——气动阀,辅助元件——管道、接头、消声器外,常常还装有一些完成逻辑功能的逻辑元件等。

2. 系统的图形符号表示

图 1-2(a)所示的液压系统图是一种半结构式的工作原理图,其直观性强,容易理解,但绘制起来比较麻烦,系统中元件数量多时更是如此。图 1-3 所示是上述液压系统用液压图形符号绘制成的工作原理图。使用这些图形符号可使液压系统图简单明了,便于绘制。

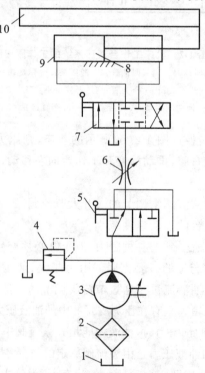

图 1-3 机床工作台液压系统的图形符号图

1—油箱;2—过滤器;3—液压泵;4—溢流阀;5—开停阀;
6—节流阀;7—换向阀;8—活塞;9—液压缸;10—工作台

我国制定的液压与气压传动图形符号(GB/T 786.1—2009)可参见附录B。

 ## 1.2 液压与气压传动的特点

液压与气压传动同电力拖动系统、机械系统相比有许多优异的特点。下面从拖动负载能力和控制方式性能两个方面进行比较。

1. 拖动负载能力

由于气压传动系统的使用压力一般在 0.2～1.0 MPa 范围之内,因此它不能作为大功率的动力系统。在此只对液压传动系统与电力拖动系统做比较。从所能达到的最大功率来看,液压传动系统不如电力拖动系统。但液压传动系统最突出的优点是出力大、质量小、惯性小及输出刚度大,可用以下指标来表示。

(1) 功率-质量比大。这意味着同样功率的控制系统,液压传动系统的体积和质量小,这是因为机电元件,例如电动机由于受到磁性材料饱和作用的限制,单位质量的设备所能输出的功率比较小。液压传动系统可以通过提高系统的压力来提高输出功率,这时仅受到机械强度和密封技术的限制。在典型情况下,发电机和电动机的功率-质量比仅为 165 W/kg 左右,而液压泵和液压马达的功率-质量比可达 1650 W/kg,是机电元件的 10 倍。在航空、航天技术领域应用的液压马达的功率-质量比可达 6600 W/kg;作直线运动的动力装置与液压缸相比,差距将更加悬殊,从单位面积出力来看,液压缸的出力一般可达到 $(7.0～30)×10^6$ N/m^2,而直流直线式电动机的出力为 $0.3×10^6$ N/m^2 左右。

(2) 力-质量比。液压缸的力-质量比一般为 13 000 N/kg,而直流直线式电动机的力-质量比仅为 130 N/kg。一般回转式液压马达的转矩-惯量比是同容量电动机的 10～20 倍,为 $61×10^3$ N·m/(kg·m^2)(近年来发展的无槽电动机具有很高的转矩-惯量比,与液压马达的相当)。转矩-惯量比大,意味着液压系统能够产生大的加速度,也就是说时间常数小,响应速度快,具有优良的动态品质。

2. 控制方式性能

液压与气压传动在组成控制系统时,与机械装置相比,其主要优点是操作方便、省力,系统结构空间的自由度大,易于实现自动化,且能在很大的范围内实现无级调速,传动比可达 100:1 至 2000:1。如与电气控制相配合,可较方便地实现复杂的程序动作和远程控制。

此外,液压与气压传动还具有传递运动均匀平稳,反应速度快,冲击小,能高速启动、制动和换向等优点;易于实现过载保护;液压与气压控制元件标准化、系列化和通用化程度高,有利于缩短系统的设计、制造周期和降低制造成本。

当然,液压与气压传动也有一定的缺点,例如传动介质易泄漏和可压缩性会使传动比不能严格保证,能量传递过程中压力损失和泄漏的存在使传动效率低,液压与气压传动装置不能在高温下工作,液压与气压控制元件制造精度高以及系统工作过程中发生故障不易诊断等。

气压传动与液压传动相比,有如下优点。

(1) 空气可以从大气中取之不竭,无介质费用和供应上的困难,可将用过的气体直接排入大气,处理方便;泄漏不会严重影响工作,不会污染环境。

(2) 空气的黏性很小,在管路中的阻力损失远远小于液压传动系统的,宜用于远程传输及控制。

（3）气压传动工作压力低，元件的材料和制造精度低。

（4）气压传动维护简单，使用安全，无油的气动控制系统特别适用于电子元器件的生产过程，也适用于食品及医药的生产过程。

（5）气动元件可以根据不同场合，采用相应材料，使元件能够在恶劣的环境（强振动、强冲击、强腐蚀和强辐射等）下正常工作。

气压传动与电气、液压传动相比，有以下缺点。

（1）气压传动装置的信号传递速度限制在声速（约 340 m/s）范围内，所以它的工作频率和响应速度远不如电子装置，并且信号会产生较大的失真和延迟，也不便于构成较复杂的控制系统，但这个缺点对工业生产过程不会造成困难。

（2）空气的压缩性远大于液压油的压缩性，因此在动作的响应能力、工作速度的平稳性方面不如液压传动。

（3）气压传动系统出力较小，且传动效率低。

1.3 液压与气压传动的应用

驱动机械运动的机构以及各种传动和操纵装置有多种形式，根据所用的部件和零件，可分为机械的、电气的、气动的、液压的传动装置，还经常将不同的形式组合起来运用。由于液压与气压传动具有很多优点，在最近三四十年以来，液压与气压传动技术在各个行业中的应用越来越广泛。

液压与气压传动在各类机械行业中的应用情况如表 1-1 所示。

表 1-1 液压与气压传动在各类机械行业中的应用情况

行 业 名 称	应用场所举例
工程机械	挖掘机、装载机、推土机、压路机、铲运机等
起重运输机械	汽车吊、港口龙门吊、叉车、装卸机械、皮带运输机等
矿山机械	凿岩机、开掘机、开采机、破碎机、提升机、液压支架等
建筑机械	打桩机、液压千斤顶、平地机等
农业机械	联合收割机、拖拉机、农具悬挂系统等
冶金机械	电炉炉顶及电极升降机、轧钢机、压力机等
轻工机械	打包机、注塑机、校直机、橡胶硫化机、造纸机等
汽车工业	自卸式汽车、平板车、高空作业车、汽车中的转向器、减振器等
智能机械	折臂式小汽车装卸器、数字式体育锻炼机、模拟驾驶舱、机器人等

1.4 液压与气压传动技术的发展

我国的液压工业始于 20 世纪 50 年代。自从 1964 年从国外引进一些液压元件生产技术，并自行设计液压产品以来，我国的液压件已在各种机械设备上得到了广泛的使用。20世纪 80 年代后，加速了对国外先进液压产品和技术的引进、消化、吸收以及国产化工作，使我国的液压技术能在产品质量、经济效益、研究开发等方面逐步地赶上世界水平。

当前,液压技术在实现高压、高速、大功率、高效率、低噪声、经久耐用、高度集成化等各项要求方面都取得了重大的进展,在完善比例控制、伺服控制、数字控制等技术上也有许多新成就。此外,在液压元件和液压系统的计算机辅助设计、计算机仿真和优化及微机控制等开发性工作方面,也取得了显著的成绩。

起初由于价格因素,气压传动与控制系统一般应用在复杂程度较低的机器上,但是一些较为复杂的机器也能应用气压传动与控制系统,这决定于环境条件。诸如在易爆、腐蚀、水冲洗、粉尘、污物等一些环境条件下,应用气压传动系统更为合理和安全。

从20世纪60年代起,气压传动元件得到了发展,控制方式有所创新,从而使气压传动系统在很多领域得到了广泛应用。因为气压传动元件兼有通用性和灵活性的特点,所以它在现代系统的集成化和完整化方面发挥了决定性的作用,气压传动元件本身也得到了飞跃的发展。

近年来,气压传动技术的应用领域已从机械、冶金、采矿、交通运输等工业部门扩展到轻工、食品、化工、电子、物料搬运及军事等工业部门,它对实现生产过程的自动控制、改善劳动条件、减轻劳动强度、降低成本、提高产品质量发挥了很大的作用。

随着微电子技术的发展,并使之与液压与气压传动技术相结合,创造出了很多可靠性高、成本低的微型节能元件,为液压与气压传动技术在各工业部门中的应用开辟了更为广阔的前景。

今天,为了和最新技术的发展同步,液压与气压传动技术必须不断创新、提高,元件和系统的性能必须不断改进,才能满足日益变化的市场需求。液压与气压传动技术的持续发展体现在如下几个比较重要的特征上。

(1) 创制高性能、小型化和微型化的新型元件。

(2) 高度的组合化、集成化和模块化。

(3) 结合微电子技术,迈向智能化。

(4) 研发特殊传动介质,推进工作介质多元化。

习　题

1-1　什么是液压与气压传动? 液压与气压传动和机械传动相比,有哪些优缺点?

1-2　液压与气压传动由哪几部分组成? 每部分的功能是什么?

1-3　液压传动中液体的压力是由什么决定的?

1-4　液压传动系统的基本参数是什么? 它们与哪些因素有关?

第2章 液压传动的基础知识

 ## 2.1 液压传动的工作介质简介

2.1.1 液压传动工作介质的种类

工作介质是液压系统基本组成部分之一，它在液压系统中的主要作用是：①传递能量；②润滑；③将热量及污染物带走。

液压系统使用的工作介质种类较多，大体可分为石油基液压油、抗燃液压液和水（海水或淡水）三大类，其中石油基液压油最为常用。各种工作介质的性能特点与适用场合如表2-1所示。

表 2-1   各种工作介质的性能特点与适用场合

类型	名 称	组 成	特 性	适 用 场 合
石油基液压油	L-HH 液压油	无添加剂的石油基液压油	氧化稳定性、低温性能、防锈性较差	不重要的液压系统
	L-HL 普通液压油	HH＋抗氧化、抗腐蚀、抗泡、抗磨、防锈等添加剂	良好的防锈性、抗氧化性、抗泡性和对橡胶密封件的适应性	高精密机床或要求较高的中、低压系统
	L-HR 高黏度指数液压油	HL＋增黏、油性等添加剂	良好的黏温特性及抗剪切安定性，黏度指数达175以上；较好的润滑性，可有效地防止低速爬行和低速不稳定现象	环境温度变化较大的低压系统，数控精密机床及高精度坐标镗床的液压系统
	L-HM 抗磨液压油	HL＋抗磨剂	良好的抗磨性、润滑性、抗氧化性及防锈性	高压、高速工程机械和车辆液压系统
	L-HV 低凝液压油	HM＋增黏、降凝等添加剂	低温下有良好的启动性能，正常温度下有很好的工作性能，黏度指数在130以上；良好的抗剪切性能	低温地区的户外高压系统，环境温度变化较大的中、高压系统
	L-HG 液压-导轨油	HM＋油性剂	用于导轨润滑时具有良好的防爬性能	机床液压和导轨润滑合用的系统
抗燃液压液	L-HFAE 水包油乳化液	水（90%～95%）＋基础油（5%～10%）＋乳化、防锈、助溶、防霉、抗泡等添加剂	微小油滴均匀分布在水中，润滑性、黏温特性、低温性差；良好的阻燃性和冷却性；具有较高的饱和蒸汽压及pH值	对润滑性、黏温特性要求不高的低压系统，如液压支架、水压机系统；系统所用液压泵的转速不宜超过1200 r/min
	L-HFB 油包水乳化液	水（40%）＋基础油（60%）＋乳化、抗磨、防锈、抗氧化、抗泡等添加剂	既具有石油基液压油的良好特性，又具有抗燃性；对金属材料和密封材料无特殊要求	对抗燃性、润滑性、防锈性均有要求的液压系统；使用温度不超过65 ℃

类型	名　称	组　成	特　性	适用场合
抗燃液压液	L-HFAS 高水基抗燃工作液	水（95%）＋抗磨、防锈、抗腐蚀、乳化、抗泡、增黏等添加剂(5%)	成本低，特别良好的抗燃性，良好的冷却性，但黏温特性、润滑性差	对润滑性和黏温特性要求不高，但是对抗燃性要求特别高的液压系统
	L-HFC 水-乙二醇液	水（35%～55%）＋乙二醇＋增稠、抗氧化、抗泡、防锈、抗磨、防腐蚀等添加剂	良好的黏温特性，黏度指数高（130～170）；良好的抗燃性；凝点低（−50℃）；与大多数金属材料相适应	要求防火的中、低压系统，以及在低温下使用的液压系统，使用温度为−18～65℃
	L-HFDR 磷酸酯液	无水磷酸酯＋增稠、抗氧化、抗泡、防锈、抗磨等添加剂	优良的抗燃性，良好的抗氧化性和润滑性，可在高压下使用，价格昂贵，有毒性，与多种密封材料（如丁腈橡胶、氯丁橡胶等）相容性差	抗燃性要求很高的中、高压系统，使用温度范围可达−45～135℃，与丁基胶、乙丙胶、氟橡胶、硅橡胶、聚四氟乙烯等均可相容
水	海水	海水	无可燃性，优良的环保性，润滑性、抗磨性、防锈性差，需要专门材质（如海军黄铜、陶瓷等）的液压元件，元件制造工艺要求高，系统效率较低	海上钻井平台、潜艇、军舰、水下机器人等的液压系统
	淡水(纯水)	淡水、自来水	无可燃性，优良的环保性，润滑性、抗磨性、防锈性差，需要专门材质（如海军黄铜、陶瓷等）的液压元件，元件制造工艺要求高，系统效率较低	对环保要求高的系统，不允许有油液泄漏的液压设备（如食品机械、印刷机械、制药机械等）

2.1.2 液压油的主要物理性质

1. 密度

单位体积液体的质量称为液体的密度。体积为 V、质量为 m 的液体的密度为

$$\rho = \frac{m}{V}$$

矿物油型液压油的密度随温度的升高而有所减小，随压力的增大而稍有增大，但变动值很小，可以认为是常值。我国采用 20℃时的密度作为油液的标准密度。

2. 黏性

液体在外力作用下，液层间作相对运动时产生内摩擦阻力的性质，称为黏性。摩擦阻力是液体黏性的表现形式。黏性是液体固有的物理特性，但是液体只有在流动（或有流动趋势）时才会呈现出黏性，静止的液体是不呈现黏性的。

黏性是油液的基本属性，对液压元件的性能和系统的工作特性有极大影响。黏性也是选择液压用油的重要依据。

1) 牛顿内摩擦定律

如图 2-1 所示，在两个平行平板 B、C 间充满油液。下平板 C 不动，上平板 B 以速度 v

沿 x 轴正向运动,贴近两个平板的液体必黏附在平板上。附着在上平板的油液以与平板相同的速度 v 运动,附着在下平板的油液速度为零。显然,两个平板间油层速度各不相同,从上到下按递减的速度向右运动。当两个平行平板距离较小时,速度近似呈线性分布。运动速度为 $u+\mathrm{d}u$ 的较快油层会带动运动速度为 u 的较慢油层,而慢层油液又要阻止快层油液运动,各层油液间相互制约,即产生内摩擦阻力。由试验得知,内摩擦阻力 $T(\mathrm{N})$ 与油液层接触面积 $A(\mathrm{m}^2)$、相对运动速度 $\mathrm{d}u(\mathrm{m/s})$ 成正比,而与油层距离 $\mathrm{d}z(\mathrm{m})$ 成反比,并且与油液的性质有关,即

$$T=\mu A \frac{\mathrm{d}u}{\mathrm{d}z} \quad \text{(牛顿内摩擦定律)} \tag{2-1}$$

式中,$\mathrm{d}u/\mathrm{d}z$ 为速度梯度,表示黏性液体运动的剪切率;μ 为动力黏度(或称为比例系数)。如果以 τ 表示切应力(即单位面积上的内摩擦阻力),则

$$\tau=\mu \frac{\mathrm{d}u}{\mathrm{d}z} \tag{2-2}$$

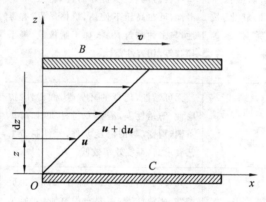

图 2-1 液体黏性的作用

2) 黏性的度量

黏性的大小用黏度来表示。黏度可用动力黏度、运动黏度和相对黏度三种形式来度量。

(1) 动力黏度 μ。

动力黏度(绝对黏度)是指液体在单位速度梯度下流动时单位面积上产生的内摩擦阻力。

由式(2-2)可得 μ 的量纲为 $\left[\dfrac{\mathrm{N}}{\mathrm{m}^2}\cdot s\right]$,即 $[\mathrm{Pa}\cdot s]$。因量纲中有动力学要素,故而得名。

(2) 运动黏度 ν。

动力黏度 μ 与油液密度 $\rho(\mathrm{N}\cdot\mathrm{s}^2/\mathrm{m}^4)$ 的比值,称为运动黏度,即

$$\nu=\mu/\rho \tag{2-3}$$

因量纲中有运动学要素,故而得名。运动黏度没有明确的物理意义,只是在计算中会常常出现 μ/ρ,为了方便而引入 ν。

液压油的牌号一般是指该油液在 40 ℃时的运动黏度的平均值[以 mm^2/s(cSt)为单位],换算关系如表 2-2 所示。

(3) 相对黏度。

相对黏度(条件黏度)是使用特定的黏度计在规定条件下可直接测量的黏度。我国采用的相对黏度为恩氏黏度 $°E$。将 200 mL 的液体从恩氏黏度计流出所需时间 t_1 与20 ℃下同体积的蒸馏水从同一个恩氏黏度计中流出所需时间 t_2 之比称为恩氏黏度,即 $°E=t_1/t_2$。

各种黏度的量纲及换算关系如表 2-2 所示。

表 2-2　各种黏度的量纲及换算关系

名　称	符号	量　纲	换算关系
动力黏度	μ	$1\dfrac{N}{m^2}\cdot s=1\ Pa\cdot s=10\ P$ $1\ P=1\ dyn\cdot\dfrac{s}{cm^2}=100\ cP$	$\nu=\dfrac{\mu}{\rho}$
运动黏度	ν	$1\ m^2/s=\dfrac{10^4\ cm^2}{s(cSt)}=\dfrac{10^6\ mm^2}{s(cSt)}$	
恩氏黏度	$°E$	无量纲	$\nu=0.0731°E-\dfrac{0.0631}{°E}\ (cm^2/s)$

一般而言,油液所受压力增大,其黏性变大。在高压时,压力对黏性的影响表现尤为突出,而在中、低压时并不显著。

油液黏性对温度十分敏感。当油液温度升高时,黏性下降,这种影响在低温时更为突出。它们的关系式为

$$\mu=\mu_0 e^{\alpha p-\lambda(t-t_0)} \tag{2-4}$$

式中,μ 表示压力为 p（MPa）、温度为 t 时的动力黏度；μ_0 表示大气压下温度为 t_0 时的动力黏度；α 表示油液的黏压系数,对于石油基液压油,$\alpha=0.02\sim0.03$（1/MPa）；λ 表示油液的黏温系数,对于石油基液压油,$\lambda=0.017\sim0.050$,具体数值随油品而异,如 10 号航空油的 $\lambda=0.017$,而 N100 机械油的 $\lambda=0.049$。

3. 压缩性

液体体积随压力的变化而变化。将在一定温度下,每增加一个单位压力,液体体积的相对变化值称为液体的压缩性。压缩性大小用压缩系数 β 表示,即

$$\beta=-\frac{dV/V}{dp} \tag{2-5}$$

式中,dp 为压力变化值；dV 为在 dp 作用下液体体积变化值；V 为液体压缩前的体积；负号是为了使 β 为正值,因为当 $dp>0$（压力增加）时,$dV<0$（液体体积减小）。

压缩系数描述了在压力增量作用下液体的压缩程度。在液压传动中,常以 β 的倒数 K 表示油液的压缩性,即

$$K=\frac{1}{\beta}=-\frac{dp}{dV/V} \tag{2-6}$$

式中,K 为液体的体积弹性系数（也称为体积弹性模量）。

在工程实际中,气体经常以混入和溶入两种形式存在于油液中。溶入的气体对油液的黏性及压缩性基本上不产生影响；而油液中混入不溶解的气体,对油液的黏性和表示油液压缩性的体积弹性系数均产生影响,而且对后者的影响极大。

油液中混入气体后,将使黏度增加。若未混入气体时油液的动力黏度为 μ_0,混入气体的体积百分数为 B,则混入气体后混气油液的黏度为

$$\mu=\mu_0(1+0.015B) \tag{2-7}$$

油液中混入气体后不仅使油液的黏性增加,而且大大降低了油液的体积弹性系数。

设混气油液的体积为 V_m,体积弹性系数为 K_m,混入气体的体积为 V_G,体积弹性系数为 K_G,则纯油液的体积为 $V_f=V_m-V_G$,其体积弹性系数为 K_f,有

$$\frac{1}{K_m} = \frac{V_G}{V_m} \cdot \frac{1}{K_G} + \left(1 - \frac{V_G}{V_m}\right) \cdot \frac{1}{K_f} \tag{2-8}$$

例如，$K_f = 1.8 \times 10^3$ MPa 的某油液，混有一定的气体，作用 10 MPa 的压力后油液温度不变，则 $K_G = 10$ MPa。这样，混气油液的体积弹性系数为

$$\frac{1}{K_m} = \frac{V_G/V_m}{10} + \frac{1 - V_G/V_m}{1.8 \times 10^3}$$

由上式可以计算出混入不同气体量时的 K_m 值，如表 2-3 所示。

表 2-3　混入气体对 K_m 的影响

$\dfrac{V_G}{V_m}$	K_m/MPa	$\dfrac{V_G}{V_m}$	K_m/MPa
0.000	1.8×10^3	0.040	2.20×10^2
0.005	9.5×10^2	0.060	1.53×10^2
0.010	6.45×10^2	0.080	1.17×10^2
0.020	3.91×10^2	0.100	9.50×10

由此可见，在需要大体积弹性系数的情况下，必须排出油液中混入的气体。

例 2-1　求解液体黏度。

如图 2-2 所示，面积为 64 cm²、质量为 0.8 kg 的平板，在与水平面成 12°、厚度为 0.5 mm 的液层上以 0.5 m/s 的等速度自由下滑，试求此液体的黏度。

解　设平板质量为 m，平板重量沿速度方向的分量为 $mg\sin\alpha$。

由式(2-1)有

$$\tau A = mg\sin\alpha = \mu A \frac{\mathrm{d}u}{\mathrm{d}z}$$

则液体黏度为

$$\mu = \frac{mg\sin\alpha}{A\,\mathrm{d}u/\mathrm{d}z} = \frac{0.8 \times 9.8 \times 0.2079}{64 \times 10^{-4} \times 0.5/(0.5 \times 10^{-3})} \text{ Pa} \cdot \text{s} = 2.55 \text{ P}$$

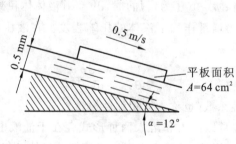

图 2-2　例 2-1 图

2.1.3　液压油的选用

液压传动是依靠液压油来传递能量的。液压油的性能直接关系到液压系统工作的好坏。对液压系统所用液压油的要求主要有以下几点。

（1）具有良好的黏温特性及适宜的黏度。

（2）具有良好的润滑性能。

（3）空气分离压、饱和蒸汽压要低，闪点、燃点要高，凝点要低。

（4）具有良好的化学稳定性，即对热、氧化、水解和剪切都有良好的稳定性；在高温下与空气长时间接触，以及高速通过缝隙后，仍能保持原有的化学成分不变。

（5）具有良好的防腐蚀性，不腐蚀金属及密封材料。

（6）对人体无害，质地纯净。

液压油既是液压系统的传动介质，又是液压元件的润滑剂，同时还起到带走液压系统里的热量和杂质的作用。因此，正确、合理地选用液压油，是保证液压系统高效、安全运行的前提，也是保证液压元件充分发挥性能、延长使用寿命的关键。液压油的选用原则如下。

（1）应根据液压元件生产厂推荐的油品及黏度来选择液压油。在液压系统中，工作最为繁重的是泵和马达。针对泵和马达选择的液压油，一般也适用于各类常规液压控制阀。

（2）黏度是选择液压油的重要参数，其大小直接影响系统的润滑、缝隙泄漏量、流动时的压力损失、油液的温升等。因此，要根据液压系统的工作压力、温度、液压元件的种类及经济性等因素，首先确定适用的黏度范围，再选择合适的油品。例如，对于高温、高压、低速系统，为了减少泄漏，应选用黏度较高的液压油。同时还要考虑液压系统工作条件的特殊要求。例如寒冷地区的户外设备，要选用黏度指数高的液压油，其低温流动性好，凝点低；而对于液压伺服系统，则要选用质地纯净、压缩性小的液压油。

2.2 液体静力学基础

液体静力学是研究液体处于静止和相对平衡状态下的力学规律。这里所谓的"液体静止"，是指液体内部各质点之间没有相对运动，不呈现黏性；所谓的相对平衡，是指液体内部各质点之间没有相对位移，液体完全可以像刚体一样作各种运动。

2.2.1 液体静压力（压强）的性质和单位

作用在液体上的力有两种，即质量力和表面力。质量力是作用于液体内部任何一个质点上的力，与质量成正比，由加速度引起，如重力、惯性力、离心力等。单位质量力就是加速度，垂直方向的单位质量力就是重力加速度。表面力是作用在所研究液体的外表面上的力，与所受作用力的表面积成正比。单位面积上作用的表面力称为应力。表面力有两种，即法向表面力和切向表面力。切向表面力与液体表面相切。流体黏性引起的内摩擦阻力即为切向表面力。静止液体质点间没有相对运动，不存在摩擦阻力，所以静止液体没有切向表面力。法向表面力总是指向液体表面的内法线方向，即为压力。

单位面积上所受的法向力称为静压力。静压力在液体传动中简称压力，在物理学中称为压强。本书以后只用"压力"一词。静止液体中某点处微小面积 ΔA 上作用有法向力 ΔF，则该点的压力定义为

$$p = \lim_{\Delta A \to 0} \frac{\Delta F}{\Delta A} \qquad (2-9)$$

若法向力 F 均匀地作用在面积 A 上，则压力可表示为

$$p = \frac{F}{A} \qquad (2-10)$$

1. 压力的单位

（1）国际单位制单位。压力的国际单位制单位为 Pa（帕）、N/m²（我国法定计量单位）或

MPa(兆帕),1 MPa＝10^6 Pa。

(2) 压力的工程制单位为 kgf/ cm²。国外也有用 bar(巴),1 bar＝10 Pa。

(3) 标准大气压为 1 标准大气压,1 标准大气压等于 101 325 Pa。

(4) 液体柱高度为 $h＝p/(\rho g)$,常用的有水柱、汞柱等,如 1 个标准大气压约等于 10 m 水柱高。

2. 液体静压力的几个重要特性

(1) 液体静压力的作用方向始终指向作用面的内法线方向。由于液体质点间的内聚力很小,液体不能受拉,只能受压。

(2) 静止液体中,任何一点所受到的各个方向的液体静压力都相等。如果在液体中某点受到的各个方向的压力不等,那么液体就要运动,这就破坏了静止的条件。所以,任意一点处的液体静压力的大小与作用面在空间上的方向无关,而与该点在空间的位置有关。

(3) 在密封容器内,施加于静止液体上的压力将以等值传递到液体中所有各点,这就是帕斯卡原理,或静压传递原理。

2.2.2 液体压力的表示方法

压力根据度量基准的不同有两种表示方法:以绝对零压力为基准所表示的压力,称为绝对压力;以当地大气压力为基准所表示的压力,称为相对压力,也称为表压力。

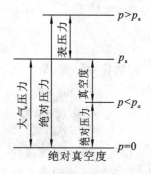

图 2-3 相对压力与绝对压力间的关系

绝大多数测压仪表,因其外部均受大气压力的作用,大气压力并不能使仪表指针回转,即在大气压力下指针指在零点,所以仪表指示的压力是相对压力或表压力(指示压力),即高于大气压力的那部分压力。在液压传动中,如不特别指明,所提到的压力均为相对压力。如果某点的绝对压力比大气压力低,说明该点具有真空,把该点的绝对压力比大气压力小的那部分压力值称为真空度。绝对压力总是正的,相对压力可正可负,负的相对压力就是真空度。它们的关系如图 2-3 所示,用式子表示为

$$绝对压力＝表压力＋大气压力 \tag{2-11}$$

$$真空度＝大气压力－绝对压力 \tag{2-12}$$

2.2.3 静压力方程及其物理本质

1. 静压力方程

在一容器中盛着连续均质、绝对静止的液体,上表面受到压力 p_0 的作用。在液体中取出一个高为 h,上表面与自由液面相重合,上、下底面面积均为 ΔA 的垂直微元柱体作为研究对象,如图 2-4 所示。这个柱体除了在上表面受到压力 p_0 作用外,下底面上还受到 p 作用,侧面除了受到垂直于液柱侧面的大小相等、方向相反的液体静压力外,还有作用于液柱重心上的重力 G,若液体的密度为 ρ,则 $G＝\rho g h\Delta A$。

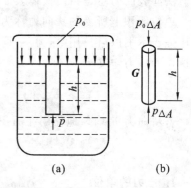

图 2-4 重力作用下的静止液体

该微元液柱在重力及周围液体的压力作用下处于平衡状态,其在垂直方向上的力平衡方程为

$$p\Delta A = p_0\Delta A + \rho g h\Delta A \tag{2-13}$$

上式化简后得

$$p = p_0 + \rho g h \tag{2-14}$$

如上表面受到大气压力作用,则

$$p = p_a + \rho g h \tag{2-15}$$

式(2-14)即为静压力基本方程。

从式(2-14)可以看出:静止液体在自重作用下,其任何一点的压力随液体深度呈线性规律递增。液体中压力相等的液面叫等压面,静止液体的等压面是一水平面。

当不计自重时,液体静压力可认为是处处相等的。在一般情况下,液体自重产生的压力与液体传递压力相比要小得多,所以在液压传动中常常忽略不计。

2. 静压力方程的物理本质

如将图 2-5 中盛有液体的容器放在基准面(xOz)上,则静压力基本方程可写成

$$p = p_0 + \rho g h = p_0 + \rho g(z_0 - z) \tag{2-16}$$

式中,z_0 为液面与基准水平面之间的距离,z 为离液面高为 h 的点与基准水平面之间的距离。

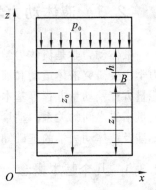

图 2-5 静压力方程的物理本质

上式整理后可得

$$z + \frac{p}{\rho g} = z_0 + \frac{p_0}{\rho g} = 常数 \tag{2-17}$$

式(2-17)是液体静压力方程的另一种表示形式。式中 z 表示单位质量液体的位能,常称为位置水头;$p/(\rho g)$ 表示单位重力液体的压力能,常称为压力水头。所以静压力基本方程的物理本质为:静止液体内任何一点具有位能和压力能两种能量形式,且其总和在任意位置保持不变,但两种能量形式之间可以互相转换。

2.2.4 液体静压力对固体壁面的作用力

静止液体与固体壁面接触时,固体壁面上各点在某一方向上所受静压力的总和,便是液体在该方向上作用于固体壁面上的力。当不计液体的质量力(即忽略 $\rho g h$ 项)对静压力的影响时,静压力处处相等,可认为作用在固体壁面上的静压力是均匀分布的。

当固体壁面为平面时,作用在该平面上的静压力大小相等,方向垂直于该平面,故作用在该平面上的总力 F 等于静压力 p 与承压面积 A 的乘积,即

$$F = pA \tag{2-18}$$

当固体壁面是曲面时,由于作用在曲面上各点的液体静压力的作用线彼此不平行,但静压力的大小是相等的,因而作用在曲面上的总作用力在不同的方向上也不一样,所以求总作用力时要说明是沿哪一方向。如图 2-6 所示的球面和圆锥体面,静压力 p 沿垂直方向作用在球面和圆锥体上的力 F,就等于液体的静压力 p 与受压曲面在垂直方向的投影面积 A 的乘积,即

$$F = pA = p\frac{\pi d^2}{4} \tag{2-19}$$

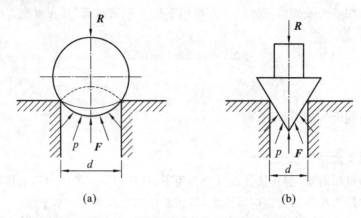

图 2-6 液体静压力作用在曲面上的力

由此可见,对于任何曲面,通过证明可以得到如下结论:静压力作用在曲面某一方向上的总作用力 F_x 等于静压力 p 与曲面在该方向投影面积 A_x 的乘积。

 ## 2.3 液体动力学基础

液体动力学是流体力学的核心,是研究液体在外力作用下的运动规律的学科。液体动力学主要研究液体运动和液体受力,并以数学模型为基础,推导出液体运动的连续性方程、能量方程及动量方程等基本定律。能量方程加上连续性方程,可以表达压力、流速或流量及能量损失之间的关系。动量方程可解决流动液体与固体边界之间的相互作用问题。本节主要涉及液体动力学的基础知识,它是液压传动中分析问题和设计计算的理论依据。

2.3.1 几个基本概念

1. 理想液体、恒定流动和一维流动

(1)理想液体。没有黏性的液体称为理想液体,实际上理想液体是不存在的。研究液体流动时必须考虑到黏性的影响,但如果考虑黏性,问题往往会变得很复杂,所以在开始分析时,可以假设液体没有黏性,寻找出流动液体的基本规律后,再考虑黏性作用的影响,并通过实验验证的方法对所得出的结论进行补充和修正。

(2)恒定流动。液体流动时,任意点的运动参数(包括压力、密度、速度等)都不随时间变化的流动状态称为恒定流动,又称定常流动。如果液体运动参数(包括压力、密度、速度等)任意一个随时间发生非常缓慢的变化,那么在较短的时间间隔内,可近似将其视为恒定流动。

(3)一维流动。当液体的运动参数只是一个空间坐标的函数时,该流动称为一维流动。当平面或空间流动时,该流动称为二维或三维流动。一维流动最简单,但是从严格意义上来讲,一维流动要求液流截面上各点处的速度矢量完全相同,这在现实中极为少见。

2. 流线、流管和流束

流线是流场中一条一条的曲线,它表示同一瞬时流场中各质点的运动状态。流线上每一液体质点的速度矢量与这条曲线相切。因此,流线代表了在某一瞬时许多液体质点的流速方向,如图 2-7(a)所示。在非恒定流动时,由于液流的速度随时间变化,因此流线形状也随时间变化;在恒定流动时,流线的形状不随时间变化。由于流场中每一流体质点在某一瞬时只能有一个速度,所以流线之间不可能相交,流线也不能突然折转,它只能是一条光滑的曲线。

在流场中给出一条不属于流线的任意封闭曲线,沿该封闭曲线上的每一点作流线,由这些流线组成的表面称为流管,如图2-7(b)所示;流管中的流线群称为流束,如图2-7(c)所示。

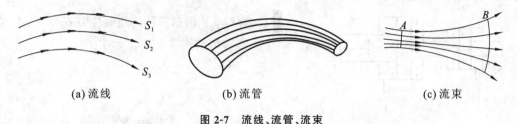

| (a)流线 | (b)流管 | (c)流束 |

图2-7 流线、流管、流束

3. 流量、平均流速

单位时间内液体流过过流截面的体积称为流量,用 Q 表示,即

$$Q = \frac{V}{t} \tag{2-20}$$

式中,Q 为流量,在液压传动中流量的常用单位为 L/min;V 为液体的体积;t 为液体流过过流截面的体积为 V 时所需的时间。

由于实际液体具有黏性,因此液体在管内流动时,过流截面上液体的流速不同,通常以截面上的平均流速 $\bar{v}$ 来代替实际流速,认为液体以平均流速 $\bar{v}$ 流经过流截面的流量等于以实际流速流过的流量,即

$$Q = \int_A v \, \mathrm{d}A = \bar{v}A$$

由此得出过流截面上的平均流速为

$$\bar{v} = \frac{Q}{A} \tag{2-21}$$

2.3.2 液体的连续性方程

液体的连续性方程实质是质量守恒定律的另一种表示方式。

设液体在非等截面管中作恒定流动,如图2-8所示,过流截面1和2的面积为 A_1 和 A_2,平均流速分别为 v_1 和 v_2。根据质量守恒定律,单位时间内液体流过截面1的质量一定等于流过截面2的质量,即

$$\rho_1 v_1 A_1 = \rho_2 v_2 A_2 = 常数$$

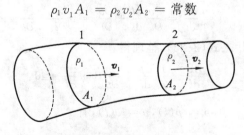

图2-8 连续性方程

当忽略液体的可压缩性时,$\rho_1 = \rho_2 = \rho$,则有

$$v_1 A_1 = v_2 A_2 = Q = 常数 \tag{2-22}$$

式(2-22)为液体的连续性方程。它表明在所有过流截面上流量都是相等的,并给出了截

面上的平均流速与截面面积之间的关系,在液压传动中应用甚广。

例 2-2 如图 2-9 所示,已知流量 $Q_1 = 25$ L/min,小活塞杆直径 $d_1 = 20$ mm,小活塞直径 $D_1 = 75$ mm,大活塞杆直径 $d_2 = 40$ mm,大活塞直径 $D_2 = 125$ mm,假设没有泄漏流量,求大、小活塞的运动速度 v_1、v_2。

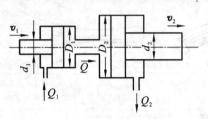

解 根据液体的连续性方程 $Q = vA$,求得大、小活塞的运动速度 v_1、v_2 分别为

$$v_1 = \frac{Q_1}{A_1} = \frac{Q_1}{\frac{\pi}{4}D_1^2 - \frac{\pi}{4}d_1^2} = 0.102 \text{ m/s}$$

$$v_2 = \frac{Q_2}{A_2} = \frac{\frac{\pi}{4}D_1^2 v_1}{\frac{\pi}{4}D_2^2} = 0.037 \text{ m/s}$$

图 2-9 例 2-2 图

2.3.3 伯努利方程

伯努利方程又称能量方程,它实际上表达的是流动液体的能量守恒定律。

由于实际液体流动的能量方程比较复杂,所以先从理想液体的流动着手,然后再对它进行修正,得出实际液体的伯努利方程。

1. 理想液体的运动微分方程

在液流的微小流束上取出过流截面面积为 dA、长度为 dl 的圆柱形微元体,如图 2-10 所示,液柱所受表面力为 pdA 和 $(p+dp)dA$,其质量力为 $dF = \rho g dAdl$。设运动加速度为 a_1,方向如图 2-10 所示,根据牛顿第二定律,有

$$pdA - (p+dp)dA - \rho g dAdl\cos\theta = \rho a_1 dAdl \tag{2-23}$$

由图可知

$$\cos\theta = \frac{dz}{dl} \tag{2-24}$$

液体沿 l 方向的流速 v 是位置和时间的函数,即

$$v = v(l,t)$$

同时位置也是时间的函数,即存在

$$l = l(t)$$

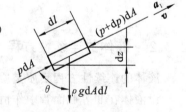

图 2-10 液体受力分析

故根据复合函数的求导法则,有

$$a_1 = \frac{dv}{dt} = \frac{\partial v}{\partial l}\frac{dl}{dt} + \frac{\partial v}{\partial t} = v\frac{\partial v}{\partial l} + \frac{\partial v}{\partial t} \tag{2-25}$$

将式(2-24)和式(2-25)代入式(2-23),整理得

$$g\frac{dz}{dl} + \frac{1}{\rho}\frac{dp}{dl} + \frac{\partial v}{\partial t} + v\frac{\partial v}{\partial l} = 0$$

若液体作定常流动,则 $\frac{\partial v}{\partial t} = 0$,$p = p(l)$,$v = v(l)$,有

$$gdz + \frac{1}{\rho}dp + vdv = 0 \tag{2-26}$$

式(2-26)为理想液体一元定常流动时的运动微分方程。将式(2-26)沿流线积分,即得定常流动的能量方程为

$$gz + \int \frac{dp}{\rho} + \frac{v^2}{2} = 常数 \tag{2-27}$$

对于不可压缩液体,有

$$gz + \frac{p}{\rho} + \frac{v^2}{2} = 常数 \tag{2-28}$$

式(2-28)是伯努利在 1738 年首先提出的,故被命名为伯努利方程,根据推导过程可知,它的适用条件是理想、微元、不可压缩液体的定常流动。

用重力加速度 g 去除式(2-28)的各项,得到伯努利方程的另一表达式为

$$z + \frac{p}{\rho g} + \frac{v^2}{2g} = 常数 \tag{2-29}$$

z、$\frac{p}{\rho g}$、$\frac{v^2}{2g}$ 分别为单位重量液体具有的位能、压力能和动能,故式(2-29)称为能量方程,它们之和称为机械能。此式表示液体运动时,不同性质的能量可以互相转换,但总的机械能是守恒的。

2. 实际液体的伯努利方程

实际液体是有黏性的,由于黏性引起液体层间产生内摩擦阻力,运动过程中必定消耗能量,沿流动方向液体的总机械能将逐渐减少。用平均流速与实际流速得出的动能有差别。

若以 h_f 表示图 2-11 中实际液体从截面 A 流到截面 B 的能量损失,用 α_1、α_2 分别表示截面 A 和截面 B 的动能修正系数,则式(2-29)变成

$$z_1 + \frac{p_1}{\rho g} + \frac{\alpha_1 v_1^2}{2g} = z_2 + \frac{p_2}{\rho g} + \frac{\alpha_2 v_2^2}{2g} + h_f \tag{2-30}$$

对于层流,$\alpha_1 = \alpha_2 = 2$;对于紊流,$\alpha_1 = \alpha_2 = 1$。

式(2-30)称为实际液体的伯努利方程。式中的 h_f 为液体从截面 A 流到截面 B 的能量损失。

例 2-3 计算液压泵吸油口处的真空度。

液压泵吸油装置如图 2-12 所示,设油箱液面压力为 p_1,液压泵吸油口处的绝对压力为 p_2,泵吸油口距油箱液面的高度为 h。

解 以油箱液面为基准,并定为 1—1 截面,泵的吸油口处为 2—2 截面。取动能修正系数 $\alpha_1 = \alpha_2 = 1$,设从 1—1 截面到 2—2 截面的能量损失为 h_f,对 1—1 截面和 2—2 截面建立实际液体的能量方程,则有

$$\frac{p_1}{\rho g} + \frac{v_1^2}{2g} = h + \frac{p_2}{\rho g} + \frac{v_2^2}{2g} + h_f$$

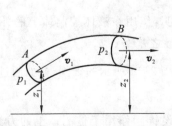

图 2-11 实际液体的伯努利方程

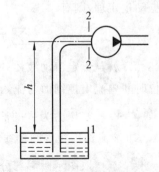

图 2-12 例 2-3 图

图 2-12 所示的油箱液面与大气接触,故 p_1 为大气压力,即 $p_1 = p_a$;v_1 为液面下降速度,v_2 为泵吸油口处的液体的速度,它等于液体在吸油管内的流速;由于 $v_1 \ll v_2$,故 v_1 近似为零。所以上式可简化为

$$\frac{p_a}{\rho g} = h + \frac{p_2}{\rho g} + \frac{v_2^2}{2g} + h_f$$

所以液压泵吸油口处的真空度为

$$p_a - p_2 = \rho g h + \frac{1}{2}\rho v_2^2 + \rho g h_f$$

可见,液压泵吸油口处的真空度由三部分组成:把油液提升到 h 高度所需的压力、将静止液体加速到 v_2 所需的压力和在吸油管路中的压力损失。

2.3.4　动量方程

流动液体作用于限制其流动的固体壁面的总作用力用动量定理求解。根据理论力学中的动量定理:作用在物体上的全部外力的矢量和等于物体在力的作用方向上的动量变化率,即

$$\sum \boldsymbol{F} = \frac{\Delta(m\boldsymbol{v})}{\Delta t}$$

这一定理推广到流体力学中去,就可以得出流动液体的动量方程。

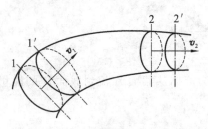

图 2-13　动量方程推导简图

在图 2-13 所示的管流中,任取被通流截面 1 和 2 限制的部分为控制体积,截面 1 和 2 称为控制表面。若截面 1 和 2 的液流流速分别为 v_1 和 v_2,设 1—2 段液体在 t 时刻的动量为 $(m\boldsymbol{v})_{1-2}$;经 Δt 时间后,1—2 段液体移动到 $1'—2'$,$1'—2'$ 段液体的动量为 $(m\boldsymbol{v})_{1'-2'}$。在 Δt 时间内动量的变化为

$$\Delta(m\boldsymbol{v}) = (m\boldsymbol{v})_{1'-2'} - (m\boldsymbol{v})_{1-2}$$

而

$$(m\boldsymbol{v})_{1-2} = (m\boldsymbol{v})_{1-1'} + (m\boldsymbol{v})_{1'-2}$$
$$(m\boldsymbol{v})_{1'-2'} = (m\boldsymbol{v})_{1'-2} + (m\boldsymbol{v})_{2-2'}$$

若液体作恒定流动,则 $1'—2$ 段液体各点流速未发生变化,故动量也未发生变化。于是

$$\Delta(m\boldsymbol{v}) = (m\boldsymbol{v})_{1'-2'} - (m\boldsymbol{v})_{1-2} = (m\boldsymbol{v})_{2-2'} - (m\boldsymbol{v})_{1-1'}$$
$$= \rho Q \Delta t v_2 - \rho Q \Delta t v_1$$

根据动量定理,则有

$$\sum \boldsymbol{F} = \frac{\Delta(m\boldsymbol{v})}{\Delta t} = \rho Q (v_2 - v_1) \tag{2-31}$$

式(2-31)就是恒定流动液体的动量方程。它表明:作用在液体控制体上的外力矢量和等于单位时间内流出控制面与流入控制面的液体动量之差。

例 2-4　当压力为 p 的液体以流量 Q 流经图 2-14 所示的锥阀时,如通过阀口处的流速为 v_2,求液流作用在锥阀轴线方向上的力。

解　取图示阴影部分液体为控制体。设锥阀作用于控制体上的力为 $\boldsymbol{F}$,列写控制体在锥阀轴线方向上的动量方程。

对于图 2-14(a),有

$$\frac{\pi}{4}d^2 p - F = \rho Q(v_2\cos\varphi - v_1)$$

因为 $v_1 \ll v_2$,v_1 可以忽略,故

$$F = \frac{\pi}{4}d^2 p - \rho Q v_2\cos\varphi$$

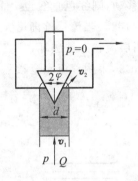
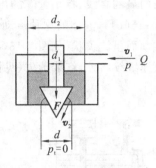

(a) 液体从锥阀尖端流入   (b) 液体从锥阀大端流入

图 2-14　锥阀上的液动力

　　液体作用在阀芯上的力的大小与 F 的相同,方向与 F 的相反;而作用在阀芯上的稳态液动力的大小为 $\rho Q v_2\cos\varphi$,方向与 F 的相同,即使阀芯关闭的方向。

　　对于图 2-14(b),有

$$\frac{\pi}{4}(d_2^2 - d_1^2)p - \frac{\pi}{4}(d_2^2 - d^2)p - F = \rho Q(v_2\cos\varphi - 0)$$

于是

$$F = \frac{\pi}{4}(d^2 - d_1^2)p - \rho Q v_2\cos\varphi$$

　　稳态液动力的大小为 $\rho Q v_2\cos\varphi$,但是方向与 F 的方向相同,即使阀芯打开的方向。

　　由以上分析可知,对于锥阀,若液体从锥阀尖端流入,稳态液动力使阀芯关闭;若液体从大端流入,稳态液动力使阀芯打开。

2.4　管道中液流的特性

　　由于流动的液体具有黏性,以及液体流动时突然转弯和通过阀口会产生相互撞击和出现漩涡等,液体流动时必然会产生阻力。为了克服阻力,液体流动时需要损耗一部分能量。这种能量损失可以用 h_w 和动能修正系数 α 来描述,即用上节所叙述的实际流体的伯努利方程表示,即

$$z_1 + \frac{p_1}{\rho g} + \frac{\alpha_1 v_1^2}{2g} = z_2 + \frac{p_2}{\rho g} + \frac{\alpha_2 v_2^2}{2g} + h_f$$

　　其中 h_f 由两部分组成:①沿程压力损失;②局部压力损失。局部压力损失发生在液体流过的局部位置,如液体流过进、出阀口,突然扩大的管,弯管,渐扩或渐缩的管道等。h_f 和动能修正系数 α 均与液体在管道中的流动状态有关。

2.4.1　流体的流态与雷诺数

　　液体在管道中流动时存在两种流动状态:层流和湍流。两种流动状态可通过雷诺实验

进行观察,如图 2-15 所示。

实验装置如图 2-15(a)所示。溢流管 1 用来保持液面高度不变,2 为供水管,在容器 3 和 6 中分别装满了密度与水相同的红色液体和水,4 和 8 是阀门,5 和 7 分别为小管和大管。整套实验装置由透明材料制作而成。大管 7 中流体流动速度可通过调节阀门 8 的开度得到控制,从而可根据大管 7 中红色液体流动状态判别:当管中流速小到一定值时,红色液体在大管 7 中呈一条明显的直线,将小管 5 的出口上下移动,则红色直线也上下移动,层次分明,不相混杂(见图 2-15(b)),液体的这种流动状态称为层流;当流速逐渐增大到某一值时,可以看到红线上下波动而呈波纹状(见图 2-15(c)),表明层流状态被破坏,液流开始出现紊乱;若大管 7 中液体流速继续增大,红线消失(见图 2-15(d)),表明液流完全紊乱,这时流动状态称为湍流。

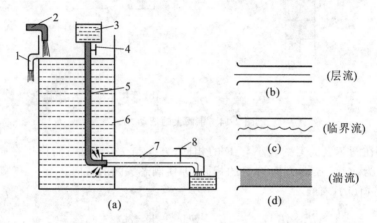

图 2-15 雷诺实验装置

1—溢流管;2—供水管;3,6—容器;4,8—阀门;5—小管;7—大管

实验结果还证明,液体在圆管中的流动状态不仅与管内的平均流速 v 有关,还和管道内径 d、液体的运动粘度 ν 有关,而决定流动状态的是这三个参数所组成的一个称为雷诺数 Re 的无量纲数,即

$$Re = \frac{vd}{\nu} \tag{2-32}$$

式(2-32)中的雷诺数 Re 的物理意义为:惯性力与黏性力之比。如果这个比值大,表明惯性力占优势。记 Re_{cr} 为判别液流由层流转变为湍流的临界雷诺数。常见液流管道的临界雷诺数由实验求得,如表 2-4 所示。

表 2-4 常见液流管道的临界雷诺数

管道	Re_{cr}	管道	Re_{cr}
光滑金属圆管	2320	光滑的偏心环状缝隙	1000
橡胶软管	1600~2000	圆柱形滑阀阀口	260
光滑的同心环状缝隙	1100	锥阀阀口	20~200

对于非圆截面的管道来说,Re 可由下式计算

$$Re = \frac{4vR}{\nu} \tag{2-33}$$

式中,R 为通流截面的水力半径,它等于液流的有效面积 A 和它的湿周(有效截面的周界长

度)x 之比,即

$$R=\frac{A}{x} \tag{2-34}$$

水力半径大,意味着液流和管壁接触少,阻力小,通流能力大,即使通流截面面积小时也不易堵塞。

2.4.2 沿程压力损失

液体在等直径管中流动时因黏性摩擦而产生的损失,称为沿程压力损失。液体的沿程压力损失也因液体流动状态的不同而有所区别。

1. 层流时的沿程压力损失

(1)通流截面上的流速分布规律。如图 2-16 所示,液体在等直径水平圆管中作层流运动。在液流中取一段与管轴相重合的微小圆柱体作为研究对象,设其半径为 r,长度为 l,作用在两端面的压力分别为 p_1 和 p_2,作用在侧面的内摩擦力为 $\boldsymbol{F}_f$。液流在作匀速运动时受力平衡,故有

$$(p_1-p_2)\pi r^2=F_f=-2\pi rl\mu\frac{\mathrm{d}u}{\mathrm{d}r} \tag{2-35}$$

因流速 u 随 r 的增大而减小,故 $\mathrm{d}u/\mathrm{d}r$ 为负值,所以加一负号。令 $\Delta p=p_1-p_2$,$\mathrm{d}u=-\frac{\Delta p}{2\mu l}r\mathrm{d}r$,对此式进行积分,并应用边界条件,当 $r=R$ 时,$u=0$,得

$$u=\frac{\Delta p}{4\mu l}(R^2-r^2) \tag{2-36}$$

可见,管内液体质点的流速在半径方向上按抛物线规律分布。最小流速发生在管壁上,即 $r=R$ 处,$u_{\min}=0$;最大流速发生在轴线上,即 $r=0$ 处,$u_{\max}=\frac{\Delta p}{4\mu l}R^2$。

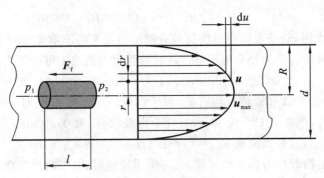

图 2-16 圆管层流运动

(2)通过管道的流量。对于微小环形,通流截面面积 $\mathrm{d}A=2\pi r\mathrm{d}r$,所通过的流量 $\mathrm{d}q=u\mathrm{d}A=2\pi ur\mathrm{d}r$,所以 $\mathrm{d}q=2\pi\frac{\Delta p}{4\mu l}(R^2-r^2)r\mathrm{d}r$,于是积分得

$$q=\int_0^R 2\pi\frac{\Delta p}{4\mu l}(R^2-r^2)r\mathrm{d}r=\frac{\pi R^4}{8\mu l}\Delta p=\frac{\pi d^4}{128\mu l}\Delta p \tag{2-37}$$

(3)管道内的平均流速。根据平均流速的定义,可得

$$v=\frac{q}{A}=\frac{1}{\pi R^2}\frac{\pi R^4}{8\mu l}\Delta p=\frac{R^2}{8\mu l}\Delta p=\frac{d^2}{32\mu l}\Delta p \tag{2-38}$$

将式(2-38)与 $u_{max} = \dfrac{R^2}{4\mu l}\Delta p$ 比较可知,平均流速 v 为最大流速 u_{max} 的一半。

(4)沿程压力损失。由式(2-38)求出的 Δp 即为沿程压力损失,即

$$\Delta p_\lambda = \Delta p = \frac{32\mu l v}{d^2} \qquad (2\text{-}39)$$

由上式可知,液流在直管中作层流流动时,其沿程压力损失与管长、流速、黏度成正比,而与管径的平方成反比。适当变换式(2-39),可写成如下形式

$$\Delta p_\lambda = \frac{64}{\dfrac{vd}{\nu}}\frac{l}{d}\frac{\rho v^2}{2} = \frac{64}{Re}\frac{l}{d}\frac{\rho v^2}{2} = \lambda\frac{l}{d}\frac{\rho v^2}{2} \qquad (2\text{-}40)$$

式中,λ 为沿程阻力系数,理论值 $\lambda = 64/Re$,考虑实际流动中的油温变化不均匀等问题,因而在实际计算时,对于金属管,取 $\lambda = 75/Re$,对于橡胶软管,取 $\lambda = 80/Re$。

由于在液压传动中,液体自重和位置变化对压力的影响很小,可以忽略,所以在水平管的条件下推导的式(2-40)同样适用于非水平管。

2. 湍流时的沿程压力损失

湍流时,液体质点作无规则的相互混杂运动,其运动速度的大小和方向都随时间而变,是一种很复杂的流动,目前主要还是靠实验来探索其某些规律。实验证明,湍流沿程阻力系数 λ 除了与雷诺数有关外,还与管壁的表面粗糙度值有关,即 $\lambda = f(Re, \Delta/d)$,这里的 Δ 为管壁的绝对表面粗糙度值,Δ/d 为相对表面粗糙度值。对于光滑圆管,当 $Re > 2320$ 以后,尽管属于湍流,但由于液体的黏度,贴近管壁处还会有一层薄的流层,它能够减弱管壁表面粗糙度值的影响,这种情况称为水力光滑管。此时可以认为 λ 只与 Re 有关,而与管壁表面粗糙度值无关,λ 值可用下列经验公式计算

$$\lambda = 0.3164\,Re^{-0.25} \quad (2320 < Re < 10^5)$$

和

$$\lambda = 0.032 + 0.212\,Re^{-0.237} \quad (10^5 < Re < 3\times 10^6) \qquad (2\text{-}41)$$

当 Re 继续增大时,管壁表面粗糙度值对沿程压力损失的影响便转化为主要因素,而 Re 则不起作用了,这种情况称为完全粗糙管。这时沿程阻力系数 λ 可按下式计算

$$\lambda = [2gld/(2\Delta) + 1.74]^{-2} \quad (Re > 900d/\Delta) \qquad (2\text{-}42)$$

管壁表面粗糙度值 Δ 和管道材料有关,对于钢管,取 0.04 mm;对于铜管,取 $0.0015\sim 0.01$ mm;对于铝管,取 $0.0015\sim 0.06$ mm;对于橡胶软管,取 0.03 mm。另外,湍流中的流速分布是比较均匀的,其最大流速 $u_{max} = (1\sim 1.3)v$。

这样,湍流时的沿程压力损失的计算,就可采用层流时的计算公式,即式(2-40)。

2.4.3 局部压力损失

局部压力损失产生的原因:液体流经管道的进、出口,突然变化的截面,弯头,接头,阀口,全开或部分开的阀口,渐扩或渐缩管道等处时,液体流速的大小和方向将发生急剧变化,因而会产生漩涡,并发生强烈的湍动现象,于是产生流动阻力,由此造成的压力损失称为局部压力损失。

局部压力损失 Δp_ξ 一般按下式进行计算

$$\Delta p_\xi = \xi\frac{\rho v^2}{2} \qquad (2\text{-}43)$$

式中,ξ 为局部阻力系数(具体数值可查阅有关手册);ρ 为液体密度,单位为 kg/m^3;v 为液体

的平均流速,单位为 m/s。

因阀芯结构较复杂,故按式(2-43)计算液体流过各种液压阀的局部压力损失较困难,这时可在产品目录中查出阀在额定流量 q_n 下的压力损失 Δp_n。当流经阀的实际流量不等于额定流量时,通过该阀的局部压力损失 Δp_ξ 可用下式计算

$$\Delta p_\xi = \Delta p_n \left(\frac{q}{q_n}\right)^2 \tag{2-44}$$

式中,q 为通过阀的实际流量。

在求出液压系统中各段管路的沿程压力损失和局部压力损失后,整个液压系统总的压力损失应为所有沿程压力损失和所有局部压力损失之和,即

$$\sum \Delta p = \sum \Delta p_\lambda + \sum \Delta p_\xi = \sum \lambda \frac{l}{d} \frac{\rho v^2}{2} + \sum \xi \frac{\rho v^2}{2} \tag{2-45}$$

式(2-45)适用于两相邻局部障碍之间的距离大于管道内径的 $10 \sim 20$ 倍的场合,否则计算出来的压力损失值比实际数值小。这是因为如果两相邻局部障碍之间的距离太小,通过第一个局部障碍后的流体尚未稳定就进入第二个局部障碍,这时的液流湍动更强烈,阻力系数要高于正常值的 $2 \sim 3$ 倍。

2.5 孔口和缝隙流动

2.5.1 孔口出流及节流特性方程

在液压传动系统中,常常碰到液体流经孔口的情况。例如,液压油流经滑阀、锥阀、阻尼孔、节流元件等都属于孔口出流问题。掌握各类孔口,特别是薄壁和厚壁孔口出流的共同规律,对解决液压技术领域的具体问题具有非常重要的意义。

如图 2-17 所示,液体经小孔口流入充满液体的空间,由于流线不能转折而又必须连续,经过孔口后流线形成收缩。$c-c$ 为液流收缩断面,$2-2$ 为液流出口断面,各处参数如图 2-17 所示。

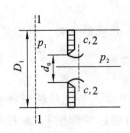

(a) 薄壁孔口

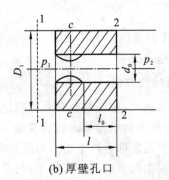

(b) 厚壁孔口

图 2-17 孔口出流

设孔口处流速均匀,列出断面 $1-1$ 和 $2-2$ 的伯努利方程,便有

$$\frac{p_1}{\rho} + \frac{v_1^2}{2} = \frac{p_2}{\rho} + \frac{v_2^2}{2} + g h_f$$

因为 $D_1 \gg d_0$,即断面 $1-1$ 的流速 $v_1 \ll$ 孔口处的流速 v_2,v_1 可忽略不计。自断面 $1-1$ 到断面 $2-2$ 总的压力损失为

$$h_f = \left(\xi + \lambda \frac{l}{d_0}\right)\frac{v_2^2}{2g}$$

代入上述伯努利方程并整理,得

$$v_2 = \frac{1}{\sqrt{1+\xi+\lambda(l/d_0)}}\sqrt{\frac{2(p_1-p_2)}{\rho}} = C_v\sqrt{2\Delta p/\rho}$$

式中,ξ 为小孔进口处局部阻力系数,λ 为经过孔口厚度的沿程阻力系数,d_0 为孔口直径,l 为孔长度,Δp(即 p_1-p_2)为孔口前后压差,ρ 为液体密度,C_v 为流速系数。

设 $C_c = \dfrac{A_2}{A_0} = \dfrac{\text{液流出口断面面积}}{\text{孔口面积}}$,$C_c$ 称为孔口收缩系数,表示出流的收缩程度。经过小孔的流量为

$$q = v_2 A_2 = v_2 \cdot C_c A_0 = C_c C_v A_0 \sqrt{2\Delta p/\rho} = C_g A_0 \sqrt{2\Delta p/\rho} \qquad (2\text{-}46)$$

式中,C_g 为流量系数,它是实际流量 q_r 与理想流量 q_t 的比值,即

$$C_g = q_r/q_t = C_c \cdot C_v$$

1. 薄壁孔

一般而言,小孔长径比 $l/d_0 \leqslant 0.5$ 时,称为薄壁孔,如图 2-17(a)所示,其特点如下。

(1) 收缩在孔外 c—c 处,即断面 2—2 就是收缩断面 c—c,$v_2 = v_c$。

(2) 无沿程压力损失,只有进口处的局部压力损失。

2. 厚壁孔

当小孔长径比 $0.5 < l/d_0 \leqslant 4$ 时,称为厚壁孔(短管),如图 2-17(b)所示,其特点如下。

(1) 收缩在孔内,对于出口而言,$C_c = A_2/A_0 = 1$。

(2) 局部能量损失包括进口损失和收缩以后的扩散损失两部分。

(3) l_0 段为沿程压力损失。

3. 细长孔

小孔长径比 $l/d_0 > 4$ 时,称为细长孔。液流通过细长孔的流动为层流运动,此时流量为

$$q = \frac{\pi d_0^4 \Delta p}{128 \mu l}$$

式中,d_0 为孔口直径,l 为孔长度,μ 为液体动力黏度,Δp 为孔前后压差。可以看出,上式与式(2-37)完全一致。

4. 节流特性方程

在液流流道上,通流截面有突然收缩处的流动就称为节流。节流是液压技术中经常遇到的问题,能使流动成为节流的装置称为节流器,如上面讨论过的薄壁孔、细长孔等。液体流过节流器时通常都将产生很大的能量损失。

节流器根据形成阻力原理的不同,分为三种基本类型:薄壁孔节流(以局部阻力为主)、细长孔(以沿程阻力为主)及介于二者之间的厚壁孔(也称为短管或管嘴,由局部阻力和沿程阻力叠加而成)。

将式(2-46)稍做变形,可以写成如下通式的形式

$$q = kA\Delta p^m \quad (\text{节流特性方程}) \qquad (2\text{-}47)$$

式中,k 是与节流器形状、尺寸和液体性质相关的节流系数,薄壁孔时 $k = C_g\sqrt{2/\rho}$,细长孔时 $k = \dfrac{d_0^2}{32\mu l}$;$A$ 为节流器的通流面积;Δp 是节流器前后压差;m 是由节流器形状决定的指数,薄

壁孔时 $m=0.5$,细长孔时 $m=1$,厚壁孔时 $0.5<m<1$。

节流特性方程表示了经过节流器的流量与节流器的通流面积、节流器前后的压差,以及节流器形状、尺寸、液体性质之间的关系。该方程在液压传动技术中有很多典型的应用。

例如,从节流特性方程中可以看出,当保持节流器前后压差恒定时,只要改变节流器的通流面积,就可以改变经过节流器的流量。这就是液压传动技术中经常采用的流量控制元件——节流阀和调速阀的工作原理。

例 2-5 调速回路设计计算。

一个液压缸旁路节流调速系统如图 2-18 所示。液压缸直径 $D=100$ mm,负载 $F=4000$ N,活塞移动速度 $v=0.05$ m/s,泵流量 $q=50$ L/min,试问节流阀开口面积应为多大?设节流阀口流量系数 $C_g=0.62$,不计管路损失,液体密度 $\rho=900$ kg/m³。

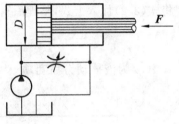

图 2-18 例 2-5 图

解 液压缸要求的流量为

$$q_1=vA=v\cdot\frac{\pi}{4}D^2=0.05\times\frac{\pi}{4}\times(100\times10^{-3})^2 \text{ m}^3/\text{s}=3.925\times10^{-4} \text{ m}^3/\text{s}$$

通过节流阀的流量为

$$q_T=q-q_1=\left(\frac{50\times10^{-3}}{60}-3.925\times10^{-4}\right) \text{ m}^3/\text{s}=4.408\times10^{-4} \text{ m}^3/\text{s}$$

负载要求液压缸左腔的压力为

$$p=\frac{F}{A}=\frac{4F}{\pi D^2}=\frac{4\times4000}{\pi\times(100\times10^{-3})^2} \text{ Pa}=0.51\times10^6 \text{ Pa}$$

因为不计管路损失,所以 $p=0.51$ MPa 即为泵出口压力,通过节流阀的流量由式(2-46)可得

$$q_T=C_gA_0\sqrt{2\Delta p/\rho}$$

因此,节流阀开口面积为

$$A_0=\frac{q_T}{C_g\sqrt{2\Delta p/\rho}}=\frac{4.408\times10^{-4}}{0.62\times\sqrt{2\times0.51\times10^6/900}} \text{ m}^2=21.1\times10^{-6} \text{ m}^2$$

2.5.2 缝隙流动

液压元件中具有相对运动的零件之间有一定的配合间隙,因此液压元件中存在着大量的缝隙流动。

液体通过这些缝隙产生泄漏,影响元件的各种性能。掌握缝隙流动的特点,对液压元件的设计、制造和使用有着重要意义。

本节主要是建立通过缝隙的流量与压差、流速的函数关系。

液体在两个边界壁面所夹的狭窄空间内的流动,称为缝隙流动。缝隙流动具有如下两个特点:①缝隙高度相对其长度和宽度而言要小很多;②缝隙流动通常属于层流范畴。

1. 平行平板缝隙流动

1)压差流动

在图 2-19 所示的两个固定平行平板缝隙中,δ 和 l 分别表示缝隙的高度和长度,垂直纸面方向上为缝隙宽度 b。缝隙两端压力分别为 p_1 和 p_2，液体在压差 $\Delta p = p_1 - p_2$ 的作用下产生流动，称为压差流动。在缝隙中取长为 dx、高为 dz 的微元液体，不计重力，只考虑表面力，即切应力 τ 和压力 p 的作用。各处应力方向如图 2-19(a) 所示。

微元液体在水平方向上的力平衡方程为

$$pbdz - (p+dp)bdz - \tau bdx + (\tau+d\tau)bdx = 0$$

将式(2-2)代入上式，整理后得

$$\frac{d\tau}{dz} = \mu \frac{d^2 u_1}{dz^2}$$

式中，μ 为液体动力黏度，u_1 为缝隙中 z 处流速。

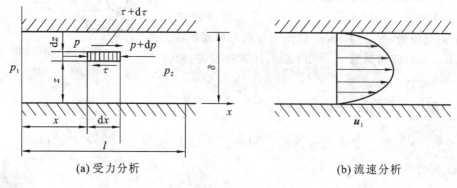

(a) 受力分析   (b) 流速分析

图 2-19 平行平板压差流动

经两次积分，得

$$u_1 = \frac{1}{2\mu} \cdot \frac{dp}{dx} z^2 + c_1 z + c_2 \tag{2-48a}$$

根据边界条件确定积分常数 c_1 和 c_2。

当 $z=0$，$z=\delta$ 时，$u_1=0$，得

$$c_2 = 0, \quad c_1 = -\frac{1}{2\mu} \cdot \frac{dp}{dx} \delta$$

故

$$u_1 = -\frac{1}{2\mu} \cdot \frac{dp}{dx} (\delta - z) z \tag{2-48b}$$

缝隙流动属于层流范畴，压力 p 只是 x 的线性函数，即

$$\frac{dp}{dx} = \frac{p_2 - p_1}{l} = -\frac{\Delta p}{l}$$

将 $\frac{dp}{dx}$ 的表达式代入式(2-48b)中，得缝隙中流速 u_1 的表达式为

$$u_1 = \frac{\Delta p}{2\mu l} (\delta - z) z \tag{2-49}$$

速度分布曲线呈抛物线形，如图 2-19(b) 所示。

流量为

$$q_1 = \int_0^\delta u_1 \cdot b \cdot dz = \int_0^\delta \frac{\Delta p}{2\mu l} (\delta - z) z \cdot b \cdot dz$$

即

$$q_1 = \frac{b\delta^3}{12\mu l} \Delta p \tag{2-50}$$

由式(2-50)可知,两个固定平行壁面间压差流动的流量 q_1 与缝隙高度 δ 的三次方成正比。可见缝隙大小对泄漏量影响极大。

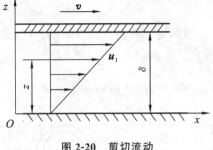

图 2-20　剪切流动

2) 剪切流动

缝隙两端无压差。假设上平板以速度 v 沿 x 正向运动,下平板不动。缝隙中液体在上平板带动下移动,这种流动称为剪切流动。如图 2-20 所示,液流速度近似呈线性规律分布。

在缝隙 z 处,流速为

$$u_2 = (v/\delta)z \qquad (2\text{-}51)$$

流量为

$$q_2 = \int_0^\delta u_2 \cdot b \cdot \mathrm{d}z = \frac{b\delta}{2}v \qquad (2\text{-}52)$$

式中,δ 为缝隙高度,b 为缝隙宽度。

3) 压差与剪切联合作用下的混合缝隙流动

平板两端有压差 $\Delta p = p_1 - p_2$,而且平板间又有相对运动,液体在压差及平板的带动下在缝隙中流动,这种流动称为压差与剪切的混合流动,如图 2-21 所示。这种流动沿缝隙高度方向上的流速分布是由压差流和剪切流叠加而成的。

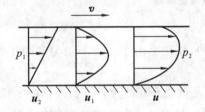
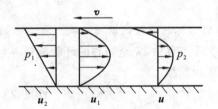

(a) 平板顺着压差流动方向运动　　　　　　(b) 平板逆着压差流动方向运动

图 2-21　压差与剪切联合流动

总流量为

$$q = q_1 \pm q_2 = \frac{b\delta^3}{12\mu l}\Delta p \pm \frac{b\delta}{2}v \qquad (2\text{-}53)$$

式(2-53)中"±"号的选取:平板运动方向与压差流动方向一致时,取"+",如图 2-21(a)所示;反之取"-",如图 2-21(b)所示。

混合缝隙流动的实例在液压元件中有很多。例如,齿轮式液压马达的齿顶与壳体内壁之间的缝隙流动就是压差与剪切流动方向一致的混合缝隙流动;而齿轮式液压泵的齿顶与壳体内壁之间的缝隙流动就是压差与剪切流动方向相反的混合缝隙流动。

2. 圆柱环状缝隙流动

1) 同心环状缝隙流动

如图 2-22 所示,由内、外圆柱面围成 δ 的缝隙的流动,称为圆柱环状缝隙流动。在液压技术中,液体在缸体与活塞缝隙中的流动,液体在圆柱滑阀阀芯与阀套缝隙中的流动,均属于圆柱环状缝隙流动。当缝隙高度 δ 与内圆柱直径 d 之比为一个微量,即 $\delta/d \ll 1$ 时,可将环状缝隙沿径向切断并展开,得到两个平行平面,其宽为 πd,代入式(2-50)和式(2-53)中,则当两同心圆柱固定时(见图 2-22(a)),其流量为

$$q = \frac{\pi d \delta^3}{12 \mu l} \Delta p \tag{2-54}$$

当两同心圆柱有相对运动,且运动速度为 v 时(见图 2-22(b)),其流量为

$$q = \frac{\pi d \delta^3}{12 \mu l} \Delta p \pm \frac{\pi d \delta}{2} v \tag{2-55}$$

式中,"$\pm$"号的选取与前述相同。

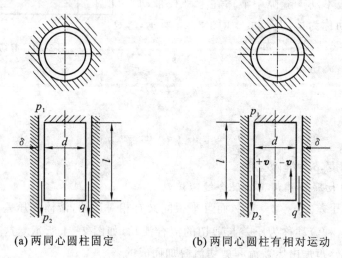

(a) 两同心圆柱固定   (b) 两同心圆柱有相对运动

图 2-22　同心环状缝隙流动

2) 偏心环状缝隙流动

在实际工程中,完全同心的环状缝隙是极少的,往往会由于受力不均匀和加工偏差,形成偏心环状缝隙。

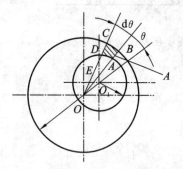

图 2-23 所示是偏心环状缝隙,设内、外圆柱半径分别为 r_1 和 r_2,两圆柱同心时的缝隙为 δ,偏心时的偏心距为 e。由于偏心,缝隙大小随角度 θ 的变化而变化,而与圆柱高度无关。

取 $\mathrm{d}\theta$ 对应的微元缝隙 $ABCD$ 为研究对象。因为 δ 和 $\mathrm{d}\theta$ 均为微量,所以可将微元缝隙视为缝隙高度为 h 的平行平面缝隙。根据式(2-53),流经该微元缝隙的流量为

$$\mathrm{d}q = \frac{r_2 \cdot \mathrm{d}\theta \cdot h^3}{12 \mu l} \Delta p \pm \frac{r_2 \cdot \mathrm{d}\theta \cdot h}{2} v$$

图 2-23　偏心环状缝隙流动

由图 2-23 知

$$h = OB - OA = r_2 - (OE + EA) = r_2 - (e\cos\theta + r_1) = \delta - e\cos\theta$$

将 h 表达式代入上式,积分后得到偏心环状缝隙的流量为

$$q = \int_0^{2\pi} \left[\frac{r_2 \Delta p}{12 \mu l} (\delta - e\cos\theta)^3 \pm \frac{r_2 v}{2} (\delta - e\cos\theta) \right] \mathrm{d}\theta$$

$$= \frac{\pi d \delta^3}{12 \mu l} \Delta p (1 + 1.5\varepsilon^2) \pm \frac{\pi d \delta}{2} v \tag{2-56}$$

式中,$\varepsilon = \dfrac{e}{\delta}$ 为偏心比。从式(2-56)可以看出,偏心只对压差流动有影响,而对剪切流动无影响。

当 $\varepsilon = 1$,即 $e = \delta$,完全偏心时,若无剪切流动,则流量为

$$q = 2.5 \frac{\pi d \delta^3}{12 \mu l} \Delta p$$

可见,环状缝隙在完全偏心时的流量是同心时的2.5倍,这说明有偏心存在时,其泄漏量增加。在工程实际中,计算环状缝隙的泄漏量时通常取其平均值,即用$(1+2.5)/2 = 1.75$倍进行计算。

3. 平行圆盘缝隙流动

如图2-24所示,A、B两平行圆盘之间构成缝隙δ。液体经中心孔沿径向向四周流出(源流),或者从四周径向流入中心孔(汇流),这两种情况都称为平行圆盘缝隙流动。因为液体沿径向流动,所以又称其为轴对称流动,它具有平行平板缝隙流动的所有特点。轴向柱塞式液压泵的滑靴与斜盘间、缸体与配流盘间的缝隙流动均属于平行圆盘缝隙流动。

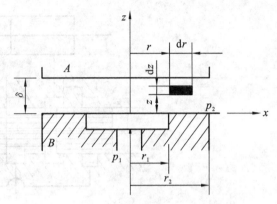

图2-24 平行圆盘缝隙流动

在图2-24所示的缝隙δ中,取高为$\mathrm{d}z$、径向尺寸为$\mathrm{d}r$的微元缝隙流,近似将这层液体视为平行平板缝隙流动,则可求出经过平行圆盘缝隙的流量为

$$q = \frac{\pi \delta^3}{6 \mu \ln(r_2/r_1)} \Delta p \qquad (2\text{-}57)$$

例2-6 滑阀泄漏量的计算。

已知图2-25所示的液压缸的有效面积$A = 50 \text{ cm}^2$,负载$F = 12.5 \text{ kN}$,滑阀直径$d = 20 \text{ mm}$,同心径向间隙$\delta = 0.02 \text{ mm}$,配合长度$l = 5 \text{ mm}$,油液运动黏度$\nu = 10 \times 10^{-6} \text{ m}^2/\text{s}$,密度$\rho = 900 \text{ kg/m}^3$,泵流量$q = 10 \text{ L/min}$。若考虑油液流经滑阀时的泄漏,试计算活塞的运动速度(按同心和完全偏心两种情况计算)。

解 (1)同心情况:不计流动损失,由负载F引起的泵的压力为

$$p = \frac{F}{A} = \frac{12.5 \times 10^3}{50 \times 10^{-4}} \text{ Pa} = 2.5 \times 10^6 \text{ Pa}$$

通过长度为l的缝隙的泄漏量为

$$\begin{aligned}
q_1 &= \frac{\pi d \delta^3}{12 \mu l} \Delta p = \frac{\pi d \delta^3}{12 \nu \rho l} p \\
&= \frac{\pi \times 20 \times 10^{-3} \times (0.02 \times 10^{-3})^3}{12 \times 10 \times 10^{-6} \times 900 \times 5 \times 10^{-3}} \times 2.5 \times 10^6 \text{ m}^3/\text{s} \\
&= 2.3 \times 10^{-6} \text{ m}^3/\text{s}
\end{aligned}$$

实际供给液压缸的流量为

$$\begin{aligned}
q_r &= q - 2q_1 = \left(\frac{10 \times 10^{-3}}{60} - 2 \times 2.3 \times 10^{-6} \right) \text{ m}^3/\text{s} \\
&= 162 \times 10^{-6} \text{ m}^3/\text{s}
\end{aligned}$$

活塞运动速度为

$$v = q_r/A = 162/50 \text{ cm/s} = 3.24 \text{ cm/s} = 3.24 \times 10^{-2} \text{ m/s}$$

(2)完全偏心情况:此时的泄漏量为同心时的2.5倍,总泄漏量为

$$q_{1e} = 2.5 \times 2q_1 = 2.5 \times 2 \times 2.3 \times 10^{-6} \text{ m}^3/\text{s} = 11.5 \times 10^{-6} \text{ m}^3/\text{s}$$

实际供给液压缸的流量为

$$q_r = q - q_{1e} = \left(\frac{10 \times 10^{-3}}{60} - 11.5 \times 10^{-6} \right) \text{m}^3/\text{s} = 155.17 \times 10^{-6} \text{ m}^3/\text{s}$$

故活塞的运动速度为

$$v = q_r/A = 155.17 \times 10^{-6}/(50 \times 10^{-4}) \text{ m/s} = 3.1 \times 10^{-2} \text{ m/s}$$

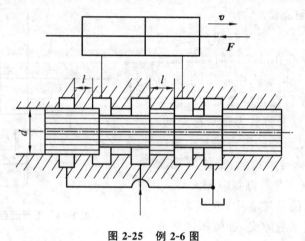

图 2-25　例 2-6 图

2.6　液压冲击与空穴现象

2.6.1　液压冲击

1. 液压冲击现象

在液压系统中,由于某种原因,液体压力在一瞬间会突然升高,产生很高的压力峰值,这种现象称为液压冲击。如当极快地换向或关闭液压回路时,致使液流速度急速地改变,由于流动液体的惯性或运动部件的惯性,系统内的压力会突然升高或降低。在研究液压冲击时,必须把液体当作弹性物体,同时还须考虑管壁的弹性。

2. 减小液压冲击的方法

液压冲击的危害是很大的。发生液压冲击时管路中的冲击压力往往急增很多倍,而使按工作压力设计的管道破裂。此外,所产生的液压冲击波会引起冲击噪声和液压系统的振动。因此在设计液压系统时要考虑这些因素,应当尽量减小液压冲击的影响。为此,一般可采用如下措施。

(1) 将直接冲击改变成间接冲击,可通过缓慢关闭阀门,削减冲击波的强度来达到此目的。

(2) 在阀门前设置蓄能器,以减小冲击波传播的距离。

(3) 应将管中流速限制在适当范围内,或采用橡胶软管,也可以减小液压冲击。

(4) 在容易出现液压冲击的系统中安装限制压力升高的安全阀。

2.6.2　空穴现象

1. 空气分离压和饱和蒸气压

在一定的温度下,如压力降低到某一值时,过饱和的空气将从油液中分离出来而形成气泡,这一压力值称为该温度下的空气分离压。当液压油在某温度下的压力低于某一数值时,液体本身迅速汽化,产生大量蒸气气泡,这时的压力称为液压油在该温度下的饱和蒸气压。一般来说,液压油的饱和蒸气压相当小,比空气分离压小得多。因此,要使液压油不产生大量气泡,它的压力最低不得低于液压油所在温度下的空气分离压。

2. 产生空穴现象的原因

在流动的液体中,因某点处的压力低于空气分离压而产生大量气泡的现象,称为空穴现象。如果液体中的压力进一步降低到饱和蒸气压时,液体将迅速汽化,产生大量的蒸气气泡,使空穴现象加重。空穴现象多发生在阀口和液压泵的进油口处。由于阀口的通道狭窄,液流的速度增大,故压力下降,极易产生空穴现象。泵的安装高度过高;吸入管径太小;吸油管道阻力过大;泵的转速过高;密封不严而使空气进入管道;回油管高出油面,使空气混入油中而被泵吸入油路等是造成空穴现象的原因。

3. 空穴现象的危害

管道中发生空穴现象时,大量的气泡使液流的流动特性变差,造成流量不稳,使液压装置产生噪声和振动。特别是当带有气泡的液流进入下游高压区时,气泡受到周围高压的压缩而迅速破灭,使局部产生非常高的温度和冲击压力。这样的局部高温和冲击压力会使金属表面疲劳,使工作介质变质,也会对金属产生化学腐蚀作用,从而使液压元件表面受到侵蚀而剥落,甚至出现海绵状的小洞穴。这种因气穴而对金属表面产生腐蚀的现象称为气蚀。气蚀会严重损伤元件表面质量,大大缩短其使用寿命,因而必须加以防范。

4. 减少空穴现象的措施

在液压系统中的任何地方,只要压力低于空气分离压,就会发生空穴现象。为了防止空穴现象的产生,就要防止液压系统中的压力过度降低,具体措施如下。

(1) 减小流经节流小孔前后的压差,一般希望小孔前后压力比小于 3.5。

(2) 正确设计液压泵的结构参数,适当加大吸油管内径,使吸油管中液流速度不至于太高;尽量避免急剧转变或存在局部狭窄处;接头应有良好密封;过滤器要及时清洗或更换滤芯,以防堵塞;对于高压泵,宜设置辅助泵,以向液压泵的吸油口供应足够的低压油。

(3) 提高零件的抗气蚀能力,增加零件的机械强度,采用抗腐蚀能力强的金属材料,减小零件表面粗糙度等。

习　题

2-1　某油管内径 $d=5$ cm,管中流速分布方程为 $u=0.5-800r^2$(m/s),已知管壁黏性切应力 $\tau_0=44.4$ Pa,试求该油液的动力黏度 μ。

2-2　图 2-26 所示是根据标准压力表校正一般压力表的仪器。仪器内充满体积弹性模量 $K=1.2\times10^3$ MPa 的油液,活塞直径 $d=10$ mm,单头螺杆的螺距 $t=2$ mm。当压力为一个大气压时,仪器内油液体积为 200 mL。试问要在仪器内形成 21 MPa 的压力,手轮需要摇多少转?

2-3　在图 2-27 所示的油箱底部有锥阀,其尺寸为 $D=100$ mm,$d=50$ mm,$a=100$ mm,$d_1=25$ mm,箱内油位高于阀芯 $b=50$ mm,油液密度 $\rho=830$ kg/m³,略去阀芯的自重,且不计运动时的摩擦阻力,试确定:

(1) 当压力表读数为 10 kPa 时,提起阀芯所需的初始力 **F**;

(2) 使 $F=0$ 时的箱中空气压力 p_M。

2-4 在图 2-28 所示的增压器中,$d_1 = 210$ mm,$d_2 = 200$ mm,$d_3 = 110$ mm,$d_4 = 100$ mm,可动部分质量 $m=200$ kg,摩擦阻力等于工作柱塞全部传递力的 10%。如果进口压力 $p_1 = 5$ MPa,求出口压力 p_2。

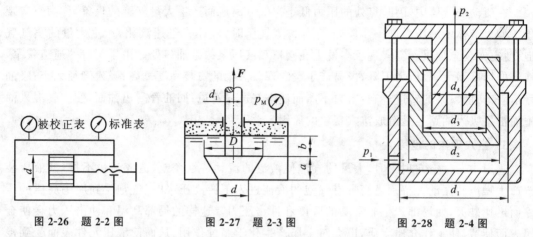

图 2-26 题 2-2 图　　　图 2-27 题 2-3 图　　　图 2-28 题 2-4 图

2-5 一封闭容器用以连续混合两种液体 A 和 B 而成 C。设密度 $\rho = 930$ kg/m³ 的液体 A 由直径为 15 cm 的管道输入,流量为 56 L/s;密度 $\rho = 870$ kg/m³ 的液体 B 由直径为 10 cm 的管道输入,流量为 30 L/s。如果输出液体 C 的管道直径为 17.5 cm,试求输出液体 C 的质量、流量、流速和液体 C 的密度。

2-6 图 2-29 所示的管道输入密度为 $\rho = 880$ kg/m³ 的油液,已知 $h=15$ m,如果测得压力有如下两种情况,求油液流动方向:

(1) $p_1 = 450$ kPa,$p_2 = 400$ kPa;

(2) $p_1 = 450$ kPa,$p_2 = 250$ kPa。

2-7 如图 2-30 所示,设管端喷嘴直径 $d_n = 50$ mm,管道直径为 100 mm,流体为水,环境温度为 20 ℃,气化压力为 0.24 mH₂O,不计管路损失,试求:

(1) 喷嘴处流速 v_n 和流量;

(2) E 处的流速和压力;

(3) 为了增大流量,喷嘴直径能否增大?喷嘴最大直径为多少?(提示:E 处不发生气穴)

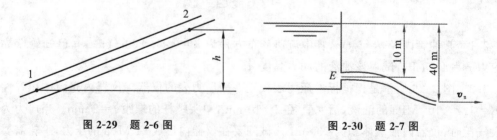

图 2-29 题 2-6 图　　　图 2-30 题 2-7 图

2-8 在图 2-31 所示的安全阀中,阀座孔直径 $d=25$ mm,当油液压力为 5 MPa 时,阀的开度 $x=5$ mm,流量为 $q=600$ L/min。如果阀的开启压力为 4.3 MPa,油液密度 $\rho = 900$ kg/m³,弹簧刚度 $k=20$ N/mm,求油液出流角 θ 值。

2-9 某管路长 500 m,直径为 100 mm,当流量为 720 L/min 时,要求传递功率为

120 kW。已知油液黏度为 80 cSt,密度 $\rho=880$ kg/m³,试求管道进口压力和管道传输效率。

2-10　如图 2-32 所示,上圆盘水平固定不动,下圆盘套在中心管上,可自由地上下滑动,有水流从中心管流入两盘之间的缝隙后再径向地外流。设 $R=305$ mm,$r_0=76$ mm,$q=85$ L/s,不计水的质量和流动损失,若要维持间隙 $h=25.4$ mm,试问包括下圆盘的质量在内的总重力 G 应为多少?

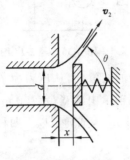

图 2-31　题 2-8 图

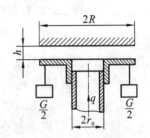

图 2-32　题 2-10 图

2-11　在图 2-33 所示的润滑系统中,1、2、3 为待润滑的三个轴承。每段管长 $l=500$ mm,直径 $d=4$ mm,输送运动黏度 $\nu=0.06$ cm²/s、密度 $\rho=800$ kg/m³ 的润滑油。设只考虑 B 点转弯处的局部压力损失,其损失系数为 0.2,忽略各处动能,求:

(1) 如果每一轴承的润滑油流量必须多于 8 cm³/s,则总流量 q 应为多少?

(2) 如果 AB 段换成 $d=8$ mm 的油管,其他条件不变,则流量又为多少?

2-12　在图 2-34 所示的液压系统中,液压缸内径 $D=15$ cm,活塞杆直径 $d=5$ cm,负载 $F=10^4$ N,要求运动速度 $v=0.2$ m/s。泵出口比液压缸低 2 m,比油池高 1 m。所用油为 N46 机械油,其运动黏度 $\nu=2.9\times10^{-5}$ m²/s,密度 $\rho=900$ kg/m³。压油管道:管长 $l_1=30$ m,管径 $d_1=30$ mm,绝对粗糙度 $\varepsilon_1=0.1$ mm,1 个弯头,$\xi_1=0.29$,换向阀压力损失为 12.1 m 油柱。回油管道:管长 $l_2=32$ m,管径 $d_2=30$ mm,绝对粗糙度 $\varepsilon_2=0.25$ mm,4 个弯头,$\xi_2=0.29$,换向阀压力损失为 9.65 m 油柱。设油缸入口和出口局部阻力系数分别为 $\xi_3=0.5$ 和 $\xi_4=1$,试求泵的出口压力。

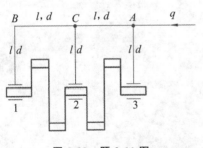

图 2-33　题 2-11 图

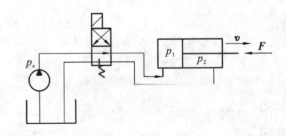

图 2-34　题 2-12 图

2-13　图 2-35 所示是两个小孔口出流,试证明:$h_1y_1=h_2y_2$。

2-14　图 2-36 所示是回油节流调速系统。已知液压缸内径 $D=150$ mm,活塞杆直径 $d=100$ mm,溢流阀的调定压力为 2 MPa,负载 $F=2\times10^4$ N。管路很短,忽略管路的其他阻力,试问节流阀的阀口应开到多大才能保证活塞的运动速度为 0.1 m/s? 油的密度为 900 kg/m³,节流阀口流量系数为 0.62。

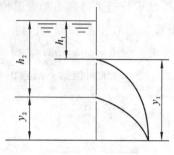

图 2-35 题 2-13 图

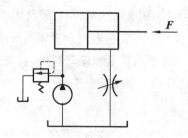

图 2-36 题 2-14 图

2-15 如图 2-37 所示,动力黏度 $\mu = 0.138$ Pa·s 的润滑油,从压力为 $p = 1.6 \times 10^5$ Pa 的总管,经过长 $l_0 = 0.8$ m、直径 $d_0 = 6$ mm 的支管流至轴承中部宽 $b = 100$ mm 的环形槽中,轴承长 $l = 120$ mm,轴径 $d = 60$ mm,缝隙高度 $h_0 = 0.1$ mm,试确定以下两种情况下从轴承两端流出的流量。设轴转动的影响忽略不计。

(1)轴与轴承同心时;

(2)轴与轴承有相对偏心比 $\varepsilon = 0.5$ 时。

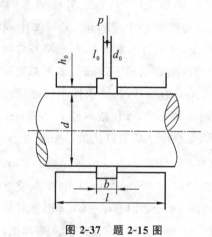

图 2-37 题 2-15 图

第3章 气压传动的基础知识

3.1 气压工作介质的性质

气压工作介质是压缩空气。空气的成分、性能、主要参数等因素对气压传动系统能否正常工作有着直接影响。

3.1.1 气压工作介质的组成

自然界的空气是由若干气体混合而成的,其主要成分是氮气(N_2)和氧气(O_2),其他气体(惰性气体和二氧化碳等)所占的比例极小。空气的组成在地表和高空有所差别,地表含氧量高,高空含氮量高。在城市和工厂区,由于烟雾和汽车排气,大气中还有二氧化硫、亚硝酸、碳氢化合物等。此外,空气中常含有一定量的水蒸气。含有水蒸气的空气称为湿空气,不含水蒸气的空气称为干空气,大气中的空气基本上都是湿空气。在标准状态下,地面附近干空气的组成如表3-1所示。

表3-1 标准状态下地面附近干空气的组成

空气的主要组成	氮气(N_2)	氧气(O_2)	氩气(Ar)	二氧化碳(CO_2)	其他气体
体积分数/(%)	78.03	20.93	0.932	0.03	0.078
质量分数/(%)	75.50	23.1	1.28	0.045	0.075

空气中氮气所占比例最大。由于氮气的化学性质不活泼,不会自燃,因而空气作为工作介质可以用在易燃、易爆场所。

3.1.2 气压工作介质的基本状态参数

1. 基本状态参数

气体常用的状态参数有六个:温度 T、体积 V、压力 p、内能、焓、熵。其中前三个参数可以测量,称为基本状态参数。有了这三个基本状态参数,可以算出其他状态参数。

2. 其他物理性质

1) 密度

空气的密度表示单位体积内的空气的质量,用 ρ 表示,单位为 kg/m^3,即

$$\rho = m/V \tag{3-1}$$

式中,m 为空气的质量,单位为 kg;V 为空气的体积,单位为 m^3。

气体密度与气体压力和温度有关。压力增加,密度增大;温度上升,密度减小。基准状态下空气的密度 $\rho = 1.293$ kg/m^3,标准状态下空气的密度 $\rho = 1.185$ kg/m^3。基准状态下不同温度下干空气的密度如表3-2所示。

表 3-2　基准状态下不同温度下干空气的密度

温度/℃	−20	0	10	20	30	40	50
密度/(kg/m³)	1.396	1.293	1.247	1.205	1.165	1.128	1.093

任意温度和压力下,干空气的密度用下式计算

$$\rho = 1.293 \times \frac{273}{273+t} \times \frac{p}{0.1013} \tag{3-2}$$

式中,t 为空气温度,单位为 ℃;p 为空气绝对压力,单位为 MPa。

湿空气的密度用下式计算

$$\rho = 1.293 \times \frac{273}{273+t} \times \frac{p-3.78\varphi p_b}{0.1013} \tag{3-3}$$

式中,φ 为空气的相对湿度;p_b 为饱和空气中水蒸气的分压力,单位为 MPa。

例 3-1　某气罐上指示压力值为 5×0.1013 MPa,罐内温度为 35 ℃,求罐内干空气的密度值。

解　罐内压力的绝对值为

$$p = (5+1) \times 0.1013 \text{ MPa} = 3.6078 \text{ MPa}$$

则根据式(3-2)得

$$\rho = 1.293 \times \frac{273}{273+t} \times \frac{p}{0.1013}$$

$$= 1.293 \times \frac{273}{273+35} \times \frac{3.6078}{0.1013} \text{ kg/m}^3$$

$$= 6.876 \text{ kg/m}^3$$

2)湿度

由于空气中的含水量对气压传动系统的稳定性有影响,因此各种气动元件对压缩空气的含水量有明确的规定,为此,常采用相应的措施去除压缩空气中的水分。含有水分的空气称为湿空气,含有水分的程度用湿度和含湿量来表示。湿度又分为绝对湿度和相对湿度。

绝对湿度 x:每立方米湿空气中所含的水蒸气的质量,即

$$x = m_s/V \tag{3-4}$$

式中,m_s 为湿空气中水蒸气的质量,单位为 kg。

饱和绝对湿度 x_b:湿空气中水蒸气的分压力 p_b 达到该温度下水蒸气的饱和压力时的绝对湿度,即

$$x_b = p_b/(R_s T) \tag{3-5}$$

式中,R_s 为水蒸气的气体常数,$R_s = 462.05$ N·m/(kg·K);T 为绝对温度,单位为 K。

绝对湿度只能说明湿空气中含有多少水蒸气。湿空气所具有的吸收水蒸气的能力,需要用相对湿度来说明。

相对湿度 φ:在相同温度和压力条件下,绝对湿度与饱和绝对湿度的比值,即

$$\varphi = \frac{x}{x_b} \times 100\% = \frac{p_s}{p_b} \times 100\% \tag{3-6}$$

式中,x、x_b 分别为绝对湿度和饱和绝对湿度,p_s、p_b 分别为水蒸气和饱和水蒸气的分压力。

φ 值在 0~100% 之间,干空气的相对湿度 φ 为 0,饱和湿空气的相对湿度 φ 为 100%。φ 值越大,表示湿空气吸收水蒸气的能力越弱,离水蒸气达到饱和而析出的极限越近。因此,

在气压传动系统中相对湿度 φ 值越小越好。气压传动系统要求压缩空气的相对湿度小于 90%。通常情况下，$\varphi=60\%\sim70\%$ 时，人体感觉舒适。

含湿量 d：在含 1 kg 干空气的湿空气中所含水蒸气的质量，单位为 g/kg，即

$$d=m_s/m_g \tag{3-7}$$

式中，m_s 为水蒸气的质量，单位为 g；m_g 为干空气的质量，单位为 kg。

当湿空气的温度和压力发生变化时，其中的水分可能由气态变为液态或由液态变为气态。计算过程中应考虑湿空气中水分物相变化的影响。表 3-3 为绝对压力为 0.1013 MPa 时饱和空气中水蒸气的分压力、含湿量与温度的关系。

表 3-3　绝对压力为 0.1013 MPa 时饱和空气中水蒸气的分压力、含湿量与温度的关系

温度 $t/\text{℃}$	饱和空气中水蒸气的分压力 $p_b/(\times10^5\ \text{Pa})$	容积含湿量 $d_b'/(\text{g/m}^3)$	温度 $t/\text{℃}$	饱和空气中水蒸气的分压力 $p_b/(\times10^5\ \text{Pa})$	容积含湿量 $d_b'/(\text{g/m}^3)$
100	1.013	579.0	30	0.042	30.4
80	0.473	292.9	25	0.032	23.0
70	0.312	197.9	20	0.023	17.3
60	0.199	130.1	15	0.017	12.8
50	0.123	83.2	10	0.012	9.4
40	0.074	51.2	0	0.006	4.8
35	0.056	39.6	−10	0.0026	2.2

3）黏性

空气的黏性是空气质点相对运动时产生阻力的性质。空气的黏性受压力变化的影响极小，只受温度的影响。随着温度的升高，空气的黏性增大。空气的运动黏度随温度的变化如表 3-4 所示。

表 3-4　空气的运动黏度与温度的关系（1 个大气压时）

温度 $t/\text{℃}$	0	5	10	20	30	40	60	80	100
运动黏度 $\nu/(\text{m}^2/\text{s})$	0.133×10^{-4}	0.142×10^{-4}	0.147×10^{-4}	0.157×10^{-4}	0.166×10^{-4}	0.176×10^{-4}	0.196×10^{-4}	0.210×10^{-4}	0.238×10^{-4}

4）空气的可压缩性和膨胀性

气体体积随压力的增加而缩小的性质称为气体的压缩性。压缩性大小用压缩率 K 度量。标准大气压下，空气压缩性是水的 19 500 倍，是液压油的 10 000 倍。空气的可压缩性给气压传动系统带来一定的困难。但当气体管道进、出口端的压差小于进口端压力的 20% 时，仍可近似地按不可压缩流体计算管径，其误差在工程允许范围之内。

气体体积随温度升高而增大的性质称为气体的膨胀性。膨胀性大小用膨胀系数 α_v 度量。膨胀系数 α_v 随温度和压力的变化而变化，膨胀系数 α_v 大，表明气体膨胀性大。标准大气压下，空气的膨胀系数 $\alpha_v=3673\times10^{-6}\ \text{K}^{-1}$。

与液体和固体相比，气体具有明显的可压缩性和膨胀性。气体的体积受压力和温度变化的影响极大。例如，液压油在一定温度下的工作压力为 0.2 MPa，当压力增加 0.1 MPa 时，其体积将减小 1/20 000，而空气压力增加 0.1 MPa 时，体积将减小 1/2，两者体积随压力

的变化差 10 000 倍。又如,在压力不变时,水温每升高 1 ℃,水的体积增大 1/20 000,而气体温度每增加 1 ℃,气体体积增大 1/273,两者体积随温度的变化相差 73 倍。气体体积在外界作用下容易产生变化。气体与液体体积变化相差悬殊,主要原因是气体分子间的距离大,分子间的内聚力小,分子间的平均自由路径大。气体体积随温度和压力的变化规律遵循气体状态方程。气体的可压缩性导致气压传动系统刚度差、定位精度低,在气压传动技术设计和使用中应予以考虑。

3.2 气体状态方程

3.2.1 理想气体状态方程

理想气体处于某一平衡状态时,其三个基本状态参数——压力、温度和体积之间保持着一个简单的关系,称为气体状态方程,即

$$pv = RT$$

或者

$$pV = mRT \tag{3-8}$$

式中,p 为气体的绝对压力,单位为 N/m²;v 为气体的质量体积,单位为 m³/kg;R 为气体常数,干空气的 $R = 287.1$ N·m/(kg·K);T 为气体的热力学温度,单位为 K;m 为气体的质量,单位为 kg;V 为气体的体积,单位为 m³。

由于实际气体具有黏性,因而严格地讲它并不完全依从理想气体状态方程。在气压传动技术中,气体的工作压力一般在 2.0 MPa 以下,可以将实际气体看成理想气体,由此引起的误差相当小。

3.2.2 气体状态变化过程

1. 等温变化过程(玻意耳定律)

一定质量的气体,若其状态变化是在温度不变的条件下进行的,则称为等温过程。例如,大气罐中的气体长时间地经小孔向外放气,气罐中气体的状态变化过程可看成是等温过程。图 3-1 所示是气体等温变化过程状态图。

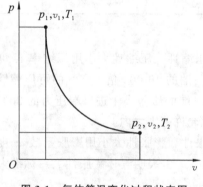

图 3-1 气体等温变化过程状态图

等温变化过程中,有

$$p_1 v_1 = p_2 v_2 = 常数 \tag{3-9}$$

式(3-9)表明,在温度不变的条件下,当气体压力上升时,气体体积被压缩,质量体积下降;当压力下降时,气体体积膨胀,质量体积上升。

2. 等容变化过程(查理定律)

一定质量的气体,若其状态变化是在体积不变的条件下进行的,则称为等容过程。例如,密闭气罐中的气体,由于外界环境温度的变化,罐内气体状态发生变化的过程可看成等容过程。图 3-2 所示是气体等容变化过程状态图。

等容变化过程中,有

$$\frac{p_1}{T_1} = \frac{p_2}{T_2} = 常数 \tag{3-10}$$

式(3-10)表明,在体积不变的条件下,压力的变化与温度的变化成正比,当压力增大时,气体的温度随之上升。

3. 等压变化过程(盖吕萨克定律)

一定质量的气体,若其状态变化是在压力不变的条件下进行的,则称为等压过程。例如,负载一定的密闭气罐被加热或放热时,缸内气体便在等压过程中改变气缸的容积。图3-3所示是气体等压变化过程状态图。

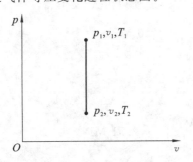

图 3-2　气体等容变化过程状态图

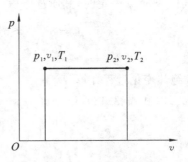

图 3-3　气体等压变化过程状态图

等压变化过程中,有

$$\frac{v_1}{T_1} = \frac{v_2}{T_2} = 常数 \tag{3-11}$$

式(3-11)表明,在压力不变的条件下,温度上升,气体膨胀,质量体积增大;温度下降,气体压缩,质量体积减小。

4. 绝热变化过程

一定质量的气体,若在其状态变化过程中与外界完全无热量交换,则称为绝热变化过程。例如,在气压传动中,快速动作可被认为是绝热变化过程。图3-4所示是气体绝热变化过程状态图。

绝热变化过程中,有

$$p_1 v_1^{\kappa} = p_2 v_2^{\kappa} = 常数 \tag{3-12}$$

式中,κ 为等熵指数,对于干空气,$\kappa = 1.4$,对于饱和蒸气,$\kappa = 1.3$。

根据式(3-8)和式(3-12)可得

$$\frac{T_1}{T_2} = \left(\frac{v_2}{v_1}\right)^{\kappa-1} = \left(\frac{p_1}{p_2}\right)^{\frac{\kappa-1}{\kappa}} \tag{3-13}$$

在绝热过程中,气体状态变化与外界无热量交换,系统靠消耗本身的内能对外做功。需要说明的是,在绝热变化过程中,气体温度的变化很大。例如,当空气压缩机压缩空气时,温度可达 250 ℃,而当快速放气时,温度可降至 −100 ℃。

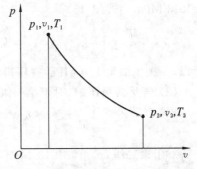

图 3-4　气体绝热变化过程状态图

5. 多变变化过程

在实际问题中,气体的变化过程往往不能简单地归属为上述某一个单一的过程。气体在其状态变化过程中,若不加以任何条件的限制,则称为多变变化过程。此时,可用下式表示,即

$$p_1 v_1^n = p_2 v_2^n = 常数 \tag{3-14}$$

式中，n 为多变指数。在一定的多变变化过程中，多变指数 n 保持不变；对于不同的多变变化过程，多变指数 n 有不同的值。前述四种典型的状态变化过程均为多变变化过程的特例。

例 3-2 气体状态方程的计算 1。

把绝对压力 $p=0.1$ MPa、温度为 20 ℃的某容积为 V 的干空气压缩为 $V/10$，试分别按等温、绝热变化过程计算压缩后的压力和温度。

解 （1）按等温变化过程计算。

因为气体质量 m 一定时，其质量体积 $v=1/\rho=V/m$，所以由式(3-9)得

$$p_2 = p_1 \frac{V_1}{V_2} = 0.1 \times \frac{V}{V/10} = 1.0 \text{ MPa}$$

$$t_2 = t_1 = 20 \text{ ℃}$$

（2）按绝热变化过程计算。

由式(3-12)和式(3-13)可得

$$p_2 = p_1 \left(\frac{v_1}{v_2}\right)^{\kappa} = 0.1 \times \left(\frac{V}{V/10}\right)^{1.4} = 2.51 \text{ MPa}$$

$$T_2 = T_1 \left(\frac{v_1}{v_2}\right)^{\kappa-1} = (273+20) \times \left(\frac{V}{V/10}\right)^{0.4} = 736 \text{ K}$$

则

$$t_2 = T_2 - 273 = 463 \text{ ℃}$$

例 3-3 气体状态方程的计算 2。

往复式空压机将大气状态的空气（$p_a=101.3$ kPa，$T_a=293$ K）吸入压缩。若一次压缩至 1.0 MPa，则空压机出口温度可达多少？若使用两级空压机压缩至 1.0 MPa，第一阶段压缩至 0.3 MPa，使用中间冷却器，使空气温度降至 313 K，第二阶段再压缩至 1.0 MPa，则空压机出口温度又是多少？

解 设空压机对空气的压缩过程是可逆绝热过程。对于空气，等熵指数 $\kappa=1.4$。

（1）若一次压缩至 1.0 MPa，因 $p_a=0.1013$ MPa，$T_a=293$ K，$p_1=(1.0+0.1013)$ MPa = 1.1013 MPa，由式(3-13)得

$$\frac{T_1}{T_a} = \left(\frac{p_1}{p_a}\right)^{\frac{\kappa-1}{\kappa}}, \quad T_1 = T_a \left(\frac{p_1}{p_a}\right)^{\frac{\kappa-1}{\kappa}} = 293 \times \left(\frac{1.1013}{0.1013}\right)^{\frac{1.4-1}{1.4}} \text{ K} = 579.4 \text{ K}$$

所以，一次压缩至 1.0 MPa，空压机出口温度为 306.4 ℃。

（2）若是两级压缩，对于第一级，$p_1=(0.3+0.1013)$ MPa = 0.4013 MPa，则

$$T_1 = T_a \left(\frac{p_1}{p_a}\right)^{\frac{\kappa-1}{\kappa}} = 293 \times \left(\frac{0.4013}{0.1013}\right)^{\frac{1.4-1}{1.4}} \text{ K} = 434.2 \text{ K}$$

对于第二级，$p_1=0.4013$ MPa，T_1 由 434.2 K 冷却至 313 K，$p_2=1.1013$ MPa，则

$$T_2 = T_1 \left(\frac{p_2}{p_1}\right)^{\frac{\kappa-1}{\kappa}} = 313 \times \left(\frac{1.1013}{0.4013}\right)^{\frac{1.4-1}{1.4}} \text{ K} = 417.6 \text{ K}$$

所以，若两级压缩至 1.0 MPa，空压机出口温度最高只有 144.6 ℃。

3.3 气体的流动规律

在气压传动中，气体在管内的流动可按一元定常流动来处理。当气体流速较低（$v<5$ m/s）

时,可视为不可压缩流体,气体流动规律和基本方程形式与液体的完全相同。因此,管路系统的基本计算方法可参照液压传动中的有关方法。当气体流速较高($v > 5$ m/s)时,其密度和温度都会发生明显变化,对于一元定常可压缩流动,除了速度、压力变量外,还增加了密度和温度两个变量,在流动特性上与不可压缩流体有较大不同,气体的压缩性对流体运动产生了影响,必须视其为可压缩性流体。下面介绍在这种情况下的气体流动基本规律和特性。

3.3.1　气体流动的基本方程

1. 连续性方程

根据质量守恒定律,当气体在管道中进行稳定流动时,同一时间流过每一通流截面的质量为一个定值,即为连续性方程,于是有

$$q_m = \rho A v = 常数 \tag{3-15}$$

式中,q_m 为气体在管道中的质量流量,单位为 kg/s;ρ 为流管的任意截面上流体的密度,单位为 kg/m³;A 为流管的任意截面面积,单位为 m²;v 为该截面上的平均流速,单位为 m/s。

对式(3-15)取微分,得

$$\frac{dA}{A} + \frac{dv}{v} + \frac{d\rho}{\rho} = 0 \tag{3-16}$$

上式为连续性方程的另一表现形式。

2. 运动方程

根据牛顿第二定律或动量原理,可求出理想气体一元定常流动的运动方程为

$$v dv + \frac{d\rho}{\rho} = 0 \tag{3-17}$$

式中,v 为气体平均流速,单位为 m/s;ρ 为气体密度,单位为 kg/m³。

3. 状态方程

根据式(3-8),可得出气体状态方程的微分形式为

$$\frac{dp}{p} = \frac{d\rho}{\rho} + \frac{dT}{T} \tag{3-18}$$

式中,p 为绝对压力;ρ 为气体密度;T 为热力学温度,单位为 K。

4. 伯努利方程(能量方程)

在流管的任意截面上,根据能量守恒定律,单位质量稳定的气体的流动满足下列方程,即伯努利方程

$$\frac{v^2}{2} + gH + \int \frac{dp}{\rho} + gh_f = 常数 \tag{3-19}$$

式中,p 为绝对压力,v 为平均流速,H 为位置高度,h_f 为流动中的阻力损失。

若不考虑摩擦阻力,且忽略位置高度的影响,则有

$$\frac{v^2}{2} + \int \frac{dp}{\rho} = 常数 \tag{3-20}$$

因为气体是可以压缩的,所以对于可压缩气体,在绝热流动时的伯努利方程为

$$\frac{v^2}{2} + \frac{\kappa}{\kappa - 1} \frac{p}{\rho} = 常数 \tag{3-21}$$

如果在所研究的管道的两个通流截面 1、2 之间有流体机械(如压气机)对气体做功,所供能量为 E_k,则绝热过程的能量方程变为

$$\frac{v_1^2}{2}+\frac{\kappa}{\kappa-1}\frac{p_1}{\rho_1}+E_k=\frac{v_2^2}{2}+\frac{\kappa}{\kappa-1}\frac{p_2}{\rho_2}$$

即

$$E_k=\frac{\kappa}{\kappa-1}\frac{p_1}{\rho_1}\left[\left(\frac{p_2}{p_1}\right)^{\frac{\kappa-1}{\kappa}}-1\right]+\frac{v_2^2-v_1^2}{2} \tag{3-22}$$

式中,p_1、ρ_1、v_1 分别为通流截面 1 的压力、密度和速度,p_2、v_2 分别为通流截面 2 的压力和速度,κ 为等熵指数。

3.3.2 气动元件的通流能力

气动元件或气压传动回路都是由各种截面尺寸的管路或阀口组成的,其通过的流量与截面面积有关。气动元件和管路的通流能力可以用有效截面面积 S 来表示,也可以用流量 q 来表示。

1. 有效截面面积 S

当气体流过节流孔,如阀口时,由于实际流体具有黏性,其流束的收缩比节流孔口实际面积还小,此最小截面面积称为有效截面面积 S,它代表了节流孔的通流能力,如图 3-5 所示。

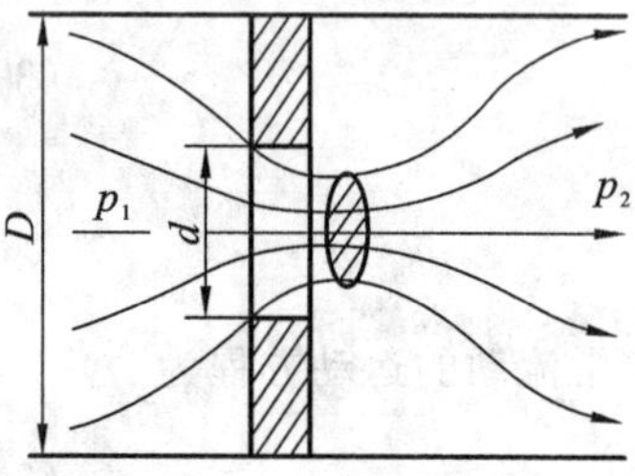

节流阀、气阀等的有效截面面积可采用下式简化计算

$$S=\alpha\frac{\pi d^2}{4} \tag{3-23}$$

式中,α 为收缩系数。

收缩系数 α 的值,在确定了节流孔直径 d 与节流孔上端直径 D 的比值的二次方,即 $\beta=\left(\frac{d}{D}\right)^2$ 之后,可根据图 3-6 查出。

图 3-5 节流阀的有效截面面积

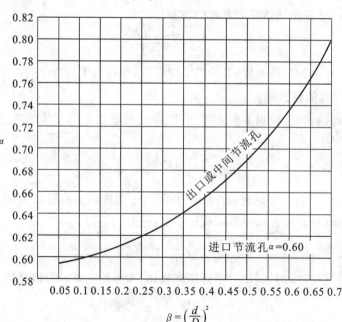

图 3-6 节流孔的收缩系数

实际气动元件的内部结构复杂。可设想有一个截面面积为 S 的薄壁节流孔,当节流孔与被测元件在相同压差条件下通过的空气流量相等时,此设想的节流孔的截面面积 S 即为被测元件的有效截面面积。气动元件的有效截面面积 S 可用声速排气法测量并计算得到。

2. 流量 q

气流通过气动元件,使元件进口压力 p_1 保持不变,出口压力 p_2 降低。如果气流压力之比 $p_1/p_2 > 1.893$,则其流量公式为

$$q = 11.3 S p_1 \sqrt{\frac{273}{T}} \tag{3-24}$$

若 $p_1/p_2 < 1.893$,则其流量公式为

$$q = 22.7 S \sqrt{p_1(p_1 - p_2)} \tag{3-25}$$

在式(3-24)、式(3-25)中,S 为管路的有效截面面积,单位为 mm^2;p_1、p_2 为节流孔前后的压力,单位为 $\times 10^5$ Pa;T 为节流孔前的温度,单位为 K;q 为体积流量,单位为 L/min。

3.3.3 充、放气温度与时间的计算

1. 充气温度与时间的计算

向气罐充气,其充气过程进行较快,热量来不及通过气罐与外界交换,可视为绝热充气。向气罐充气时,气罐内压力从 p_1 升高到 p_2,气罐内温度从 T_1 升高到 T_2。充气过程中气源压力不变,则充气后的温度为

$$T_2 = \frac{\kappa T_s}{1 + \dfrac{p_1}{p_2}\left(\kappa \dfrac{T_s}{T_1} - 1\right)} \tag{3-26}$$

式中,T_s 为气源绝对温度,单位为 K;κ 为等熵指数。

当 $T_s = T_1$,即气源与被充气罐均为室温时,则

$$T_2 = \frac{\kappa T_1}{1 + \dfrac{p_1}{p_2}(\kappa - 1)} \tag{3-27}$$

充气结束后,由于气罐壁散热,使罐内气体温度下降至室温,压力也随之下降,降低后的压力值为

$$p = p_2 \frac{T_1}{T_2} \tag{3-28}$$

充气所需时间为

$$t = \left(1.285 - \frac{p_1}{p_2}\right)\tau \tag{3-29}$$

$$\tau = 5.217 \times 10^3 \frac{V}{\kappa S} \sqrt{\frac{273}{T_s}} \tag{3-30}$$

式中,p_2 为气源绝对压力,单位为 MPa;p_1 为气罐内初始绝对压力,单位为 MPa;τ 为充、放气的时间常数,单位为 s;V 为气罐容积,单位为 L;S 为有效截面面积,单位为 mm^2。

2. 放气温度与时间的计算

气罐放气,气罐内气体初始压力为 p_1,温度为室温 T_1,经绝热快速放气后,温度降到 T_2,压力降至 p_2,放气后的温度为

$$T_2 = T_1 \left(\frac{p_2}{p_1} \right)^{\frac{\kappa-1}{\kappa}} \qquad (3\text{-}31)$$

放气所需时间为

$$t = \left\{ \frac{2\kappa}{\kappa-1} \left[\left(\frac{p_1}{p_*} \right)^{\frac{\kappa-1}{2\kappa}} - 1 \right] + 0.945 \left(\frac{p_1}{0.1013} \right)^{\frac{\kappa-1}{2\kappa}} \right\} \tau \qquad (3\text{-}32)$$

式中，p_1 为气罐内初始压力，单位为 MPa；p_* 为临界压力，一般取 $p_* = 0.192$ MPa；τ 为时间常数，由式(3-30)确定。

习　题

3-1　一个典型的气压传动系统由哪几个部分组成？各部分的作用是什么？

3-2　气压传动有何优缺点？

3-3　空气的湿度如何表示？

3-4　气体的温度对其黏性有什么影响？气体的黏温特性与液体的黏温特性有什么差别？

3-5　什么是气体的基准状态和标准状态？

3-6　何谓理想气体？其状态变化过程有哪几种？

3-7　何谓多变变化过程？其方程表达的含义是什么？

3-8　气体在管路中的流动特性与液体的有什么不同？

3-9　何谓气动元件的通流能力？如何表示？

3-10　计算基准状态和标准状态下空气的密度气体常数。干空气 $R = 278.1$ N·m/(kg·K)，水蒸气 $R = 462.05$ N·m/(kg·K)。

3-11　将温度为 20 ℃、体积为 1 m³ 的自然空气压缩到体积为 0.2 m³、温度为 30 ℃ 的空气，试求压缩后的空气压力是多少？

3-12　把绝对压力 $p = 0.1$ MPa、温度 $t = 20$ ℃、体积为 V 的干空气压缩至体积为 0.1 V，试分别按等温与绝热变化过程计算压缩后气体的压力和温度。

3-13　空气压缩机向容积为 40 L 的气罐充气，直至 $p_1 = 0.8$ MPa 时停止，此时气罐内温度 $t_1 = 40$ ℃（绝对压力），又经过若干小时，罐内温度降至室温 $t_1 = 10$ ℃，试问：(1)此时罐内表压为多少？(2)此时罐内压缩了多少室温为 10 ℃ 的自由空气？（设大气压力近似为 0.1 MPa）

第2篇

Part 2 液压传动

第**4**章 液压传动的动力元件

动力元件起着向系统提供动力源的作用,是系统不可缺少的核心元件。液压系统是以液压泵作为向系统提供一定的流量和压力的动力元件,液压泵将原动机(电动机或内燃机)输出的机械能转换为工作液体的压力能,是一种能量转换装置。液压泵性能的好坏将直接影响液压系统工作的可靠性和稳定性。

4.1 液压泵概述

4.1.1 液压泵的工作原理及特点

1. 液压泵的工作原理

液压泵都是依靠密封容积变化的原理来进行工作的,故一般称为容积式液压泵。图 4-1 所示是一单柱塞液压泵的工作原理图。柱塞 2 装在缸体 3 中,形成一个密封容积 a,柱塞 2 在弹簧 4 的作用下始终压紧在偏心轮 1 上。原动机驱动偏心轮 1 旋转,使柱塞 2 作往复运动,使密封容积 a 的大小发生周期性的交替变化。当 a 由小变大时就形成部分真空,使油箱中的油液在大气压的作用下,经吸油管顶开单向阀 6 进入 a 中而实现吸油;反之,当 a 由大变小时,a 中吸满的油液将顶开单向阀 5 而流入系统,从而实现压油。这样,液压泵就将原动机输入的机械能转换成液体的压力能,原动机驱动偏心轮不断旋转,液压泵就不断地吸油和压油。

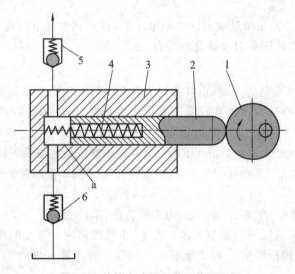

图 4-1 单柱塞液压泵的工作原理图

1—偏心轮;2—柱塞;3—缸体;4—弹簧;5,6—单向阀

2. 液压泵的特点

单柱塞液压泵具有一切容积式液压泵的基本特点。

(1)具有若干个密封且又可以周期性变化的空间。液压泵的输出流量与此空间的容积变化量和单位时间内的变化次数成正比,而与其他因素无关。这是容积式液压泵的一个重要特性。

(2)油箱内液体的绝对压力必须恒等于或大于大气压力。这是容积式液压泵能够吸入油液的外部条件。因此,为了保证液压泵正常吸油,油箱必须与大气相通,或采用密闭的充压油箱。

(3)具有相应的配流机构。将吸液腔和排液腔隔开,保证液压泵有规律地连续吸、排液体。液压泵的结构原理不同,其配流机构也不相同。图 4-1 所示的单柱塞液压泵的配流机构就是单向阀 5、6。

容积式液压泵中的油腔处于吸油时称为吸油腔,处于压油时称为压油腔。吸油腔的压力取决于吸油高度和吸油管路的阻力,吸油高度过高或吸油管路阻力太大,会使吸油腔真空度过高而影响液压泵的自吸性能;压油腔的压力则取决于外负载和排油管路的压力损失,从理论上讲,排油压力与液压泵的流量无关。

容积式液压泵排油的理论流量取决于液压泵的有关几何尺寸和转速,而与排油压力无关。但排油压力会影响液压泵的内泄漏和油液的压缩量,从而影响液压泵的实际输出流量。所以,液压泵的实际输出流量随排油压力的升高而降低。

液压泵按其在单位时间内所能输出的油液的体积是否可调节而分为定量泵和变量泵两类;按结构形式可分为齿轮式液压泵、叶片式液压泵和柱塞式液压泵三大类。

4.1.2 液压泵的主要性能参数

1. 压力

(1)工作压力。液压泵实际工作时的输出压力称为工作压力。工作压力取决于外负载的大小和排油管路上的压力损失,而与液压泵的流量无关。

(2)额定压力。液压泵在正常工作条件下,按试验标准规定连续运转的最高压力称为液压泵的额定压力。

(3)最高允许压力。在超过额定压力的条件下,根据试验标准规定,允许液压泵短暂运行的最高压力值,称为液压泵的最高允许压力。

2. 排量和流量

(1)排量 V。液压泵每转一周,由其密封容积几何尺寸变化计算而得的排出液体的体积称为液压泵的排量。排量可以调节的液压泵称为变量泵,排量不可以调节的液压泵则称为定量泵。

(2)理论流量 q_t。理论流量是指在不考虑液压泵泄漏流量的条件下,单位时间内所排出的液体体积。显然,如果液压泵的排量为 V,其主轴转速为 n,则该液压泵的理论流量 q_t 为

$$q_t = Vn \tag{4-1}$$

式中,V 为液压泵的排量,单位为 m^3/r;n 为主轴转速,单位为 r/s。

(3)实际流量 q。液压泵在某一具体工况下,单位时间内所排出的液体体积称为液压泵的实际流量。它等于理论流量 q_t 减去泄漏和压缩损失的流量 q_1,即

$$q = q_t - q_1 \tag{4-2}$$

(4)额定流量 q_n。液压泵在正常工作条件下,按试验标准规定(如在额定压力和额定转速下)必须保证的流量,称为液压泵的额定流量。

3. 功率和效率

1)液压泵的功率损失

液压泵的功率损失有容积损失和机械损失两部分。

（1）容积损失。容积损失是指液压泵在流量上的损失。液压泵的实际输出流量总是小于理论流量，其主要原因是液压泵内部高、低压腔之间的泄漏，油液的压缩，以及在吸油过程中由于吸油阻力太大、油液黏度大及液压泵转速高等原因而导致油液不能全部充满密封工作腔。

液压泵的容积损失用容积效率来表示，它等于液压泵的实际输出流量 q 与其理论流量 q_t 之比，即

$$\eta_v = \frac{q}{q_t} = \frac{q_t - q_1}{q_t} = 1 - \frac{q_1}{q_t} \tag{4-3}$$

因此，液压泵的实际输出流量 q 为

$$q = q_t \eta_v = V n \eta_v \tag{4-4}$$

液压泵的容积效率随着液压泵工作压力的增大而减小，且随液压泵结构类型的不同而异。

（2）机械损失。机械损失是指液压泵在转矩上的损失。液压泵的实际输入转矩 T 总是大于理论上所需要的转矩 T_t，其主要原因是液压泵泵体内相对运动部件之间因机械摩擦而引起摩擦转矩损失以及液体的黏性引起摩擦损失。液压泵的机械损失用机械效率表示，它等于液压泵的理论转矩 T_t 与实际输入转矩 T 之比。设转矩损失为 T_1，则液压泵的机械效率为

$$\eta_m = \frac{T_t}{T} = \frac{1}{1 + \frac{T_1}{T_t}} \tag{4-5}$$

2）液压泵的功率

（1）输入功率 P_i。液压泵的输入功率 P_i 是指作用在液压泵主轴上的机械功率，当输入转矩为 T_i、角速度为 ω 时，有

$$P_i = T_i \omega \tag{4-6}$$

（2）输出功率 P。液压泵的输出功率是指液压泵在工作过程中的实际吸、压油口间的压差 Δp 和输出流量 q 的乘积，即

$$P = \Delta p q \tag{4-7}$$

式中，Δp 为液压泵吸、压油口之间的压差，单位为 N/m^2；q 为液压泵的输出流量，单位为 m^3/s；P 为液压泵的输出功率，单位为 W。

在工程实际中，若液压泵吸、压油口的压差 Δp 的计量单位用 MPa 表示，输出流量 q 的单位用 L/min 表示，则液压泵的输出功率 P 可表示为

$$P = \frac{\Delta p q}{60} \tag{4-8}$$

式中，P 为输出功率，单位为 kW。

在实际的计算中，若油箱通大气，液压泵吸、压油口的压差 Δp 往往用液压泵出口压力 p 代替。

3）液压泵的总效率

液压泵的总效率是指液压泵的实际输出功率与其输入功率的比值，即

$$\eta = \frac{P}{P_i} = \frac{\Delta p q}{T_i \omega} = \frac{\Delta p q_t \eta_v}{\frac{T_t \omega}{\eta_m}} = \eta_v \eta_m \tag{4-9}$$

由式（4-9）可知，液压泵的总效率等于其容积效率与机械效率的乘积，所以液压泵的输

入功率也可写成

$$P_i = \frac{\Delta p q}{\eta} \qquad (4\text{-}10)$$

图 4-2(a)所示为液压泵的功率流程图。液压泵的各个参数和压力之间的关系如图 4-2(b)所示。

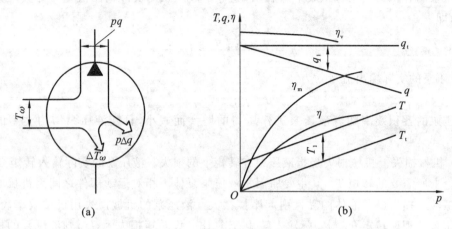

图 4-2　液压泵的功率流程图及特性曲线

4.1.3　液压泵的分类及图形符号

1. 液压泵的分类

液压泵按主要运动构件的形状和运动方式分为齿轮泵、叶片泵、柱塞泵和螺杆泵。其中,齿轮泵又分为外啮合齿轮泵和内啮合齿轮泵,叶片泵分为双作用叶片泵、单作用叶片泵和凸轮转子叶片泵,柱塞泵分为径向柱塞泵和轴向柱塞泵,螺杆泵分为单螺杆泵、双螺杆泵和三螺杆泵。

液压泵按排量能否改变分为定量泵和变量泵,其中变量泵可以是单作用叶片泵、径向柱塞泵或轴向柱塞泵。

液压泵按进、出油口的方向是否可变分为单向泵和双向泵,其中单向定量泵和单向变量泵只能一个方向旋转;双向定量泵可以通过变换进、出油口来改变泵的转向;双向变量泵不仅可以通过操纵变量机构变换进、出油口来改变泵的转向,而且可以改变泵的排量(或流量)。显然,双向泵具有对称的结构,而单向泵是针对某一转向设计的,为非对称结构。

2. 液压泵的图形符号

液压泵的图形符号如图 4-3 所示。

(a)单向定量液压泵　　(b)单向变量液压泵　　(c)双向定量液压泵　　(d)双向变量液压泵

图 4-3　液压泵的图形符号

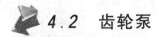

4.2 齿轮泵

齿轮泵是液压系统中常用的液压泵,在结构上可分为外啮合式和内啮合式两类。

4.2.1 外啮合齿轮泵

1. 工作原理

图 4-4 所示为外啮合齿轮泵。在泵的壳体内有一对外啮合齿轮,齿轮两侧由端盖罩住(图 4-4 中未示出),壳体、端盖和齿轮的各个齿槽组成了许多密闭工作腔。当齿轮按图 4-4 所示的方向旋转时,右侧吸油腔由于相互啮合的轮齿逐渐脱开,密闭工作腔容积逐渐增大,形成局部真空,油箱中的油液被吸进来,将齿槽充满,并随着齿轮旋转,把油液带到左侧压油腔去。在压油区一侧,由于轮齿在这里逐渐进入啮合,密闭工作腔容积不断减小,油液被挤出去。吸油区和压油区是由相互啮合的轮齿以及泵体分隔开的。

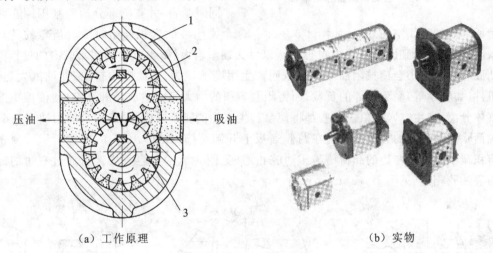

（a）工作原理   （b）实物

图 4-4 外啮合齿轮泵

1—壳体;2—主动齿轮;3—从动齿轮

2. 排量、流量计算和流量脉动

外啮合齿轮泵排量的精确计算应依据啮合原理来进行,近似计算时可认为排量等于它的两个齿轮的齿槽容积的总和。

设齿槽的容积等于轮齿的体积,则当齿轮齿数为 Z、节圆直径为 D、齿高为 h(应为去除顶隙部分后的有效齿高)、模数为 m、齿宽为 b 时,泵的排量为

$$V = \pi Dhb = 2\pi Zm^2b \tag{4-11}$$

考虑到齿槽容积比轮齿的体积稍大些,所以通常取

$$V = 6.66Zm^2b \tag{4-12}$$

齿轮泵的实际输出流量为

$$q = 6.66Zm^2bn \tag{4-13}$$

式(4-13)所表示的 q 是齿轮泵的平均流量。

实际上,由于齿轮啮合过程中,压油腔的容积变化率是不均匀的,因此齿轮泵瞬时流量是脉动的。

设 q_{max} 和 q_{min} 分别表示最大和最小瞬时流量,流量脉动率 σ 可用下式表示

$$\sigma = \frac{q_{max} - q_{min}}{q} \tag{4-14}$$

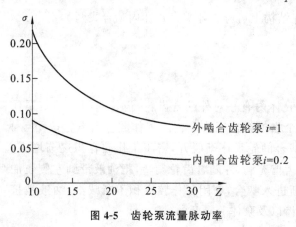

图 4-5　齿轮泵流量脉动率

图 4-5 所示为齿轮泵流量脉动率。图中 i 为主动齿轮和从动齿轮的齿数比。

由图 4-5 可见,外啮合齿轮泵齿数越少,流量脉动率 σ 就越大,其值最高可达 0.20 以上。内啮合齿轮泵的流量脉动率要小得多。

3. 存在的问题和解决方法

1) 困油现象

齿轮泵要平稳工作,齿轮啮合的重叠系数必须大于 1,于是总会出现两对轮齿同时啮合,并有一部分油液被围困在两对轮齿所形成的密闭空腔之间,如图 4-6 所示。这个密闭腔的容积开始时随着齿轮的转动逐渐减小(图 4-6(a)到图 4-6(b)的过程中),以后又逐渐增大(图 4-6(b)到图 4-6(c)的过程中)。密闭腔容积的减小会使被困油液受挤压而产生很高的压力,从缝隙中挤出,使油液发热,并使机件(如轴承等)受到额外的负载;而密闭腔容积的增大又会造成局部真空,使油液中溶解的气体分离,产生空穴现象。这些都将使泵产生强烈的噪声,这就是齿轮泵的困油现象。

消除困油现象的方法通常是在两侧盖板上开卸荷槽(如图 4-6 中的虚线所示),使密闭腔容积减小时通过左边的卸荷槽与压油腔相通(见图 4-6(a)),容积增大时通过右边的卸荷槽与吸油腔相通(见图 4-6(c))。

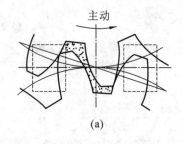 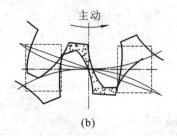 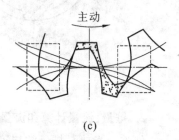

(a)　　　　　　　　(b)　　　　　　　　(c)

图 4-6　齿轮泵的困油现象

2) 泄漏

外啮合齿轮泵高压腔的压力油,可通过三条途径泄漏到低压腔中去:①通过齿轮啮合线处的间隙;②通过泵体内孔和齿顶圆间的径向间隙;③通过齿轮两侧面和侧盖板间的端面间隙。

通过端面间隙的泄漏量,最大可占总泄漏量的 $70\%\sim80\%$。因此,普通齿轮泵的容积效率较低,输出压力也不容易提高。要提高齿轮泵的压力,首要的问题是要减小端面泄漏。

减小端面泄漏一般采用齿轮端面间隙自动补偿的方法。图 4-7 所示为齿轮泵端面间隙自动补偿原理。利用特制的通道把泵内压油腔的压力油引到轴套外侧,产生液压作用力,使轴套压向齿轮端面。这个力必须大于齿轮端面作用在轴套内侧的作用力,这样才能保证在各种压力下,轴套始终自动贴紧齿轮端面,以减小泵内通过端面的泄漏,达到提高压力的目的。

3) 径向不平衡力

在齿轮泵中,作用在齿轮外圆上的压力是不相等的。在高压腔(压油腔)和低压腔(吸油腔)处,齿轮外圆和齿廓表面承受着工作压力和吸油腔压力;在齿轮和壳体内孔的径向间隙中,可以认为压力由高压腔压力逐渐分级下降到低压腔压力。这些液体压力综合作用的结果,相当于给齿轮一个径向的作用力(即不平衡力),使齿轮和轴承受载。工作压力越大,径向不平衡力就越大。当径向不平衡力很大时,能使轴弯曲,齿顶与壳体产生接触,同时加速轴承的磨损,降低轴承的寿命。为了减小径向不平衡力的影响,有的泵上采取了缩小压油口的办法,使压力油仅作用在一个齿到两个齿的范围内,同时适当增加径向间隙,使齿轮在压力的作用下,齿顶不能与壳体相接触。对于高压齿轮泵,减小径向不平衡力时应开压力平衡槽。

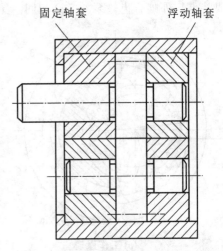

图 4-7 齿轮泵端面间隙自动补偿原理

4. 典型结构与特点

图 4-8 所示为外啮合齿轮泵典型结构图。它由一对几何参数完全相同的齿轮 6、长、短轴 12 和 15,泵体 7,前、后盖 8 和 4 等主要零件组成。

外啮合齿轮泵的优点是结构简单、尺寸小、重量轻、制造方便、价格低廉、工作可靠、自吸能力强(允许的吸油真空度大)、对油液污染不敏感、维护容易。它的缺点是一些机件承受不平衡径向力,磨损严重,泄漏大,工作压力的提高受到限制。此外,它的流量脉动大,因而压力脉动和噪声都较大。

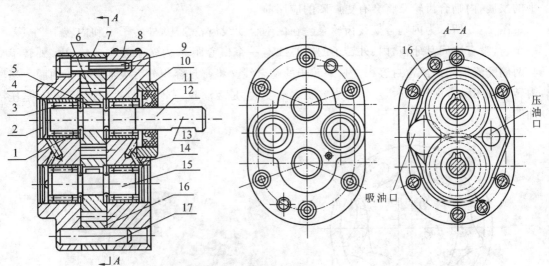

图 4-8 外啮合齿轮泵典型结构图

1—弹簧挡圈;2—压盖;3—滚针轴承;4—后盖;5—键;6—齿轮;7—泵体;8—前盖;9—螺钉;
10—密封座;11—密封环;12—长轴;13—键;14—泄漏通道;15—短轴;16—卸荷沟;17—圆柱销

4.2.2 内啮合齿轮泵

内啮合齿轮泵有渐开线齿形和摆线齿形(又名转子泵)两种类型,它们的工作原理和主要特点与外啮合齿轮泵的完全相同。图 4-9 所示为内啮合渐开线齿轮泵。

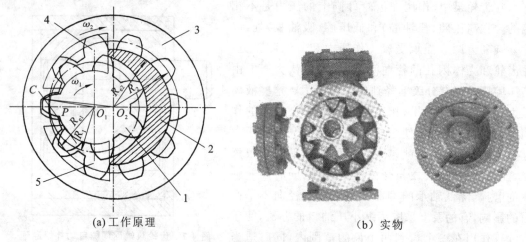

(a) 工作原理　　　　　　　　　　　　(b) 实物

图 4-9　内啮合渐开线齿轮泵

1—小齿轮(主动齿轮);2—月牙板;3—内齿轮(从动齿轮);4—吸油腔;5—压油腔

相互啮合的小齿轮 1(外齿轮)和内齿轮 3 与侧板围成的密封容积,被月牙板 2 和齿轮的啮合线分隔成两部分,即形成吸油腔和压油腔。当传动轴带动小齿轮按图 4-9 所示的方向旋转时,内齿轮同向旋转,图中上半部轮齿脱开啮合,密封容积逐渐增大,是吸油腔;下半部轮齿进入啮合,使其密封容积逐渐减小,是压油腔。

内啮合渐开线齿轮泵与外啮合齿轮泵相比,其流量脉动小,仅是外啮合齿轮泵流量脉动率的 1/10～1/20。此外,其结构紧凑,重量轻,噪声小和效率高,还可以做到无困油现象等,具有一系列的优点。它的不足之处是齿形复杂,需专门的高精度加工设备。但随着科技水平的发展,内啮合齿轮泵将会有更广阔的应用前景。

图 4-10 所示为内啮合摆线齿轮泵。在内啮合摆线齿轮泵中,外转子 1 和内转子 2 只差一个齿,没有中间月牙板,内、外转子的轴心线有一个偏心距 e,内转子为主动轮,内、外转子与两侧配流板间形成密封容积,内、外转子的啮合线又将密封容积分为吸油腔和压油腔。当内转子按图示方向转动时,左侧密封容积逐渐变大,是吸油腔;右侧密封容积逐渐变小,是压油腔。

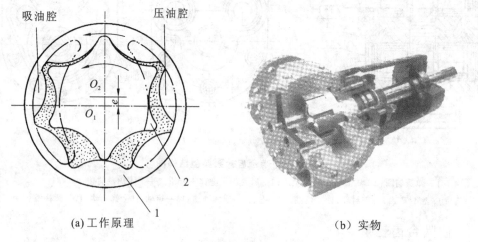

(a) 工作原理　　　　　　　　　　　　(b) 实物

图 4-10　内啮合摆线齿轮泵

1—外转子;2—内转子

内啮合摆线齿轮泵的优点是结构紧凑、零件少、工作容积大、转速高、运动平稳、噪声低，由于齿数较少（一般为4～7个），其流量脉动比较大，啮合处间隙泄漏大。所以，此种泵的工作压力一般为2.5～7 MPa，通常作为润滑、补油等辅助泵使用。

4.2.3 螺杆泵

螺杆泵实质上是一种外啮合摆线齿轮泵，按其螺杆根数分为单螺杆泵、双螺杆泵、三螺杆泵、四螺杆泵和五螺杆泵等；按螺杆的横截面分为摆线齿形、摆线-渐开线齿形和圆弧齿形三种不同形式。

图4-11所示为三螺杆泵。在三螺杆泵壳体2内平行地安装着三根互为啮合的双头螺杆，主动螺杆为中间凸螺杆3，上、下两根凹螺杆4和5为从动螺杆，三根螺杆的外圆与壳体对应弧面保持着良好的配合。螺杆的啮合线将主动螺杆和从动螺杆的螺旋槽分割成多个相互隔离的、互不相通的密封工作腔。当传动轴（与凸螺杆为一整体）按图4-11所示的方向转动时，这些密封工作腔随着螺杆的转动一个接一个地在左端形成，并不断地从左向右移动，在右端消失。主动螺杆每转一周，每个密封工作腔便移动一个导程。密封工作腔在左端形成时逐渐增大，将油液吸入来完成吸油工作；最右端的密封工作腔逐渐减小，直至消失，从而将油液压出，完成压油工作。螺杆直径越大，螺杆槽越深，螺杆泵的排量越大；螺杆越长，吸、压油口之间的密封层越多，密封就越好，螺杆泵的额定压力就越高。

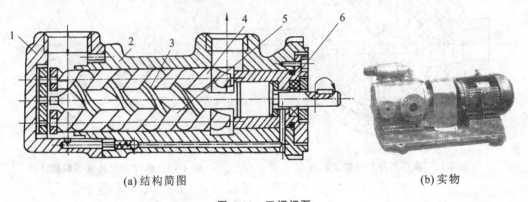

(a) 结构简图　　　　　　　　　　(b) 实物

图 4-11　三螺杆泵

1—后盖；2—壳体；3—主动螺杆；4,5—从动螺杆；6—前盖

螺杆泵与其他容积式液压泵相比，具有结构紧凑、体积小、重量轻、自吸能力强、运转平稳、流量无脉动、噪声小、对油液污染不敏感、工作寿命长等优点，目前常用在精密机床上和用来输送黏度大或含有颗粒物质的液体。螺杆泵的缺点是加工工艺复杂、加工精度高，所以应用受到限制。

4.3　叶片泵

叶片泵有单作用式（变量泵）和双作用式（定量泵）两大类，在机床、工程机械、船舶、压铸及冶金设备中得到广泛应用。它具有输出流量均匀、运转平稳、噪声小的优点。

叶片泵对油液的清洁度要求较高。

4.3.1 单作用叶片泵

图4-12所示为单作用叶片泵的工作原理。该泵由转子1、定子2、叶片3、配油盘和端盖

等主要零件组成。定子的内表面是圆柱形孔,定子和转子中心不重合,相距一偏心距 e。叶片可以在转子槽内灵活滑动(当转子转动时,叶片在离心力或液压力作用下,其顶部和定子内表面产生可靠接触)。配油盘上各有一个腰形的吸油窗口和压油窗口。由定子、转子、两相邻叶片和配油盘组成密封工作腔。当转子按逆时针方向转动时,右半周的叶片向外伸出,密封工作腔容积逐渐增大,形成局部真空,于是通过吸油口和配油盘上的吸油窗口将油液吸入。

当左半周的叶片向转子里缩进时,密封工作腔容积逐渐减小,密封工作腔内的油液经配油盘压油窗口和泵的压油口输入到系统中去。泵的转子每旋转一周,叶片在槽中往复滑动一次,密封工作腔容积各增大和缩小一次,完成一次吸油和压油,故称其为单作用叶片泵。由图 4-13 可以看出,转子转一转,每个密封工作腔容积变化为 $\Delta V = V_1 - V_2$。于是单作用叶片泵每转输出的油液体积为 ΔVz,z 为叶片数。由此可得单作用叶片泵的排量近似为

$$V = 2\pi beD \qquad (4\text{-}15)$$

式中,b 为转子宽度,e 为转子和定子间的偏心距,D 为定子内圆直径。

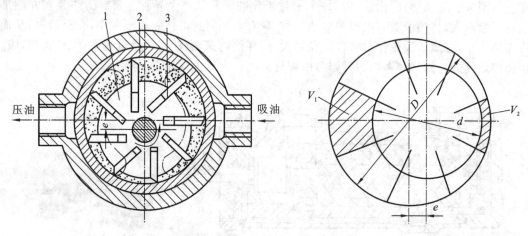

图 4-12 单作用叶片泵的工作原理
1—转子;2—定子;3—叶片

图 4-13 单作用叶片泵的排量计算

这种泵的转子上受到单方向的液压不平衡力作用,轴承负载较大。通过变量机构来改变定子和转子间的偏心距 e,就可改变泵的排量,使其成为一种变量泵。为了使叶片在离心力作用下可靠地压紧在内圆表面上,采用特殊沟槽,使压油腔一侧的叶片底部和压油底腔相通,吸油腔一侧的叶片底部和吸油底腔相通。

单作用叶片泵的流量是有脉动的,但是泵内叶片数越多,流量脉动率越小。此外,奇数叶片泵的脉动率比偶数叶片泵的脉动率小,一般取 13 或 15 片叶片。

4.3.2 双作用叶片泵

图 4-14 所示为双作用叶片泵的工作原理图。双作用叶片泵的工作原理和单作用叶片泵的相似,不同之处只在于定子内表面由两段长半径圆弧、两段短半径圆弧和四段过渡曲线组成,且定子和转子是同心的。当转子顺时针方向旋转时,密封工作腔容积在左上角和右下角处逐渐增大,为吸油区;在左下角和右上角处逐渐减小,为压油区。在吸油区和压油区之间有一段封油区将它们隔开。这种泵的转子每转一转,完成两次吸油和压油,所以称为双作用叶片泵。由于泵的吸油区和压油区对称布置,因此转子所受径向力是平衡的,所以该泵又称为平衡式液压泵。

根据图 4-15 可计算出双作用叶片泵的排量。V_1 为吸油后封油区内的油液体积，V_2 为压油后封油区内的油液体积，泵轴转一转，完成两次吸油和压油，考虑到叶片厚度 s 对吸油和压油时油液体积的影响，因此泵的排量为

$$V = 2(V_1 - V_2)z = 2b\left[\pi(R^2 - r^2) - \frac{R-r}{\cos\theta}sz\right] \tag{4-16}$$

式中，R、r 为叶片泵定子内表面圆弧部分长、短半径，z 为叶片数，b 为叶片宽度，θ 为叶片倾角。

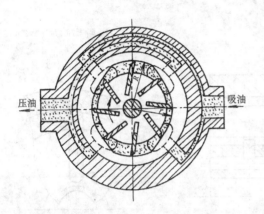 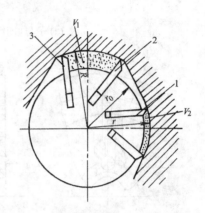

图 4-14　双作用叶片泵的工作原理图　　　　图 4-15　双作用叶片泵的排量计算

双作用叶片泵也存在流量脉动，但比其他形式的泵要小得多，且在叶片数为 4 的倍数时最小，一般都取 12 或 16 片。

双作用叶片泵的定子曲线直接影响泵的性能，如流量均匀性、噪声、磨损等。过渡曲线应保证叶片贴紧在定子内表面上，且叶片在转子槽中径向运动时速度和加速度的变化均匀，使叶片对定子内表面的冲击尽可能小。等加速-等减速曲线、高次曲线和余弦曲线等是目前得到较广泛应用的几种曲线。

一般双作用叶片泵为了保证叶片和定子内表面紧密接触，叶片底部都与压力油腔连通。但当叶片处在吸油腔时，叶片底部作用着压油腔的压力，顶部作用着吸油腔的压力，这一压差使叶片以很大的力压向定子内表面，加速了定子内表面的磨损，影响泵的寿命和额定压力的提高。所以，对高压叶片泵常采用以下措施来改善叶片受力状况。图 4-16(a) 所示为子母叶片结构。母叶片 3 和子叶片 4 之间的油室 f 始终经槽 e、d、a 和压力油相通，而母叶片的底腔 g 则经转子 1 上的孔 b 和所在油腔相通。这样，叶片处在吸油腔时，母叶片只在油室 f 的高压油作用下压向定子内表面，使作用力不致太高。图 4-16(b) 所示为阶梯叶片结构。阶梯叶片和阶梯叶片槽之间的油室 d 始终和压力油相通，而叶片的底部油室 c 和所在工作腔相通。这样，叶片处在吸油腔时，叶片只在油室 d 的高压油作用下压向定子内表面，从而减小了叶片对定子内表面的作用力。图 4-16(c) 所示为柱销叶片结构。在缩短了的叶片底部专设一个柱销，使叶片外伸的力主要来自作用在这一柱销底部的压力油。适当设计该柱销的作用面积，即可控制叶片在吸油区受到的外推力。图 4-16(d) 所示为双叶片结构。在一个叶片槽内装有两个可以互相滑动的叶片，每个叶片的内侧均制成倒角。这样，在两叶片相叠的内侧就形成了沟槽，使叶片顶部和底部始终作用着相等的油压。合理设计叶片的承压面积，既可保证叶片与定子紧密接触，又不至于使接触应力过大。此结构的不足之处是削弱了叶片强度，加剧了叶片在槽中的磨损。因此，这种结构仅适用于较大规格的泵。

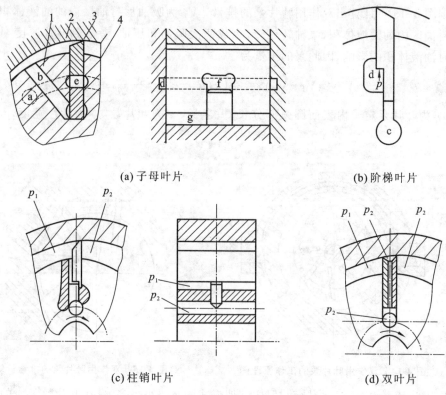

(a) 子母叶片   (b) 阶梯叶片

(c) 柱销叶片   (d) 双叶片

图 4-16   几种改善叶片受力状况的结构

1—转子；2—定子；3—母叶片；4—子叶片

4.3.3　限压式变量叶片泵

　　限压式变量叶片泵是一种输出流量随工作压力变化而变化的泵。当工作压力大到泵所产生的流量全部用于补偿泄漏时，泵的输出流量为零，不管外负载再怎样增大，泵的输出压力不会再升高，所以这种泵被称为限压式变量叶片泵。限压式变量叶片泵可分为外反馈式和内反馈式两种。图 4-17 所示为外反馈限压式变量叶片泵。它能根据外负载（泵的工作压力）的大小自动调节泵的排量。图中液压泵的转子 1 的中心 O 固定不动，定子 3 可左右移动。定子左侧有一弹簧 2，右侧是一反馈柱塞 5，它的油腔与泵的压油腔相通。设弹簧刚度为 k_s，反馈柱塞面积为 A_x，若忽略泵在滑块滚针支承 4 处的摩擦力 $\boldsymbol{F}_f$，则泵的定子受弹簧力 $F_s = k_s x_0$ 和反馈柱塞液压力的作用。当泵的转子按逆时针方向旋转时，转子上部为压油腔，下部为吸油腔。压力油把定子向上压在滑块滚针支承上。当反馈柱塞的液压力 F（等于 pA_x）小于弹簧力 F_s 时，定子处于最右边，偏心距最大，即 $e = e_{max}$，泵的输出流量最大；若泵的输出压力因工作负载增大而增大，使 $F > F_s$ 时，反馈柱塞把定子向左推移 x 距离，偏心距减小到 $e_x = e_{max} - x$，输出流量随之减小。泵的工作压力越大，定子与转子间的偏心距越小，泵的输出流量就越小。外反馈限压式变量叶片泵的压力流量特性曲线如图 4-18 所示。图中 AB 段是泵的不变量段，这时由于 $F_s > F$，e_{max} 是常数，如同定量泵特性一样，压力增大时，泄漏量增加，实际输出流量略有减小。图中 BC 段是泵的变量段，在这一区段内，泵的实际输出流量随着工作压力的增大而减小。图中 B 点称为曲线的拐点，对应的工作压力 $p_c = k_s x_0 / A_x$，其值由弹簧预压缩量 x_0 确定。C 点对应的压力是变量泵最大输出压力 p_{max}，相当于实际输出流量为零时的压力。通过调节弹簧预压缩量 x_0，便可改变 p_c 和 p_{max} 的值，使 BC

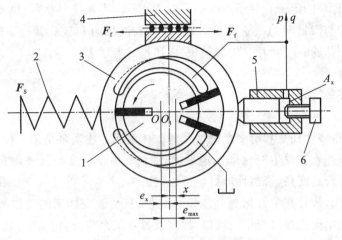

图 4-17 外反馈限压式变量叶片泵

1—转子;2—弹簧;3—定子;4—滑块滚针支承;5—反馈柱塞;6—流量调节螺钉

段曲线左右平移。

调节图 4-17 中的右端流量调节螺钉 6,可改变 e_{max},从而改变泵的最大流量,AB 段曲线上下平移,p_c 值稍有变化。

如果更换刚度不同的弹簧,则可改变 BC 段的斜率。弹簧越"软",BC 段越陡;反之,弹簧越"硬",BC 段越平坦。

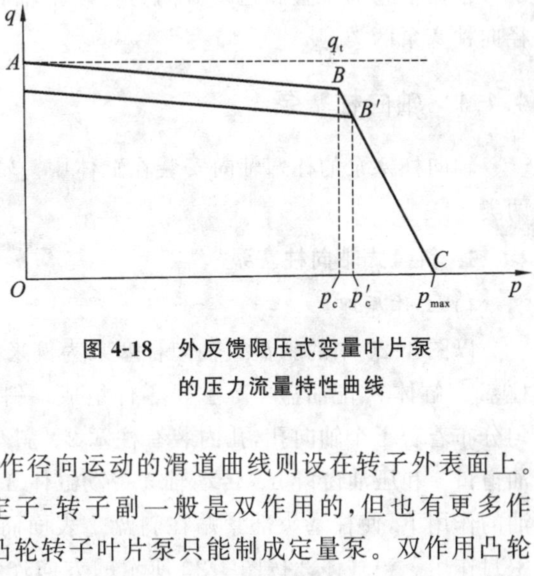

4.3.4 凸轮转子叶片泵

图 4-19 所示为凸轮转子叶片泵。它的定子和转子关系与普通叶片泵的相反,其叶片装在定子的槽内并用弹簧加压,而控制叶片径向运动的滑道曲线则设在转子外表面上。

图 4-18 外反馈限压式变量叶片泵的压力流量特性曲线

泵的定子-转子副一般是双作用的,但也有更多作用。凸轮转子叶片泵只能制成定量泵。双作用凸轮转子叶片泵的转子滑道曲线同样由两段长半径圆弧、两段短半径圆弧和四段过渡曲线组成。定子的内圆柱面与转子的长半径圆柱面形成间隙密封面。两个叶片将定子与转子之间的空间分隔成四个对称分布的密封工作腔,它们分别与壳体中的吸、压油腔相通。当凸轮转子顺时针旋转时,与吸油腔相通的密封工作腔容积逐渐增大,与压油腔相通的密封工作腔的容积则逐渐缩小,从而实现了吸、压油过程。双作用凸轮转子叶片泵通常在一根驱动轴上安装相位差为 90°的两组定子-转子副,两组定子-转子副用隔板分开,但对应的油路相通。这样泵的两组密封工作腔的容积互相补偿,且又没有困油现象,因而流

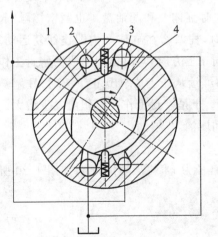

图 4-19 凸轮转子叶片泵

1—转子;2—排油腔;3—吸油腔;4—定子

量脉动和噪声都很小。

凸轮转子叶片泵的定子和转子所受的径向力和轴向力都是平衡的,轴承负荷很小,加之凸轮尺寸小,叶片与滑道间的线速度低,因而能在较高压力和较高转速下运行并有较长寿命。所以,近年来凸轮转子叶片泵发展较快,应用也日益增多。

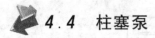

4.4 柱塞泵

柱塞泵主要由多个柱塞和有多个柱塞孔的缸体组成。柱塞泵是依靠柱塞在缸体内往复运动,使密封工作腔容积发生变化来实现吸、压油的。由于柱塞与缸体内孔均为圆柱表面,因此加工方便,配合精度高,密封性能好。同时,柱塞泵主要零件处于受压状态,使材料强度性能得到充分利用,故柱塞泵常做成高压泵。此外,只要改变柱塞的工作行程,就能改变泵的排量,易于实现单向或双向变量。所以,柱塞泵具有压力高、结构紧凑、效率高及流量调节方便等优点,常用于需要高压大流量和流量需要调节的液压传动系统中,如龙门刨床、拉床、液压机、起重机械等设备的液压传动系统。

根据柱塞的布置和运动方向与传动主轴相对位置的不同,柱塞泵可分为轴向柱塞泵和径向柱塞泵两类。

4.4.1 轴向柱塞泵

轴向柱塞泵的柱塞轴向安装在缸体中。轴向柱塞泵按其结构特点分为斜盘式和斜轴式两类。

1. 斜盘式轴向柱塞泵

1) 工作原理

以图4-20中的斜盘式轴向柱塞泵为例来说明轴向柱塞泵的工作原理。该泵由斜盘1、柱塞2、缸体3、配油盘4等主要零件组成。斜盘和配油盘固定不动。在缸体3上沿圆周均匀分布着若干个轴向孔,孔内装有柱塞2。斜盘1与传动轴5倾斜γ角度,配油盘4上有吸油窗口a和压油窗口b。传动轴5带动缸体3、柱塞2一起转动。柱塞2在机械装置或低压油的作用下,使柱塞头部紧贴在斜盘1表面而靠紧;同时缸体3和配油盘4也紧密接触,起密封作用。当缸体3按图4-20所示的方向连续转动时,柱塞2在缸体3内即作往复运动。由于斜盘的作用,各柱塞从最下端位置沿箭头方向转向正上方时,与缸体间形成的密封工作腔容积会增大,通过配油盘4的弧形吸油窗口a吸油;继续从正上方转到正下方时,柱塞被压缩回去,密封工作腔容积减小,通过压油窗口b排油。于是密封工作腔容积便发生增大或减小的变化,通过吸油窗口a和压油窗口b实现吸油和压油。

2) 排量和流量

若柱塞数目为z,柱塞直径为d,柱塞孔的分布圆直径为D,斜盘倾角为γ,如图4-20所示,当缸体转动一转时,泵的排量为

$$V = \frac{\pi}{4}d^2 Dz\tan\gamma \tag{4-17}$$

则泵的实际输出流量为

$$q = \frac{\pi}{4}d^2 Dzn\eta_v \tan\gamma \tag{4-18}$$

如果改变斜盘倾角γ的大小,就能改变柱塞的行程,也就改变了轴向柱塞泵的排量。如

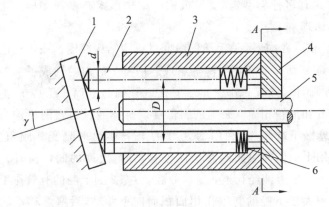

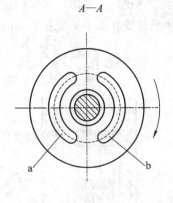

图 4-20 斜盘式轴向柱塞泵的工作原理

1—斜盘；2—柱塞；3—缸体；4—配油盘；5—传动轴

果改变斜盘倾角的方向，就能改变吸、压油方向，这时轴向柱塞泵就成为双向变量轴向柱塞泵。

实际上，轴向柱塞泵的输出流量是脉动的。当柱塞数为奇数时，脉动率 σ 较小。故轴向柱塞泵的柱塞数一般都为奇数，从结构和工艺性考虑，常取 $z=7$ 或 $z=9$。轴向柱塞泵的流量脉动率与柱塞数之间的关系如表 4-1 所示。

表 4-1 轴向柱塞泵的流量脉动率与柱塞数之间的关系

柱 塞 数 z	5	6	7	8	9	10	11	12
流量脉动率 $\sigma/(\%)$	4.98	14	2.53	7.8	1.53	4.98	1.02	3.45

3）结构特点

（1）缸体端面间隙的自动补偿。由图 4-20 可见，使缸体紧压配油盘端面的作用力，除了机械装置或弹簧的推力外，还有柱塞孔底部台阶面上所受的液压力，此液压力比弹簧力大得多，而且随泵的工作压力的增大而增大。由于缸体始终受力而紧贴着配油盘，使得端面间隙得到了自动补偿。

（2）滑履结构。在斜盘式轴向柱塞泵中，若各柱塞以球形头部直接接触斜盘而滑动，这种泵称为点接触式轴向柱塞泵。这种点接触式轴向柱塞泵在工作时，由于柱塞球头与斜盘平面理论上为点接触，因而接触应力大，极易磨损，故只适用于低压系统（$p \leqslant 10$ MPa）。一般轴向柱塞泵都在柱塞头部装一滑履（见图 4-21）。滑履是按静压支承原理设计的。缸体中的压力油经柱塞球头中间小孔流入滑履油室，使滑履和斜盘间形成液体润滑，改善了柱塞头部和斜盘的接触情况。使用这种结构的轴向柱塞泵的工作压力可达 32 MPa 以上，流量大。这样，就有利于轴向柱塞泵在高压下工作。

（3）变量机构。在变量轴向柱塞泵中均设有专门的变量机构，用来改变斜盘倾角 γ 的大小，以调

图 4-21 滑履结构

节泵的排量。轴向柱塞泵的变量方式有多种类型,其变量机构的结构形式亦多种多样。这里只简要介绍手动变量机构的工作原理。

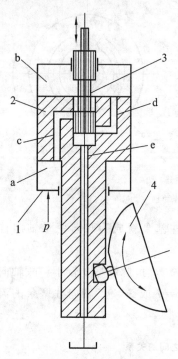

图 4-22　手动伺服变量
机构结构简图

1—缸筒;2—活塞;
3—伺服阀阀芯;4—斜盘

现吸油和压油。

图 4-22 所示是手动伺服变量机构结构简图。该机构由缸筒 1、活塞 2 和伺服阀等组成。活塞 2 的内腔构成了伺服阀的阀体,并有 c、d 和 e 三个孔道分别与缸筒 1 下腔 a、上腔 b 和油箱相通。泵上的斜盘 4 或缸体通过适当的机构与活塞 2 下端相连,利用活塞 2 的上下移动来改变其倾角。当用手柄使伺服阀阀芯 3 向下移动时,上面的阀口打开,a腔中的压力油经孔道 c 通向 b 腔,活塞 2 因上腔的有效作用面积大于下腔的有效作用面积而向下移动,活塞 2 移动时又使伺服阀上的阀口关闭,最终使活塞 2 自身停止运动;同理,当用手柄使伺服阀阀芯 3 向上移动时,下面的阀口打开,b 腔经孔道 d 和 e 与油箱接通,活塞 2 在 a 腔压力油的作用下向上移动,并在该阀口关闭时自行停止运动。手动伺服变量机构就是这样依照伺服阀的动作来实现其控制的。

2. 斜轴式轴向柱塞泵

图 4-23 为斜轴式轴向柱塞泵的结构简图。传动轴 5 相对于缸体 3 有一倾角 γ,柱塞 2 与传动轴圆盘之间用相互铰接的连杆 4 相连。当传动轴 5 沿图 4-23 所示的方向旋转时,连杆 4 就带动柱塞 2 连同缸体 3 一起转动,柱塞 2 同时也在缸体孔内作往复运动,使柱塞孔底部的密封腔容积不断发生增大和减小的变化,通过配油盘 1 上的窗口 a 和 b 实

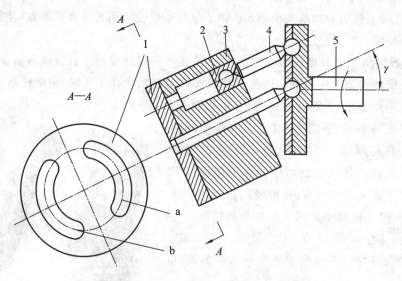

图 4-23　斜轴式轴向柱塞泵的结构简图

1—配油盘;2—柱塞;3—缸体;4—连杆;5—传动轴

与斜盘式轴向柱塞泵相比较,斜轴式轴向柱塞泵由于缸体所受的不平衡径向力较小,故结构强度高,变量范围较大(倾角较大),但外形尺寸较大,结构也较复杂。目前,斜轴式轴向柱塞泵的使用相当广泛。

4.4.2　径向柱塞泵

图 4-24 所示是径向柱塞泵的结构简图。径向柱塞泵的柱塞径向布置在缸体转子上。在转子 2(缸体)上径向均匀分布着数个孔,孔中装有柱塞 5。定子和转子偏心安装,转子 2 的中心与定子 1 的中心之间有一个偏心距。在固定不动的配油轴 3 上,相对于柱塞孔的部位有相互隔开的上、下两个缺口,这两个缺口又分别通过所在部位的两个轴向孔与泵的吸、压油口连通。当转子 2 旋转时,柱塞 5 在离心力(或低压油)作用下,其头部与定子 1 的内表面紧密接触。由于转子 2 与定子 1 存在偏心,所以柱塞 5 在随转子转动时,又在柱塞孔内作径向往复滑动。当转子 2 按图 4-24 所示的方向旋转时,上半周的柱塞向外伸出,柱塞底部的密封工作腔容积增大,于是通过配油轴轴向孔和上部开口吸油;下半周的柱塞向内缩回,柱塞孔内的密封工作腔容积减小,于是通过配油轴轴向孔和下部开口压油。

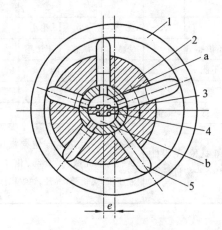

图 4-24　径向柱塞泵的结构简图
1—定子;2—转子;3—配油轴;4—衬套;5—柱塞

当移动定子,改变偏心距 e 的大小时,泵的排量就得到改变;当移动定子,使偏心量从正值变为负值时,泵的吸、压油腔就互换。因此,径向柱塞泵可以做成单向或双向变量泵。为了使流量脉动率尽可能小,通常采用奇数柱塞数。

径向柱塞泵的径向尺寸较大,结构较复杂,自吸能力差,并且配油轴受到径向不平衡液压力的作用,易于磨损,这些都限制了它的转速和压力的提高。

 ## 4.5　各类液压泵的性能比较及应用

在设计液压传动系统时,应根据所要求的工作情况正确、合理地选择液压泵。为比较前述各类液压泵的性能,有利于选用,将它们的主要性能及应用范围列于表 4-2 中。

表 4-2　各类液压泵的主要性能及应用范围

类型 性能参数	齿轮泵			叶片泵		螺杆泵	柱塞泵			
	内啮合		外啮合	单作用	双作用		轴向		径向	
	渐开线式	摆线式					斜盘式	斜轴式	轴配流	阀盘配流
压力范围/MPa （低压型） （中高压型）	2.5 ≤30	1.6 16	2.5 ≤30	≤6.3	6.3 ≤32	2.5 10	≤40	≤40	35	≤70 或更高
排量范围 /(mL/r)	0.3～ 300	2.5～ 150	0.3～ 650	1～ 320	0.5～ 480	1～ 9200	0.2～ 560	0.2～ 3600	16～ 2500	<4200
转速范围 /(r/min)	300～ 4000	1000～ 4500	3000～ 7000	500～ 2000	500～ 4000	1000～ 1800	600～ 6000		700～ 4000	≤1800
容积效率/(%)	≤96	80～90	70～95	58～92	80～94	70～95	88～93		80～90	90～95
总效率/(%)	≤90	65～80	63～87	54～81	65～82	80～85	81～88	81～83	83～86	—
流量脉动	小	小	大	中等	小	很小	中等		中等	
功率质量比 /(kW/kg)	大	中	中	小	中	小	大	中～大	小	大
噪声	小		大	较大	小	很小	大			
对油液污染敏感性	不敏感			敏感	敏感	不敏感	敏感			
流量调节	不能			能		不能	能			
自吸能力	好			中		好	差			
价格	较低	低	最低	中	中低	高				
应用范围	机床、农业机械、工程机械、航空、船舶、一般机械等			机床、注塑机、工程机械、液压机、飞机等		精密机床及食品、化工、石油、纺织机械等	工程机械、运输机械、锻压机械、船舶和飞机、机床和液压机等			

习　　题

4-1　某液压泵的输出压力为 5 MPa，排量为 10 mL/r，机械效率为 0.95，容积效率为 0.9。当转速为 1200 r/min 时，泵的输出功率和驱动泵的电动机的功率各为多少？

4-2　某液压泵的转速为 950 r/min，排量 V_p＝168 mL/r，在额定压力为 29.5 MPa 和同样转速下，测得泵的实际流量为 150 L/min，额定工况下的总效率为 0.87，求：

（1）泵的理论流量 q_t；

（2）泵的容积效率 η_v 和机械效率 η_m；

（3）泵在额定工况下所需电动机驱动功率 P_t；

（4）驱动泵的转矩 T_i。

4-3　某变量叶片泵转子外径 d＝83 mm，定子内径 D＝89 mm，叶片宽度 B＝30 mm，试求：

（1）叶片泵排量为 16 mL/r 时的偏心距 e；

（2）叶片泵的最大排量 V_{max}。

4-4 变量轴向柱塞泵共有 9 个柱塞,其柱塞分布圆直径 $D = 125$ mm,柱塞直径 $d = 16$ mm。若泵以 3000 r/min 的转速旋转,其输出流量 $q = 50$ L/min,问斜盘倾角为多少(忽略泄漏的影响)?

4-5 一限压式变量叶片泵的特性曲线如图 4-25 所示,设 $p_B < p_{max}/2$,试求该泵输出的最大功率和压力。

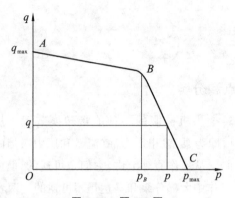

图 4-25 题 4-5 图

第5章　液压传动的执行元件

5.1　液压马达

5.1.1　液压马达的特点和分类

液压马达是把液压能转变为机械能的一种能量转换装置。从能量互相转换的观点来看，当电动机带动其转动时，即为泵，输出压力油（流量和压力）；当向其通入压力油时，即为马达，输出机械能（扭矩和转速）。从工作原理上讲，它们是可逆的，但由于用途不同，故在结构上各有其特点。因此，在实际工作中大部分泵和马达是不可逆的。两者在结构上的差异如下。

（1）液压马达一般应该正、反转，所以在内部结构上应具有对称性，而液压泵一般是单方向旋转的。

（2）为了减小吸油阻力，减小径向力，一般液压泵的吸油口比出油口的尺寸大；而液压马达低压腔的压力稍高于大气压力，所以没有上述要求。

（3）液压马达要求能在很宽的转速范围内正常工作，因此应采用滚动轴承或静压轴承。因为当液压马达速度很低时，若采用动压轴承，就不易形成润滑滑膜。

（4）叶片泵依靠叶片跟转子一起高速旋转而产生的离心力使叶片始终紧贴定子的内表面，起封油作用，形成密封工作腔。若将其当液压马达用，必须在液压马达的叶片根部装上弹簧，以保证叶片始终紧贴定子内表面，以便液压马达能正常启动。

（5）液压泵在结构上需保证具有自吸能力，而液压马达就没有这一要求。

（6）液压马达必须具有较大的启动转矩。所谓启动转矩，就是液压马达由静止状态启动时液压马达轴上所能输出的转矩。该转矩通常大于在同一工作压差时处于运行状态下的转矩。所以，为了使启动转矩尽可能接近工作状态下的转矩，要求液压马达转矩的脉动小，内部摩擦小。

由于液压马达与液压泵具有上述不同的特点，使得很多类型的液压马达和液压泵不能互逆使用。

液压马达按照排量是否可变，可以分为定量马达和变量马达两种。

液压马达按其额定转速的不同，分为高速和低速两大类：一般将额定转速高于 500 r/min 的液压马达称为高速液压马达，而将额定转速低于 500 r/min 的液压马达称为低速液压马达。

高速液压马达按照其结构形式又可分为齿轮马达、叶片马达和轴向柱塞马达等，其主要特点是转速较高，转动惯量小，便于启动和制动，调速和换向的灵敏度高，但是输出转矩较小。通常高速液压马达的输出转矩仅为几十到几百牛米，所以又称其为高速小转矩液压马达。

低速液压马达基本都采用径向柱塞式结构，常用的有多作用内曲线径向柱塞式和单作用曲轴连杆径向柱塞式。低速液压马达的主要特点是排量大、体积大、输出转矩大、低速稳定性好，可在每分钟几转甚至零点几转的条件下平稳运转，因此可直接与需要减速的工作机构连接,使传动机构大为简化。低速液压马达输出转矩通常可达几千到几万牛米,所以又称其为低速大转矩液压马达。

5.1.2 液压马达的主要性能参数

1. 液压马达的转矩

液压马达在工作中输出的转矩是由负载转矩所决定的,而液压马达的工作能力又是通过工作容积的大小来反映的。液压马达的工作容积用排量 V 表示,这是个重要的参数。根据 V 的大小可以计算在给定压力下液压马达所能输出的转矩大小,也可以计算在给定负载转矩下液压马达工作压力的大小。当液压马达进、出油口之间的压差为 Δp,输入液压马达的理论流量为 q_t,液压马达输出的理论转矩为 T_t,角速度为 ω 时,如果不计损失,液压马达输入的液压功率应当全部转化为液压马达输出的机械功率,即

$$\Delta p q_t = T_t \omega \tag{5-1}$$

又因为 $q_t = Vn$,$\omega = 2\pi n$,所以液压马达的理论转矩为

$$T_t = \frac{1}{2\pi} \Delta p V \tag{5-2}$$

实际问题中,由于摩擦损失,液压马达的实际转矩为

$$T_t = \frac{1}{2\pi} \Delta p V \eta_m \tag{5-3}$$

2. 液压马达的转速

液压马达的转速取决于供给液压油的流量 q 和液压马达本身的排量 V。由于液压马达内部有泄漏,并不是所有进入液压马达的液体都推动液压马达做功,一小部分液体因泄漏损失掉了,所以液压马达的实际转速要比理想情况低一些。液压马达的转速用下式计算

$$n = \frac{q}{V} \eta_v \tag{5-4}$$

3. 液压马达的效率

对于液压马达来说,由于摩擦损失造成转矩损失 ΔT,使液压马达的实际输出转矩 T 总是小于理论转矩 T_t。液压马达的机械效率为

$$\eta_m = \frac{T}{T_t} = \frac{T_t - \Delta T}{T_t} = 1 - \frac{\Delta T}{T_t} \tag{5-5}$$

液压马达的理论输入流量 q_t 与实际输入流量 q 之比称为液压马达的容积效率,Δq 为泄漏的流量损失,液压马达的容积效率为

$$\eta_v = \frac{q_t}{q} = \frac{q - \Delta q}{q} = 1 - \frac{\Delta q}{q} \tag{5-6}$$

液压马达的总效率为

$$\eta = \eta_v \cdot \eta_m$$

5.1.3 液压马达的工作原理

1. 齿轮马达的工作原理

外啮合齿轮马达的工作原理如图 5-1 所示。当压力为 p 的高压油输入到进油腔时,处于进油腔的所有轮齿均受到高压油的作用。在轮齿 2 和 2' 上的液压力相互抵消,轮齿 1、3

和 $1'$、$3'$ 上的液压力不能相互抵消,从而在齿轮 A 和 B 上分别产生了不平衡力。作用在齿轮 A 上的不能相互抵消的那部分液压力迫使齿轮 B 顺时针旋转,作用在轮齿 3 上的液压力则迫使齿轮 A 逆时针旋转,由于在轮齿 3 上的液压油的作用面积较轮齿 1 上的大,因此其合力必然导致齿轮 A 逆时针旋转;与之相对应,齿轮 B 在轮齿 $1'$ 和 $3'$ 的合力作用下必然顺时针旋转。这样,齿轮马达就实现了周期旋转运动而向外输出转矩和转速。

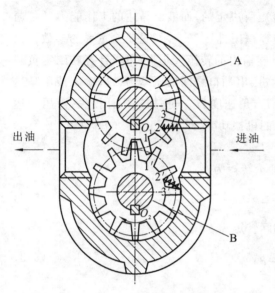

图 5-1 外啮合齿轮马达的工作原理图

齿轮马达为了要满足双向旋转的使用要求,其结构对称,所有内泄漏均通过泄油口单独引到壳体外;为了减小转矩脉动,齿轮马达的齿数比泵的齿数多。

齿轮马达的密封性较差,容积效率、工作压力较低,输出转矩较小,转速和转矩随啮合点位置的变化而变化,且脉动较大。因此,齿轮马达仅适用于对转矩均匀性要求不高的高速小转矩机械设备。

2. 轴向柱塞马达的工作原理

轴向柱塞马达的工作原理如图 5-2 所示。当压力为 p 的高压油输入到进油腔时,处于进油腔的柱塞(图 5-2 中左侧柱塞)在压力油的作用下外伸而压在斜盘上,而斜盘对柱塞产生垂直于斜盘方向的反作用力 N,其可分解为沿柱塞方向的力 F 和垂直于柱塞方向的力 T。若作用在柱塞底部的油液压力为 p,柱塞直径为 d,力 F 和 N 之间的夹角为 γ 时,它们分别为

$$F = p \frac{\pi d^2}{4} \tag{5-7}$$

$$T = F \tan\gamma \tag{5-8}$$

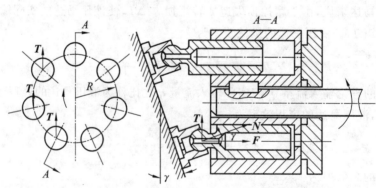

图 5-2 轴向柱塞马达的工作原理图

力 T 通过柱塞对缸体产生转矩,使缸体旋转,缸体再通过传动轴向外输出转矩和转速。上述分析是针对一个柱塞的情况,整个轴向柱塞马达的输出转矩由 z 个柱塞的转矩之和构成。由于柱塞的瞬时方位角呈周期性变化,液压马达总的输出转矩也呈周期性变化,所以液压马达的输出转矩是脉动的,通常只计算液压马达的平均转矩。

轴向柱塞马达的容积效率高,调速范围大,因此必须通过减速器来带动工作机构。轴向柱塞马达的结构尺寸和转动惯量小,换向灵敏度高,输出转矩小,因此适用于转矩小、转速高和换向频繁的场合。

3. 径向柱塞马达的工作原理

径向柱塞马达属于低速大转矩马达,其主要特点是输出转矩大(可达几千至几万牛米),低速稳定性好(一般可在 10 r/min 以下平稳运转,有的可低到 0.5 r/min 以下),因此可直接与工作机构连接。径向柱塞马达通常分为两种类型,即单作用连杆型和多作用内曲线型。这里仅介绍多作用内曲线型径向柱塞马达。

多作用内曲线型径向柱塞马达的工作原理如图 5-3 所示。当压力为 p 的高压油进入进油腔后,通过配流轴进入进油区柱塞底部,柱塞 1 受到压力油的作用而向外伸出,使滚轮 2 压在导轨上,导轨面给滚轮一反向力 F,方向垂直于导轨面,指向滚轮中心。力 F 可分解为沿柱塞轴向方向的力 F_t 和垂直于柱塞轴向的力 F_r。作用力 F_r 推动转子旋转,产生输出转矩和转速。

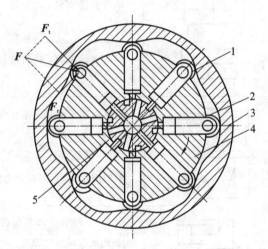

图 5-3 多作用内曲线型径向柱塞马达的工作原理
1—柱塞;2—滚轮;3—定子;4—转子(缸体);5—配流轴

该类马达的转速范围为 $0 \sim 100$ r/min,适用于负载转矩很大、转速低、平稳性要求高的场合,如挖掘机、拖拉机、起重机牵引部件等。

 ## 5.2 液压缸

液压缸是液压传动系统的执行元件,它是将油液的压力能转换成机械能,实现往复直线运动或摆动的能量转换装置。液压缸结构简单,制造容易,用来实现直线往复运动尤其方便,应用范围广泛。

5.2.1 液压缸分类及计算

液压缸的种类很多,可以按工作压力、使用领域、工作特点、结构形式和作用等不同的归类方法进行分类。表 5-1 是液压缸按结构形式和作用分类的名称、符号和说明。

表 5-1 液压缸按结构形式和作用分类的名称、符号和说明

分　类	名　称	符　号	说　明
单作用液压缸	单杆活塞式液压缸		活塞仅由单向液压驱动，返回行程是利用自重或负载将活塞推回的
	双杆活塞式液压缸		活塞的两侧都装有活塞杆，但只向活塞一侧供给压力油，返回行程通常利用弹簧力、重力或外力
	柱塞式液压缸		柱塞仅由单向液压驱动，返回行程通常是利用自重或负载将柱塞推回的
	伸缩式液压缸		柱塞为多段套筒形式，它以短缸获得长行程，用压力油从大到小逐节推出，靠外力由小到大逐节缩回
双作用液压缸	单杆活塞式液压缸		单边有活塞杆，双向液压驱动，双向推力和速度不等
	双杆活塞式液压缸		双向有活塞杆，双向液压驱动，可实现等速往复运动
	伸缩式液压缸		套筒活塞可由双向液压驱动，由大到小逐节推出，由小到大逐节缩回
组合液压缸	弹簧复位液压缸		单向液压驱动，由弹簧力复位
	增压缸（增压器）	A　　　B	由大、小两油缸串联而成，由低压大缸 A 驱动，使小缸 B 获得高压油源
	齿条传动液压缸		活塞的往复运动使装在一起的齿条驱动齿轮获得往复回转运动
摆动液压缸	—		输出轴直接输出扭矩，往复回转角度小于 360°

　　液压缸可以看作直线马达（或摆动马达），其单位位移排量即为液压缸的有效工作面积 A。当液压缸的回油压力为零且不计损失时，输出速度 v 等于输入流量 q 除以有效工作面积 A，输出推力 F 等于输入压力 p 乘以工作面积 A，即输入液压功率 pq 等于输出机械功率 Fv。

1. 双杆活塞式液压缸

　　图 5-4 所示为双杆活塞式液压缸的工作原理图，活塞两侧都有活塞杆伸出。当两活塞杆直径相同，供油压力和流量不变时，双杆活塞式液压缸在两个方向上的运动速度和推力都相等，即

$$v=\frac{q}{A}=\frac{4q\eta_{v}}{\pi(D^{2}-d^{2})} \tag{5-9}$$

$$F=\frac{\pi}{4}(D^2-d^2)(p_1-p_2)\eta_m \tag{5-10}$$

式中,v 为液压缸的运动速度,F 为液压缸的推力,η_v、η_m 为液压缸的容积效率和机械效率,q 为液压缸的流量,p_1、p_2 为液压缸进油压力和回油压力,D、d 为缸筒直径和活塞杆直径,A 为液压缸的有效工作面积。

这种液压缸常用于要求往返运动速度相同的场合。

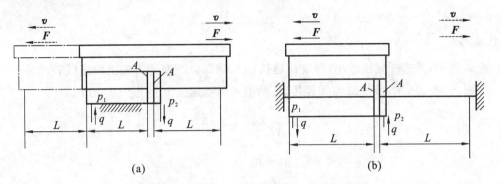

图 5-4 双杆活塞式液压缸的工作原理图

图 5-4(a)所示为缸体固定式结构。当液压缸的左腔进油时,推动活塞向右移动,右腔活塞杆向外伸出,左腔活塞杆向内缩进,液压缸右腔油液流回油箱;反之,活塞反向运动。图 5-4(b)所示为活塞杆固定式结构。当液压缸左腔进油时,推动缸体向左运动,右腔回油;反之,当液压缸右腔进油时,缸体则向右运动。这类液压缸常用于中、小型设备中。

2.单杆活塞式液压缸

图 5-5 所示为双作用单杆活塞式液压缸,活塞杆只从液压缸的一端伸出,液压缸的活塞在两腔的有效工作面积不相等。当向液压缸两腔分别供油,且压力和流量都不变时,活塞在两个方向上的运动速度和推力都不相等,即运动具有不对称性。

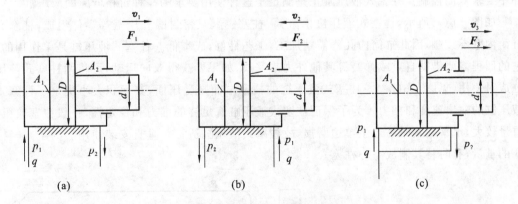

图 5-5 双作用单杆活塞式液压缸

如图 5-5(a)所示,当无杆腔进油时,活塞的运动速度 v_1 和推力 F_1 分别为

$$v_1=\frac{q}{A_1}\eta_v=\frac{4q\eta_v}{\pi D^2} \tag{5-11}$$

$$F_1=(p_1A_1-p_2A_2)\eta_m=\frac{\pi}{4}[D^2p_1-(D^2-d^2)p_2]\eta_m \tag{5-12}$$

如图 5-5(b)所示,当有杆腔进油时,活塞的运动速度 v_2 和推力 F_2 分别为

$$v_2 = \frac{q}{A_2}\eta_v = \frac{4q\eta_v}{\pi(D^2 - d^2)} \tag{5-13}$$

$$F_2 = (p_1 A_2 - p_2 A_1)\eta_m = \frac{\pi}{4}[(D^2 - d^2)p_1 - D^2 p_2]\eta_m \tag{5-14}$$

比较上述各式,可以看出:$v_2 > v_1$,$F_1 > F_2$。液压缸往复运动时的速度比为

$$\lambda = \frac{v_2}{v_1} = \frac{1}{1 - \left(\dfrac{d}{D}\right)^2} \tag{5-15}$$

上式表明,活塞杆直径越小,速度比越接近 1,液压缸在两个方向上的速度差就越小。

如图 5-5(c)所示,液压缸差动连接时,活塞的运动速度 v_3 和推力 F_3 分别为

$$v_3 = \frac{q}{A_1 - A_2}\eta_v = \frac{4q\eta_v}{\pi d^2} \tag{5-16}$$

$$F_3 = p_1(A_1 - A_2)\eta_m = \frac{\pi}{4}d^2 p_1 \eta_m \tag{5-17}$$

当单杆活塞式液压缸两腔同时通入压力油时,由于无杆腔的有效工作面积大于有杆腔的有效工作面积,使得活塞向右的作用力大于向左的作用力,因此活塞向右运动,活塞杆向外伸出;与此同时,又将有杆腔的油液挤出,使其流入无杆腔,从而加快了活塞杆的伸出速度。单杆活塞式液压缸的这种连接方式称为差动连接。差动连接时,液压缸的有效工作面积是活塞杆的横截面面积,工作台运动速度比无杆腔进油时的速度大,而输出力则减小。差动连接是在不增加液压泵容量和功率的条件下实现快速运动的有效方法。

3. 柱塞式液压缸

前面所讨论的活塞式液压缸的应用非常广泛,但这种液压缸由于缸孔加工精度要求很高,当行程较长时,加工难度大,使得制造成本增加。在生产实际中,某些场合所用的液压缸并不要求双向控制。柱塞式液压缸正是满足了这种使用要求的一种价格低廉的液压缸。

如图 5-6(a)所示,柱塞式液压缸由缸筒、柱塞、导套、密封圈和压盖等零件组成,柱塞和缸筒内壁不接触,因此缸筒内孔不需精加工,工艺性好,成本低。柱塞式液压缸是单作用的,它的回程需要借助自重或弹簧等其他外力来完成,如果要获得双向运动,可将两柱塞式液压缸成对使用(见图 5-6(b))。柱塞式液压缸的柱塞端面是受压面,其面积大小决定了柱塞式液压缸的输出速度和推力。为了保证柱塞式液压缸有足够的推力和稳定性,一般柱塞较粗,重量较大,水平安装时易产生单边磨损,故柱塞式液压缸适宜于垂直安装使用。为了减轻柱塞的重量,有时将其制成空心柱塞。

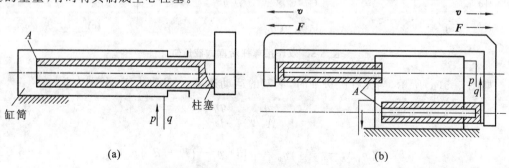

(a)   (b)

图 5-6 柱塞式液压缸

柱塞式液压缸结构简单，制造方便，常用于工作行程较长的场合，如大型拉床、矿用液压支架等。柱塞式液压缸产生的运动速度和推力为

$$v = \frac{q}{A}\eta_v = \frac{4q\eta_v}{\pi d^2} \qquad (5\text{-}18)$$

$$F = pA\eta_m = \frac{\pi}{4}d^2 p\eta_m \qquad (5\text{-}19)$$

4. 伸缩式液压缸

伸缩式液压缸又称多级液压缸，当安装空间受到限制而行程要求很长时可以采用这种液压缸，如某些汽车起重机液压系统中的吊臂缸。

图 5-7 所示为双作用伸缩式液压缸的结构图。当通入压力油时，活塞的有效工作面积最大的缸筒以最低油液压力开始伸出，当行至终点时，活塞的有效工作面积次之的缸筒开始伸出。外伸缸筒的有效工作面积越小，工作油液压力越高，伸出速度越快。各级压力和速度可按活塞式液压缸的有关公式来计算。

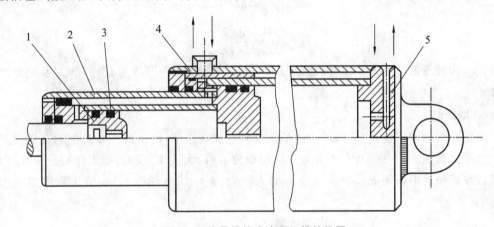

图 5-7　双作用伸缩式液压缸的结构图
1—活塞；2—套筒；3—O 形密封圈；4—缸筒；5—缸盖

除了双作用伸缩式液压缸外，还有一种柱塞式单作用伸缩液压缸，如图 5-8 所示。

当油口接通压力油时，柱塞由面积大的至面积小的逐次伸出；当油口接回油箱时，柱塞在外负载或自重的作用下，由小到大逐个缩回。在此结构中，负载与面积最小的柱塞直接相连。

综上所述，伸缩式液压缸有如下特点。

（1）伸缩式液压缸的工作行程可以相当长，不工作时整个缸的长度可以缩得较短。

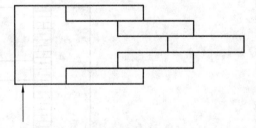

图 5-8　柱塞式单作用伸缩液压缸

（2）伸缩式液压缸的缸筒逐个伸出时，有效工作面积逐次减小。因此，当输入流量相同时，外伸速度逐次增大；当负载恒定时，工作压力逐次增大。

（3）单作用伸缩式液压缸的外伸依靠油压，内缩依靠自重或负载作用，因此，这种液压缸多用于缸倾斜或垂直放置的场合。

5. 齿条活塞液压缸

齿条活塞液压缸也称无杆液压缸，其工作原理图如图 5-9 所示。压力油进入液压缸后，

推动具有齿条的双作用活塞式液压缸作直线运动,齿条带动齿轮旋转,从而带动进刀机构、回转工作台转位、装载机的铲斗回转等。

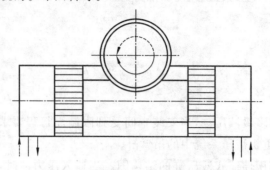

图 5-9　齿条活塞液压缸的工作原理图

传动轴输出转矩 T_M 及输出角速度 ω 分别为

$$T_M = \frac{\pi}{8} \Delta p D^2 D_i \eta_m$$

$$\omega = \frac{8q\eta_v}{\pi D^2 D_i}$$

式中,Δp 为液压缸左右两腔压差,q 为进入液压缸的流量,D 为活塞直径,D_i 为齿轮分度圆直径。

6. 增压缸

增压缸也称增压器,它能将输入的低压油转变成高压油,以供液压系统中的高压支路使用。增压缸如图 5-10 所示,它由有效工作面积为 A_1 的大液压缸和有效工作面积为 A_2 的小液压缸在机械上串联而成。当大液压缸输入压力为 p_1 的液压油时,小液压缸输出压力为 p_2,则有

$$p_2 = \frac{A_1}{A_2} p_1 \eta_m = K p_1 \eta_m \tag{5-20}$$

式中,$K = A_1/A_2$ 称为增压比,它表示增压缸的增压能力。可以看出,增压能力是在降低有效流量的基础上得到的。

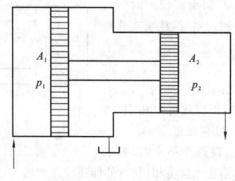

图 5-10　增压缸

7. 摆动液压缸

摆动液压缸又称摆动液压马达,它是一种输出轴能直接输出扭矩、往复回转角度小于360°的回转式液压缸,其一般为叶片式。由于叶片与隔板有一定的厚度,因此实际能实现的最大回转角度约为270°。

图 5-11 所示为单叶片摆动液压缸,它主要由定子块 1,缸体 2,摆动轴 3,叶片 4,左、右支承盘和左、右盖板等主要零件组成。两个工作腔之间的密封靠叶片和隔板外缘所嵌的框形密封件来保证,定子块固定在缸体上,叶片和摆动轴固连在一起,当两个油口相继通以压力油时,叶片即带动摆动轴作往复摆动。当考虑到机械效率时,单叶片摆动液压缸的摆动轴输出转矩和角速度为

$$T = \frac{zb(D^2 - d^2)\Delta p \eta_{\mathrm{m}}}{4} \tag{5-21}$$

$$\omega = \frac{8q\eta_{\mathrm{v}}}{zb(D^2 - d^2)} \tag{5-22}$$

式中,D 为缸体内孔直径,d 为摆动轴直径,b 为叶片宽度,Δp 为进、出油口压差。

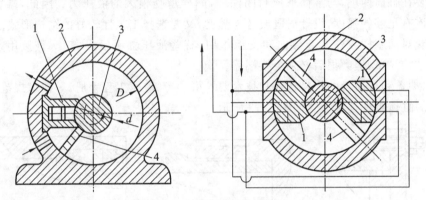

图 5-11　单叶片摆动液压缸
1—定子块;2—缸体;3—摆动轴;4—叶片

5.2.2　液压缸的结构

通常液压缸由后端盖、缸筒、活塞杆、活塞组件、前端盖等主要零件组成。为了防止油液向液压缸外泄漏或由高压腔向低压腔泄漏,在缸筒与端盖、活塞与活塞杆、活塞与缸筒、活塞杆与前端盖之间均设置有密封装置,在前端盖外侧还装有防尘装置;为了防止活塞快速退回到行程终端时撞击后缸盖,液压缸端部还设置有缓冲装置,有时还需设置排气装置。

图 5-12 所示为双作用单杆活塞式液压缸的结构图。该液压缸由缸底 20、缸筒 10、缸盖兼导向套 9、活塞 11 和活塞杆 18 等主要零件组成。

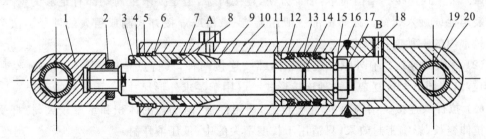

图 5-12　双作用单杆活塞式液压缸的结构图
1—耳环;2—螺母;3—防尘圈;4,17—弹簧挡圈;5—套;6,15—卡键;7,14—O 形密封圈;8,12—Y 形密封圈;9—缸盖兼导向套;10—缸筒;11—活塞;13—耐磨环;16—卡键帽;18—活塞杆;19—衬套;20—缸底

缸筒的一端与缸底焊接,另一端与缸盖用卡键 6、套 5 和弹簧挡圈 4 固定,两端设有油口A 和 B。活塞 11 与活塞杆 18 利用卡键 15、卡键帽 16 和弹簧挡圈 17 连在一起。活塞与缸

孔的密封采用一对 Y 形聚氨酯密封圈 12。由于活塞与缸孔有一定间隙,采用由尼龙 1010 制成的耐磨环 13 定心导向,活塞杆与活塞由 O 形密封圈密封。较长的导向套可保证活塞杆不偏离中心,导向套外径由 O 形密封圈 7 密封,内孔由 Y 形密封圈 8 和防尘圈 3 防止油液外漏和灰尘带入缸内。缸底和活塞杆端耳环 1 由销孔与外界连接,销孔内装有抗磨尼龙衬套 19。

1. 缸筒和端盖

缸筒是液压缸的主体,其内孔一般采用镗削、绞孔、滚压或珩磨等精密加工工艺制造。要求表面粗糙度在 $0.1\sim0.4\ \mu m$ 之间,使活塞及其密封件、支承件能顺利滑动,从而保证密封效果,减少磨损;缸筒要承受很大的液压力,因此应具有足够的强度和刚度。

端盖装在缸筒两端,与缸筒形成封闭油腔,同样承受很大的液压力。因此,端盖及其连接件都应该有足够的强度,设计时既要考虑强度,又要选择工艺性较好的结构形式。

导向套对活塞杆或柱塞起导向和支承作用,有些液压缸不设导向套,直接用端盖孔导向。这种结构简单,但磨损后必须更换端盖。

缸筒、端盖和导向套的材料选择和技术要求可参考《液压工程手册》等技术规范。

常见的缸体组件连接形式如图 5-13 所示。

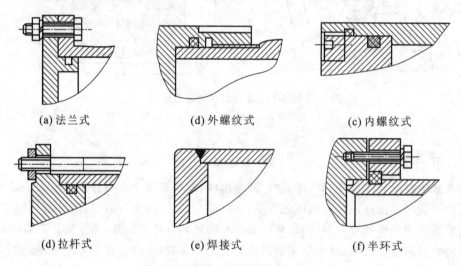

(a) 法兰式   (d) 外螺纹式   (c) 内螺纹式

(d) 拉杆式   (e) 焊接式   (f) 半环式

图 5-13 常见的缸体组件连接形式

(1) 法兰式连接。结构简单,加工方便,连接可靠,但是要求缸筒端部有足够的壁厚,用以安装螺栓或旋入螺钉。缸筒端部一般用铸造、镦粗或焊接方式制成粗大的外径。法兰式连接是常用的一种连接形式。

(2) 螺纹式连接。有外螺纹连接和内螺纹连接两种,其特点是体积小、重量轻、结构紧凑,但缸筒端部结构较复杂。这种连接形式一般用于要求外形尺寸小、重量轻的场合。

(3) 拉杆式连接。结构简单,工艺性好,通用性强,但端盖的体积和重量较大,拉杆受力后会拉伸变长,影响密封效果,只适用于长度不大的中、低压液压缸。

(4) 焊接式连接。强度高,制造简单,但焊接时易引起缸筒变形。

(5) 半环式连接。分为外半环连接和内半环连接两种。半环式连接工艺性好,连接可靠,结构紧凑,但削弱了缸筒强度。半环式连接应用十分普遍,常用于无缝钢管缸筒与端盖的连接中。

2. 活塞和活塞杆

如图 5-14 所示,活塞与活塞杆的连接最常用的有螺纹式连接和半环式连接,除此之外还有整体式连接、焊接式连接、锥销式连接等。

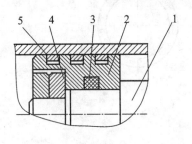
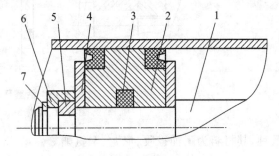

(a) 螺纹式连接   (b) 半环式连接

1—活塞杆;2—活塞;3—O 形紧封圈;   1—活塞杆;2—活塞;3—O 形密封圈;4—支承环;5—半环;
4—螺母;5—O 形密封圈   6—轴套;7—弹簧卡

图 5-14　活塞与活塞杆的连接形式

螺纹式连接如图 5-14(a)所示,其结构简单,装拆方便,但一般需设置螺母防松装置;半环式连接如图 5-14(b)所示,其连接强度高,但结构复杂,装拆不便,多用于高压和振动较大的场合;整体式连接和焊接式连接结构简单,轴向尺寸紧凑,但损坏后需整体更换,对于活塞与活塞杆比值较小、行程较短或尺寸不大的液压缸,其活塞与活塞杆可采用整体式或焊接式连接;锥销式连接加工容易,装配简单,但承载能力小,且需要有必要的防止脱落措施,在轻载情况下可采用锥销式连接。

3. 密封装置

液压缸的密封装置主要用来防止液压油的泄漏。良好的密封是液压缸传递动力、正常动作的保证。根据两个需要密封的耦合面间有无相对运动,可把密封分为动密封和静密封两大类。设计或选用密封装置的基本要求是具有良好的密封性能,并且随着压力的增加能自动提高密封性。除此以外,要求摩擦阻力小,耐油,抗腐蚀,耐磨,寿命长,制造简单,装拆方便。常见的密封方法有以下几种。

1) 间隙密封

间隙密封依靠相对运动零件配合面间的微小间隙来防止泄漏。由环形缝隙轴向流动理论可知,泄漏量与间隙的三次方成正比。因此,可用减小间隙的方法来减小泄漏。一般间隙为 $0.01 \sim 0.05$ mm,这就要求配合面有很高的加工精度。

间隙密封的特点是结构简单、摩擦力小、耐用,但对零件的加工精度要求较高,且难以完全消除泄漏,故只适用于低压、小直径的快速液压缸。

2) 活塞环密封

活塞环密封依靠装在活塞环形槽内的弹性金属环紧贴缸筒内壁来实现密封,如图 5-15 所示。它的密封效果较间隙密封的好,适用的压力和温度范围很宽,能自动补偿磨损和温度变化的影响,能在高速条件下工作,摩擦力小,工作可靠,寿命长,但不能完全密封。活塞环加工复杂,缸筒内表面加工精度要求高,故活塞环密封一般用于高压、高速和高温的场合。

3) 密封圈密封

密封圈密封是液压系统中应用最广泛的一种密封。密封圈有 O 形、V 形、Y 形及组合式

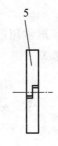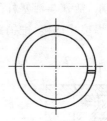

图 5-15　活塞环密封

1—缸筒;2—螺母;3—活塞;4—活塞杆;5—活塞环

等数种,其材料为耐油橡胶、尼龙、聚氨酯等。

4. 缓冲装置

当液压缸所驱动负载的质量较大、速度较高时,一般应在液压缸中设置缓冲装置,必要时还需在液压传动系统中设置缓冲回路,以免在行程终端发生过大的机械碰撞,导致液压缸损坏。缓冲的原理是:当活塞或缸筒接近行程终端时,在排油腔内增大回油阻力,从而降低液压缸的运动速度,避免活塞与端盖相撞。液压缸中常用的缓冲装置如图 5-16 所示。

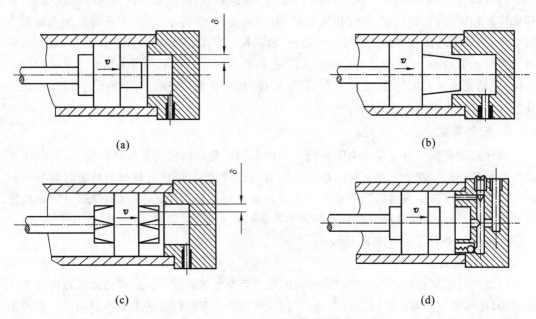

(a)　(b)　(c)　(d)

图 5-16　液压缸中常用的缓冲装置

图 5-16(a)所示为圆柱形环隙式缓冲装置。当缓冲柱塞进入缸盖上的内孔时,缸盖和缓冲活塞间形成缓冲油腔,被封闭油液只能从环形间隙 δ 中排出,产生缓冲压力,从而实现减速缓冲。这种缓冲装置在缓冲过程中,由于其节流面积不变,故缓冲开始时,产生的缓冲制动力很大,但很快就降低了,因此其缓冲效果较差。但这种装置结构简单,便于设计和降低制造成本,所以在一般系列化的成品液压缸中多采用这种缓冲装置。

图 5-16(b)所示为圆锥形环隙式缓冲装置。由于缓冲柱塞为圆锥形,所以缓冲环形间隙 δ 随位移量而改变,即节流面积随缓冲行程的增大而缩小,使机械能的吸收较均匀,其缓冲效果较好。

图 5-16(c)所示为可变节流槽式缓冲装置。在缓冲柱塞上开有由浅入深的三角节流槽,

节流面积随着缓冲行程的增大而逐渐减小,缓冲压力变化平缓。

图 5-16(d)所示为可调节流孔式缓冲装置。在缓冲过程中,缓冲腔油液经小孔节流排出,调节节流孔的大小,从而可控制缓冲腔内缓冲压力的大小,以适应液压缸不同的负载和速度工况对缓冲的要求。同时,当活塞反向运动时,高压油从单向阀进入液压缸内,活塞也不会因推力不足而产生启动缓慢或困难等现象。

5. 排气装置

由于液压油中混入空气,以及液压缸在安装过程中或长时间停止使用时渗入空气,液压缸在运行过程中会因气体压缩性而使执行部件出现低速爬行、噪声等不正常现象,严重时会使系统不能正常工作。所以,液压缸必须考虑空气的排出。

对于要求不高的液压缸,往往不设计专门的排气装置,而是将油口布置在缸筒两端的最高处,这样能使空气随油液排往油箱,再从油箱溢出。对于速度稳定性要求较高的液压缸和大型液压缸来说,常在液压缸的最高处设置专门的排气装置,如排气塞(见图 5-17)、排气阀等。当松开排气塞或排气阀的锁紧螺钉后,低压往复运动几次,带有气泡的油液就会排出,空气排完后拧紧螺钉,液压缸便可正常工作。

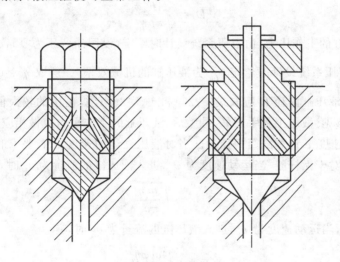

图 5-17 排气塞

5.2.3 液压缸的设计和计算

液压缸一般来说是标准件,但有时也需要自行设计。本节以双作用单杆活塞式液压缸为例,介绍有关设计计算内容。

1. 液压缸基本参数确定

1) 工作负载 F_R 与液压缸推力 F

液压缸的工作负载 F_R 是指工作机构在满负荷情况下,以一定速度启动时对液压缸产生的总阻力,即

$$F_R = F_L + F_f + F_g \tag{5-23}$$

式中,F_L 为工作机构的负载、自重等对液压缸产生的作用力,F_f 为工作机构在满负荷情况下启动时的静摩擦力,F_g 为工作机构在满负荷情况下启动时的惯性力。

液压缸的推力 F 应等于或略大于它的工作负载 F_R。

2）运动速度 v

液压缸的运动速度与其输入流量和活塞、活塞杆的面积有关。如果工作机构对液压缸的运动速度有一定要求，应根据所需的运动速度和缸径来选择液压泵；当工作机构对液压缸的运动速度没有要求时，可根据已选定的泵流量和缸径来确定运动速度。

3）缸筒内径 D

缸筒内径即活塞杆外径，是液压缸的主要参数，可根据以下原则来确定。

（1）按推力 F 计算缸筒内径 D。在液压系统给定了工作压力 p 后（设回油背压为零），应满足下面的关系式

$$F = pA\eta_{\mathrm{m}} \tag{5-24}$$

式中，A 为液压缸的有效工作面积，对于无杆腔，$A = \pi D^2/4$，对于有杆腔，$A = \pi(D^2 - d^2)/4$。

对于无杆腔，当要求推力为 F_1 时，有

$$D_1 = \sqrt{\frac{4F_1}{\pi p \eta_{\mathrm{m}}}} \tag{5-25}$$

对于有杆腔，当要求推力为 F_2 时，有

$$D_2 = \sqrt{\frac{4F_2\varphi}{\pi p \eta_{\mathrm{m}}}} \tag{5-26}$$

式中，p 为液压缸的工作压力，由液压系统设计时给定（设回油背压为零）；φ 为往复速度比，$\varphi = \dfrac{D^2}{D^2 - d^2}$，由液压系统设计时给定；$\eta_{\mathrm{m}}$ 为液压缸的机械效率，一般取 $\eta_{\mathrm{m}} = 0.95$。

计算所得的液压缸内径 D 应取式（5-25）和式（5-26）计算值中的较大值，然后圆整为标准系列，圆整可参见《液压工程手册》。圆整后，液压缸的工作压力应做相应的调整。

（2）按运动速度 v 计算缸筒内径 D。当对液压缸运动速度 v 有要求时，可根据液压缸的流量 q 计算。对于无杆腔，当运动速度为 v_1，进入液压缸的流量为 q_1 时，有

$$D_1 = \sqrt{\frac{4q_1\eta_{\mathrm{v}}}{\pi v_1}} \tag{5-27}$$

对于有杆腔，当运动速度为 v_2，进入液压缸的流量为 q_2 时，有

$$D_2 = \sqrt{\frac{4q_2\varphi\eta_{\mathrm{v}}}{\pi v_2}} \tag{5-28}$$

当液压缸有密封件密封时，泄漏很小，可取容积效率 $\eta_{\mathrm{v}} = 1$。

同理，缸筒内径 D 应按 D_1、D_2 中较小的一个圆整为标准值。

（3）推力 F 与运动速度 v 同时给定时缸筒内径 D 的计算。如果系统中液压泵的类型和规格已定，则液压缸的工作压力和流量已知，此时可根据推力计算内径，然后校核其工作速度。当计算速度与要求的相差较大时，建议重新选择不同规格的液压泵。液压缸的工作压力 p 应不超过液压泵的额定压力与系统总压力损失之差。

当然，在设计液压缸时还有一个系统综合效益问题，这一点对多缸工作系统尤为重要。

4）活塞杆直径 d

确定活塞杆直径 d，通常要先满足液压缸速度或往复速度比，然后再校核其结构强度和稳定性。若往复速度比为 φ，则

$$d = D\sqrt{\frac{\varphi - 1}{\varphi}} \tag{5-29}$$

液压缸往复速度比推荐值如表 5-2 所示。

表 5-2　液压缸往复速度比推荐值

液压缸工作压力 p/MPa	$\leqslant 10$	$10 \sim 20$	$\geqslant 20$
往复速度比 φ	1.33	$1.46 \sim 2$	2

同理,活塞杆直径 d 也应圆整为标准值。

5) 最小导向长度

当活塞杆全部外伸时,从活塞支承面中点到导向套滑动面中点的距离称为最小导向长度 H(见图 5-18)。如果最小导向长度太短,将使液压缸的初始挠度增大,从而影响液压缸的稳定性。因此,设计时必须保证有一定的最小导向长度。

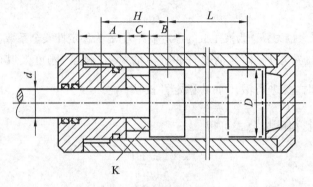

图 5-18　最小导向长度

对于一般的液压缸,最小导向长度 H 应满足以下要求

$$H \geqslant \frac{L}{20} + \frac{D}{2} \tag{5-30}$$

式中,L 为液压缸的最大行程,D 为液压缸的内径。

活塞的宽度一般取 $B = (0.6 \sim 1.0)D$;导向套滑动面的长度为 A,当 $D < 80$ mm 时取 $A = (0.6 \sim 1.0)D$,当 $D > 80$ mm 时取 $A = (0.6 \sim 1.0)d$。为了保证最小导向长度,过分增大 A 和 B 都是不合适的,必要时可在导向套与活塞之间装一个隔套(图中零件 K)。隔套的长度 C 由需要的最小导向长度 H 决定,即

$$C = H - \frac{1}{2}(A + B) \tag{5-31}$$

2. 结构强度设计与稳定性校核

1) 缸筒外径

缸筒内径确定后,由强度条件计算壁厚,然后求出缸筒外径 D_1。当缸筒壁厚 δ 与内径 D 的比值小于 0.1 时,这种缸筒称为薄壁缸筒,壁厚按材料力学薄壁圆筒公式计算,即

$$\delta \geqslant \frac{pD}{2[\sigma]} \tag{5-32}$$

式中,p 为液压缸的最大工作压力;$[\sigma]$ 为活塞杆材料的许用应力,$[\sigma] = \sigma_b / n$,其中 σ_b 为液压缸材料的抗拉强度极限,n 为安全系数,一般取 $n = 5$。

当缸筒壁厚 δ 与内径 D 的比值大于 0.1 时,这种缸筒称为厚壁缸筒,壁厚按材料力学第二强度理论计算,即

$$\delta \geqslant \frac{D}{2}\left(\sqrt{\frac{[\sigma]+0.4p}{[\sigma]-1.3p}}-1\right) \tag{5-33}$$

缸筒壁厚确定之后,即可求出液压缸的外径,即

$$D_1 = D + 2\delta \tag{5-34}$$

D_1 值也按有关标准圆整为标准值。

2) 液压缸的稳定性和活塞杆强度校核

按往复速度比要求初步确定活塞杆直径后,还必须满足液压缸的稳定性及强度要求。

(1) 液压缸的稳定性验算。按材料力学理论,一根受压的直杆,当其轴向负载 F 超过稳定临界力 F_K 时,即失去原有直线状态下的平衡,称为失稳。对于液压缸,其稳定条件为

$$F \leqslant \frac{F_K}{n_K} \tag{5-35}$$

式中,F 为液压缸的最大推力;F_K 为液压缸的稳定临界力;n_K 为稳定性安全系数,一般取 $n_K=2\sim4$。

液压缸的稳定临界力 F_K 值与活塞杆和缸体的材料、长度、刚度及其两端支承状况等因素有关。当 $\frac{l}{d}>10$ 时,要进行液压缸的稳定性校核。

当 $\lambda=\frac{\mu l}{r}>\lambda_1$ 时,由欧拉公式可得

$$F_K \leqslant \frac{\pi^2 EI}{(\mu l)^2} \tag{5-36}$$

式中,λ 为活塞杆的柔性系数;μ 为长度折算系数,由液压缸的支承情况决定,如表 5-3 所示;E 为活塞杆材料的纵向弹性模量,对于钢材,$E=2.1\times10^{11}$ Pa;I 为活塞杆断面的最小惯性矩;λ_1 为柔性系数,由表 5-4 选取;r 为活塞杆横断面的回转半径,$r=\sqrt{\frac{I}{A}}$,其中 A 为断面面积。

表 5-3　长度折算系数

序　　号	1	2	3	4
液压缸的安装形式与活塞杆的计算长度 l				
长度折算系数 μ	1	1	0.7	0.5

表 5-4 稳定性校核的相关系数

材　　　料	a/MPa	b/MPa	λ_1	λ_2
钢(Q235)	3100	11.4	105	61
钢(Q275)	4600	36.17	100	60
硅钢	5890	38.17	100	60
铸铁	7700	120	80	—

当 $\lambda_1 < \lambda < \lambda_2$ 时,属于中柔度杆,按雅辛斯基公式验算,即

$$F_K = A(a - b\lambda) \tag{5-37}$$

式中,a、b 为与活塞杆材料有关的系数,由表 5-4 选取;λ 为柔性系数,由表 5-4 选取;A 为活塞杆断面面积。

(2) 活塞杆的强度验算。当 $\dfrac{l}{d} < 10$ 时,要进行活塞杆的强度验算。当活塞杆受纯压缩或纯拉伸时,有

$$\sigma = \frac{4F}{\pi(d^2 - d_1^2)} \leqslant [\sigma] \tag{5-38}$$

式中,d_1 为空心活塞杆内径,对于实心活塞杆,$d_1 = 0$;$[\sigma]$ 为活塞杆材料的许用应力,$[\sigma] = \sigma_s/n$,其中 σ_s 为活塞杆材料的屈服点,n 为安全系数,一般取 $n = 1.4 \sim 2$。

5.2.4 伺服液压缸系统

伺服液压缸(见图 5-19)系统主要用于运动仿真器、材料和元件检测设备,以及需要高动态响应和高精度直线驱动的应用系统。伺服液压缸系统主要包括以下元件:伺服液压缸、伺服阀块及控制电器。

伺服液压缸的主要工作性能特性是液压缸运行时的允许摩擦力、活塞杆的侧向负载、液压缸的运行速度和最小放大倍数。

根据活塞杆轴承的类型,伺服液压缸可分为使用静压轴承的伺服液压缸(见图 5-20)和使用油膜轴承(中空轴承)的伺服液压缸(见图 5-21)。

使用静压轴承的伺服液压缸采用两端法兰连接,两端活节轴承、支脚或耳轴的安装形式。液压缸运行速度高达 2 m/s,承受的侧向负载(如液压缸的惯性力和冲击力)较小,工作压力可高达 21 MPa,最高可承受 4000 kN 的外部负载。液压缸的活塞行程位移可通过感应式位置传感器测得并送到电子控制器。伺服液压缸中的密封没有受到油腔压力的作用,因此这类轴承的摩擦力非常小,与采用滑动密封圈的液压缸相比,其摩擦力降低了 3~4 倍,可有效避免黏滑现象。因此,该类液压缸可用于需要低摩擦以及高频率和低放大倍数的场合。

使用油膜轴承(中空轴承)的伺服液压缸采用两端法兰连接、耳轴安装,安装形式可组合使用,主要应用于既要有高速又要有低速,且侧向负载较

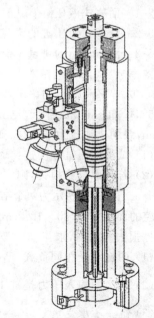

图 5-19 带伺服阀块的伺服液压缸

大的场合,工作压力可高达28 MPa,工作负载可达 10 000 kN。在结构上,中空轴承的周围有四个油膜,使液压缸的活塞杆能够在这四个配对压力场作用下始终处于轴承的中部位置。忽略活塞杆上侧向负荷的影响,则中空轴承的油膜压力相当于工作压力的 50%。如果活塞杆上有侧向作用力,则轴承上一个对面的油膜压力就增大,所以液压缸的活塞杆能始终保持在轴承的中部。这类轴承的摩擦力与静压轴承的相当。

图5-20 使用静压的伺服液压缸　　　　图 5-21 使用油膜轴承的伺服液压缸

习 题

5-1 活塞式液压缸有几种形式?各有什么特点?它们分别用在什么场合?

5-2 活塞式液压缸的常见故障有哪些?如何排除?

5-3 液压马达的排量 $V=100$ mL/r,入口压力 $p_1=10$ MPa,出口压力 $p_2=0.5$ MPa,容积效率 $\eta_v=0.95$,机械效率 $\eta_m=0.85$。若输入流量 $q=50$ L/min,求马达的转速 n、转矩 T、输入功率 P_i 和输出功率 P?

5-4 如图 5-22 所示,已知单杆活塞式液压缸的内径 $D=50$ mm,活塞杆直径 $d=35$ mm,泵的供油压力 $p=2.5$ MPa,供油流量 $q=10$ L/min。

(1) 试求液压缸差动连接时的运动速度和推力;

(2) 若考虑管路损失,则实测 $p_1 \approx p$,而 $p_2 \approx 2.6$ MPa,求此时液压缸的推力。

5-5 图 5-23 所示为两个结构相同、相互串联的液压缸,无杆腔的面积 $A_1=100\times10^{-4}$ m²,有杆腔的面积 $A_2=80\times10^{-4}$ m²,缸 1 的输入压力 $p_1=0.9$ MPa,输入流量 $q=12$ L/min,不计摩擦损失和泄漏,求:

(1) 两缸承受相同负载($F_1=F_2$)时,该负载的数值及两缸的运动速度;

(2) 缸 2 的输入压力是缸 1 的一半 $\left(p_2=\frac{1}{2}p_1\right)$ 时,两缸各能承受多少负载?

(3) 缸 1 不承受负载($F_1=0$)时,缸 2 能承受多少负载?

5-6 设计一单杆活塞式液压缸,已知外载荷 $F=2\times10^4$ N,活塞和活塞处密封圈的摩擦阻力 $F_1=12\times10^2$ N,液压缸的工作压力为 5 MPa,试计算液压缸的内径 D。若活塞最大移动速度为 0.44 m/s,液压缸的容积效率为 0.9,应选用多大流量的液压泵?若泵的总效率

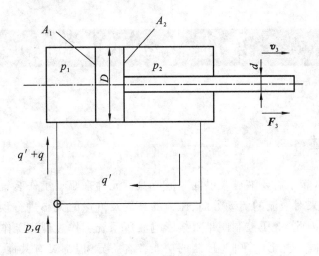

图 5-22　题 5-4 图

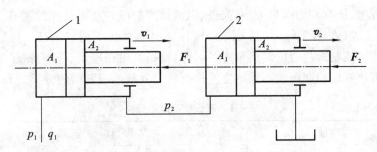

图 5-23　题 5-5 图

为0.85,则电动机的驱动功率应为多少?

5-7　如图 5-24 所示,缸筒内径 $D=90$ mm,活塞杆直径 $d=60$ mm,进入液压缸的流量 $Q=25$ L/min,进油压力 $p_1=5$ MPa,背压力 $p_2=0.3$ MPa,试计算图示各种情况下运动件运动速度的大小、方向及最大推力。

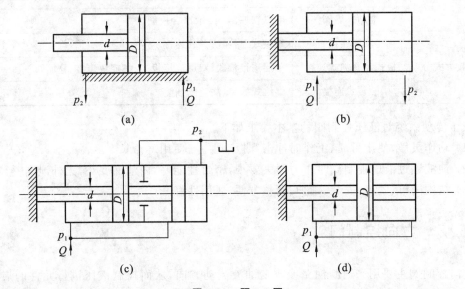

图 5-24　题 5-7 图

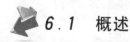

第6章 液压传动的控制元件

6.1 概述

在液压系统中,除了需要液压泵供油和液压执行元件来驱动工作装置外,还要配备一定数量的液压控制阀来对液流的流动方向、压力的高低及流量的大小进行预期的控制,以满足负载的工作要求。因此,液压控制阀是直接影响液压系统工作过程和工作特性的重要元件。

各类液压控制阀虽然形式不同,控制的功能各有所异,但都具有共性。首先,在结构上,所有阀都由阀体、阀芯(座阀或滑阀)和驱使阀芯动作的元部件(如弹簧、电磁铁)等组成;其次,在工作原理上,所有阀的阀口大小,阀进、出油口间的压差及通过阀的流量之间的关系都符合孔口流量公式($q = KA\Delta p^{m}$),只是各种阀控制的参数各不相同而已。如压力控制阀控制的是压力,流量控制阀控制的是流量等。因而,根据其内在联系、外部特征、结构和用途等方面的不同,可将液压控制阀按不同的方式进行分类。液压控制阀的分类如表 6-1 所示。

表 6-1　液压控制阀的分类

分 类 方 法	种 类	详 细 分 类
按用途分	压力控制阀	溢流阀、减压阀、顺序阀、比例压力控制阀、压力继电器等
	流量控制阀	节流阀、调速阀、分流阀、比例流量控制阀等
	方向控制阀	单向阀、液控单向阀、换向阀、比例方向控制阀等
按操纵方式分	人力操纵阀	手把及手轮、踏板、杠杆
	机械操纵阀	挡块、弹簧、液压、气动
	电动操纵阀	电磁铁控制、电-液联合控制
按连接方式分	管式连接	螺纹式连接、法兰式连接
	板式及叠加式连接	单层连接板式、双层连接板式、集成块连接、叠加阀
	插装式连接	螺纹式插装、法兰式插装

液压传动系统对液压控制阀的基本要求如下。

(1) 动作灵敏,使用可靠,工作时冲击和振动要小,使用寿命长。

(2) 油液通过液压控制阀时压力损失要小,密封性能好,内泄漏要小,无外泄漏。

(3) 结构简单、紧凑,安装、维护、调整方便,通用性好。

6.2 方向控制阀

方向控制阀主要用来通断油路或改变油液流动方向,从而控制液压执行元件的启动或停止,改变其运动方向。方向控制阀主要有单向阀和换向阀。

6.2.1 单向阀

单向阀的主要作用是控制油液的单向流动。液压系统对单向阀的主要性能要求是：正向流动阻力损失小，反向时密封性能好，动作灵敏。图 6-1(a)所示为一种管式普通单向阀的结构。压力油从阀体左端的通口流入时，克服弹簧 3 作用在阀芯 2 上的力，使阀芯向右移动，打开阀口，压力油通过阀芯上的径向孔 a、轴向孔 b 从阀体右端的通口流出。但是压力油从阀体右端的通口流入时，液压力和弹簧力一起使阀芯紧压在阀座上，使阀口关闭，油液无法通过。单向阀的图形符号如图 6-1(b)所示。

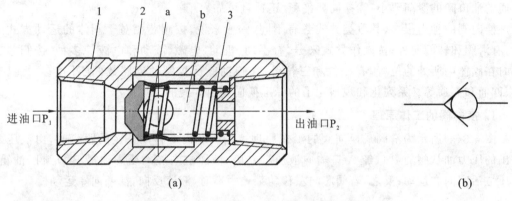

进油口P_1 出油口P_2

(a)   (b)

图 6-1 单向阀的结构及其图形符号

1—阀套；2—阀芯；3—弹簧

单向阀中的弹簧主要用来克服阀芯的摩擦阻力和惯性力，从而使单向阀工作灵敏可靠。所以，普通单向阀的弹簧刚度一般都选得较小，以免油液流动时产生较大的压力降。一般单向阀的开启压力为 0.035～0.05 MPa，当通过额定流量时，其压力损失不应超过 0.1 MPa。若将单向阀中的弹簧换成刚度较大的弹簧，可将其置于回油路中作为背压阀使用，此时阀的开启压力为 0.2～0.6 MPa。

除了一般的单向阀外，还有液控单向阀。图 6-2(a)所示为一种液控单向阀的结构。当控制油口 K 处无压力油通入时，它的工作原理和普通单向阀的一样，压力油只能从进油口 P_1 流向出油口 P_2，不能反向流动；当控制油口 K 处有压力油通入时，控制活塞 1 右侧 a 腔通泄油口（图中未画出），在液压力作用下活塞向右移动，推动顶杆 2 顶开阀芯，使油口 P_1 和 P_2

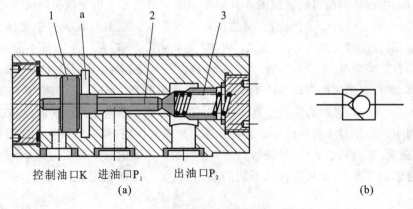

控制油口K 进油口P_1 出油口P_2

(a)   (b)

图 6-2 液控单向阀的结构及其图形符号

1—活塞；2—顶杆；3—阀芯

接通,压力油就可以从 P_2 口流向 P_1 口。在图示的液控单向阀结构中,控制油口 K 处的控制压力最小须为主油路压力的 30%～50%(而在高压系统中使用的带卸荷阀芯的液控单向阀的最小控制压力约为主油路压力的 5%)。图 6-2(b)所示为液控单向阀的图形符号。

6.2.2 换向阀

换向阀利用阀芯对阀体的相对运动,使油路接通、关断或变换油液流动方向,从而实现液压执行元件及其驱动机构的启动、停止或变换运动方向。

液压传动系统对换向阀性能的主要要求是:①油液流经换向阀时压力损失要小;②互不相通的油口间的泄漏要小;③换向要平稳、迅速且可靠。

换向阀的种类很多,其分类方式各有不同,一般来说,按阀芯相对于阀体的运动方式来分,有滑阀和转阀两种;按操作方式来分,有手动、机动、电磁、液动和电液等多种;按阀芯工作时在阀体中所处的位置,有二位和三位等;按换向阀所控制的通路数的不同,有二通、三通、四通和五通等。系列化和规格化了的标准换向阀由专门的工厂生产。

1. 换向阀的工作原理

图 6-3(a)所示为滑阀式换向阀的工作原理。当阀芯向右移动一定的距离时,由液压泵输出的压力油从阀的 P 口经 A 口输向液压缸左腔,液压缸右腔的压力油经 B 口流回油箱,液压缸活塞向右运动;反之,若阀芯向左移动某一距离时,液流反向,活塞向左运动。

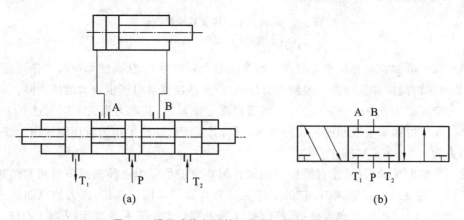

(a)   (b)

图 6-3 滑阀式换向阀的工作原理及其图形符号

图 6-3(a)中的换向阀可绘制成图 6-3(b)所示的图形符号。由于该换向阀阀芯相对于阀体有中位、左位和右位三个工作位置,通常用一个粗实线方框符号代表一个工作位置,因而有三个方框;而该换向阀共有 P、A、B、T_1 和 T_2 五个油口,所以每一个方框中表示油路的通路与方框共有五个交点,在中间位置,由于各油口之间互不相通,用"⊥"或"⊤"来表示,而当阀芯向左移动时,表示该换向阀左位工作,即 P 与 A、B 与 T_2 相通;反之,则 P 与 B、A 与 T_1 相通。因此,该换向阀被称为三位五通换向阀。图 6-4 所示为常用换向阀的位和通路符号。

换向阀中阀芯相对于阀体的运动需要有外力操纵来实现,常用的操纵方式有手动、机动(行程)、电磁动、液动和电液动,其符号如图 6-5 所示。不同的操纵方式与图 6-4 所示的换向阀的位和通路符号组合,就可以得到不同的换向阀,如三位四通电磁换向阀、三位五通液动换向阀等。

图 6-6(a)所示为转动式换向阀(简称转阀)的工作原理。该阀由阀体 1、阀芯 2 和使阀芯转动的操纵手柄 3 组成。在图示位置,油口 P 和 A 相通,B 和 T 相通;当操纵手柄转换到

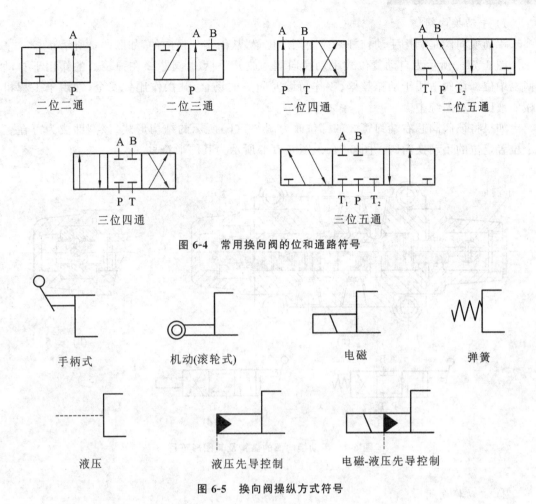

图 6-4　常用换向阀的位和通路符号

二位二通　　二位三通　　二位四通　　二位五通

三位四通　　　　　　　三位五通

手柄式　　机动(滚轮式)　　电磁　　弹簧

液压　　液压先导控制　　电磁-液压先导控制

图 6-5　换向阀操纵方式符号

"止"位置时,油口 P、A、B 和 T 均不相通;当操纵手柄转换到另一位置时,油口 P 和 B 相通,A 和 T 相通。图 6-6(b)所示为转动式换向阀的图形符号。

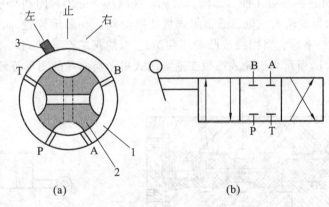

左　止　右

(a)　　　　　　(b)

图 6-6　转动式换向阀的工作原理及其图形符号

1—阀体;2—阀芯;3—操纵手柄

2. 换向阀的结构

在液压传动系统中广泛采用的是滑阀式换向阀,在这里主要介绍滑阀式换向阀的几种典型结构。

1）手动换向阀

手动换向阀是利用手动杠杆来改变阀芯位置，从而实现换向的，如图6-7所示。

图6-7(a)所示为自动复位式手动换向阀。放开手柄1，阀芯2在弹簧3的作用下自动回复中位。该阀适用于动作频繁、工作持续时间短的场合，其操作比较安全，常用于工程机械的液压传动系统中。

如果将该阀阀芯右端弹簧3的部位改为图6-7(b)所示的结构形式，该阀即成为可在三个位置定位的手动换向阀。图6-7(c)、图6-7(d)所示为其图形符号。

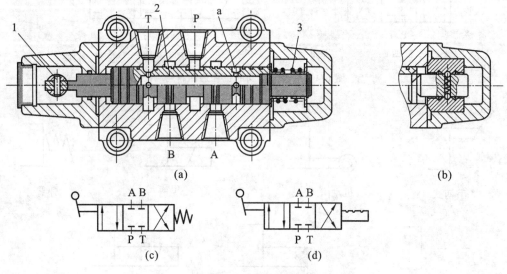

图6-7　手动换向阀的结构及其图形符号

1—手柄；2—阀芯；3—弹簧

2）机动换向阀

机动换向阀又称行程阀，它主要用来控制机械运动部件的行程，它是借助于安装在工作台上的挡铁或凸轮来迫使阀芯移动，从而控制油液的流动方向的。机动换向阀通常是二位的，有二通、三通、四通和五通几种。二位二通机动换向阀又分为常闭和常开两种。

图6-8(a)所示为滚轮式二位二通常闭式机动换向阀。在图示位置，阀芯2被弹簧3压向左端，油腔P和A不通。当挡铁或凸轮压住滚轮1，使阀芯2移动到右端时，就使油腔P和A接通。图6-8(b)所示为滚轮式二位二通常闭式机动换向阀的图形符号。

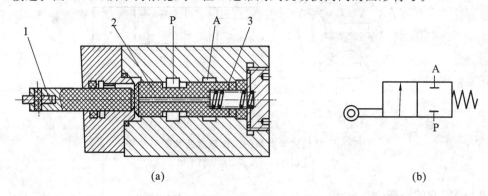

图6-8　滚轮式二位二通常闭式机动换向阀的结构及其图形符号

1—滚轮；2—阀芯；3—弹簧

3）电磁换向阀

电磁换向阀是利用电磁铁的通电吸合与断电释放而直接推动阀芯来控制液流方向的。它是电气系统与液压系统之间的信号转换元件，它的电气信号由液压设备中的按钮开关、限位开关、行程开关等电气元件发出，从而可以使液压系统方便地实现各种操作及自动顺序动作。

电磁铁按使用电源的不同，可分为交流和直流两种；按衔铁工作腔是否有油液，又可分为"干式"和"湿式"。交流电磁铁启动力较大，不需要专门的电源，吸合、释放快，动作时间为 0.01～0.03 s；其缺点是若电源电压下降 15％以上，则电磁铁吸力明显减小，若衔铁不动作，干式电磁铁会在 10～15 min 后烧坏线圈（湿式电磁铁为 1～1.5 h），且冲击及噪声较大，寿命低。因而在实际使用中，交流电磁铁允许的切换频率一般为 10 次/min，不得超过 30 次/min。直流电磁铁工作较可靠，吸合、释放动作时间为 0.05～0.08 s，允许使用的切换频率较高，一般可达 120 次/min，最高可达 300 次/min，且冲击小、体积小、寿命长。此外，还有一种本整形电磁铁。该电磁铁是直流的，但其本身带有整流器，通入的交流电经整流后再供给直流电磁铁。目前，国外新发明了一种油浸式电磁铁，不但衔铁，而且激磁线圈也都浸在油液中工作。该电磁铁具有寿命更长，工作更平稳、可靠等特点，但由于造价较高，应用面不广。

图 6-9（a）所示为二位三通交流电磁换向阀的结构。在图示位置，油口 P 和 A 相通，油口 B 断开。当电磁铁通电吸合时，推杆 1 将阀芯 2 推向右端，这时油口 P 与 A 断开，而与 B 相通；当电磁铁断电释放时，弹簧 3 推动阀芯复位。图 6-9（b）所示为该阀的图形符号。

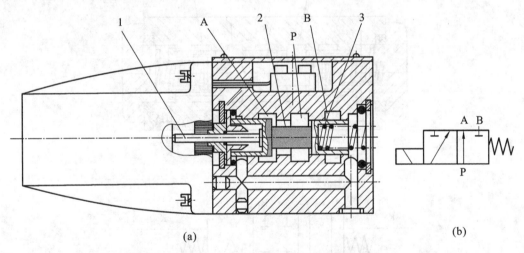

图 6-9　二位三通交流电磁换向阀的结构及其图形符号

1—推杆；2—阀芯；3—弹簧

如前所述，电磁换向阀就其工作位置来说，有二位和三位等。二位电磁换向阀有一个电磁铁，靠弹簧复位；三位电磁换向阀有两个电磁铁。图 6-10 所示为一种三位五通电磁换向阀的结构及其图形符号。

4）液动换向阀

液动换向阀是利用控制油路的压力油来改变阀芯位置的换向阀。图 6-11 所示为三位四通液动换向阀的结构及其图形符号。阀芯是由其两端密封腔中的油液的压差来移动的。当控制油路的压力油从阀右边的控制油口 K_2 进入滑阀右腔时，K_1 接通回油，阀芯向左移动，使油口 P 与 B 相通，A 与 T 相通；当 K_1 接通压力油，K_2 接通回油时，阀芯向右移动，使油口 P 与 A 相通，B 与 T 相通；当 K_1、K_2 都通回油时，阀芯在两端弹簧和定位套的作用下回到中间位置。

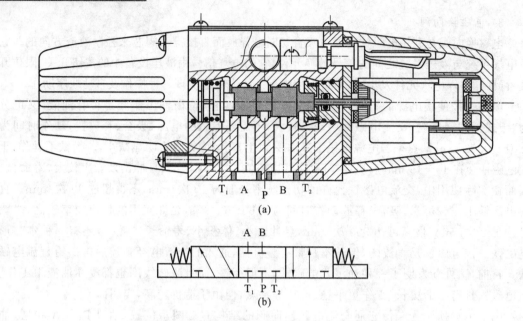

(a)

(b)

图 6-10　三位五通电磁换向阀的结构及其图形符号

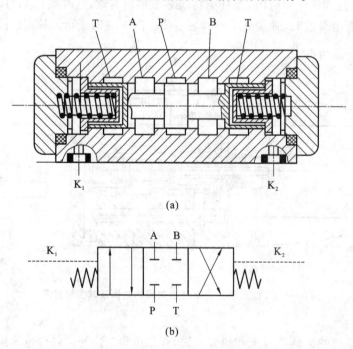

(a)

(b)

图 6-11　三位四通液动换向阀的结构及其图形符号

5）电液换向阀

在大、中型液压设备中，当通过阀的流量较大时，作用在滑阀上的摩擦力和液动力较大，此时电磁换向阀的电磁铁推力相对地太小，需要用电液换向阀来代替电磁换向阀。电液换向阀由电磁滑阀和液动滑阀组合而成。电磁滑阀起先导作用，它可以改变控制液流的方向，从而改变液动滑阀阀芯的位置。由于操纵液动滑阀的液压推力可以很大，所以主阀芯的尺寸可以做得很大，允许有较大的流量通过。这样，用较小的电磁铁就能控制较大的液流。

图 6-12 所示为弹簧对中型三位四通电液换向阀的结构及其图形符号。当先导电磁阀左边的电磁铁通电后使其阀芯向右移动，来自主阀 P 口或外接油口的控制压力油可经先导

电磁阀的 A 口和左单向阀进入主阀左端容腔,并推动主阀阀芯向右移动,这时主阀右端容腔中的控制压力油可通过右边的节流阀经先导电磁阀的 B 口和 T 口,再从主阀的 T 口或外接油口流回油箱(主阀阀芯的移动速度可由右边的节流阀调节),使主阀 P 口与 A 口、B 口与 T 口的油路相通;反之,先导电磁阀右边的电磁铁通电,可使 P 口与 B 口、A 口与 T 口的油路相通。当先导电磁阀的两个电磁铁均不带电时,先导电磁阀阀芯在其对中弹簧的作用下回到中位,此时来自主阀 P 口或外接油口的控制压力油不再进入主阀阀芯的左、右两容腔,主阀阀芯左、右两容腔的油液通过先导电磁阀中间位置的 A、B 两油口与先导电磁阀 T 口相通(见图 6-12(b)),再从主阀的 T 口或外接油口流回油箱。主阀阀芯在两端对中弹簧的预压力的推动下,依靠阀体定位,准确地回到中位,此时主阀的 P、A、B 和 T 油口均不相通。电液换向阀除了上述的弹簧对中型的以外,还有液压对中型的。在液压对中型电液换向阀中,先导电磁阀在中位时,A、B 两油口均与控制压力油口 P 连通,而油口 T 则封闭,其他方面与弹簧对中型电液换向阀基本相似。

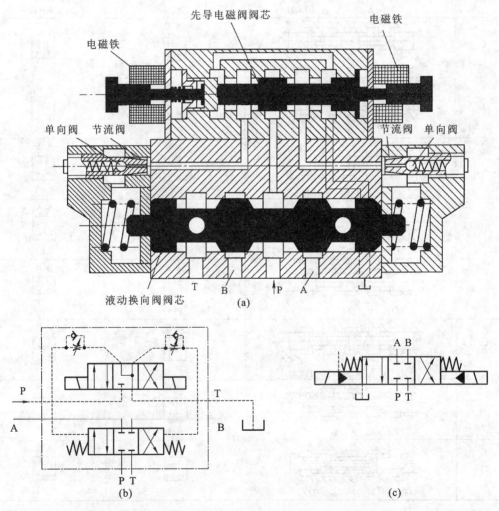

图 6-12 弹簧对中型三位四通电液换向阀的结构及其图形符号

3. 换向阀的性能和特点

1) 中位机能

对于各种操纵方式的三位四通和三位五通换向阀,阀芯在中间位置时各油口的连通情况称为换向阀的中位机能。不同的中位机能可以满足液压系统的不同要求。表 6-2 为常见三位换向阀的中位机能。由表 6-2 可以看出,不同的中位机能是通过改变阀芯的形状和尺寸得到的。

表 6-2 常见三位换向阀的中位机能

中位机能型式	中间位置时的滑阀状态	中间位置的图形符号	
		三位四通	三位五通
O	T(T₁) A P B T(T₂)	A B / P T	A B / T₁ P T₂
H	T(T₁) A P B T(T₂)	A B / P T	A B / T₁ P T₂
Y	T(T₁) A P B T(T₂)	A B / P T	A B / T₁ P T₂
J	T(T₁) A P B T(T₂)	A B / P T	A B / T₁ P T₂
C	T(T₁) A P B T(T₂)	A B / P T	A B / T₁ P T₂
P	T(T₁) A P B T(T₂)	A B / P T	A B / T₁ P T₂
K	T(T₁) A P B T(T₂)	A B / P T	A B / T₁ P T₂
X	T(T₁) A P B T(T₂)	A B / P T	A B / T₁ P T₂
M	T(T₁) A P B T(T₂)	A B / P T	A B / T₁ P T₂
U	T(T₁) A P B T(T₂)	A B / P T	A B / T₁ P T₂

在分析和选择三位换向阀的中位机能时,通常考虑以下几点。

(1)系统保压。当 P 口被堵塞时,系统保压,液压泵能用于多缸系统;当 P 口不太通畅地与 T 口相通时(如 X 型),系统能保持一定的压力来供控制油路使用。

(2)系统卸荷。P 口通畅地与 T 口相通时,系统卸荷。

(3)换向平稳性与精度。当 A、B 口都堵塞时,换向过程中易产生液压冲击,换向不平稳,但换向精度高;反之,A、B口都与T口相通时,换向过程中工作部件不易制动,换向精度低,但液压冲击小。

(4) 启动平稳性。阀在中位时,液压缸某腔如通油箱,则启动时该腔内因无足够的油液起缓冲作用而启动不平稳。

(5) 液压缸"浮动"和在任意位置上停止。阀在中位时,当A、B口互通时,卧式液压缸呈"浮动"状态,可利用其他机构移动工作台,调整其位置;当A、B口堵塞或与P口相通(在非差动情况下)时,则可以使液压缸在任意位置处停下来。

三位换向阀除了在中间位置时有各种滑阀机能外,有时也把阀芯在其一端位置时的油口连通情况设计成特殊的机能,这时分别用两个字母来表示滑阀在中间状态和一端状态的滑阀机能,常用的有OP型和MP型等,它们的图形符号如图6-13所示。OP型和MP型滑阀机能主要用于差动连接回路,以得到快速行程。

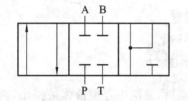 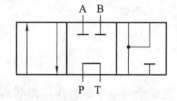

图 6-13　OP型、MP型滑阀机能的图形符号

2) 滑阀的液动力

由液流的动量定律可知,油液通过换向阀时作用在阀芯上的液动力有稳态液动力和瞬态液动力两种。滑阀上的稳态液动力是在阀芯移动完毕、开口固定之后,液流流过阀口时因动量变化而作用在阀芯上的使阀口有关小趋势的力,其值与通过阀的流量大小有关,流量越大,液动力就越大,因而使换向阀切换的操纵力也应越大。由于在滑阀中稳态液动力相当于一个回复力,故它对滑阀性能的影响是使滑阀的工作趋于稳定。滑阀上的瞬态液动力是滑阀在移动过程中(即开口大小发生变化时),阀腔液流因加速或减速而作用在阀芯上的力,这个力与阀芯的移动速度有关(即与阀口开度的变化率有关),而与阀口开度本身无关,且瞬态液动力对滑阀工作稳定性的影响要视具体结构而定,在此不做详细分析。

3) 滑阀的液压卡紧现象

一般滑阀的阀孔和阀芯之间有很小的缝隙。当缝隙均匀且缝隙中有油液时,移动阀芯所需的力只需克服黏性摩擦力,其数值是相当小的。但在实际使用中,特别是在中、高压系统中,当阀芯停止运动一段时间后(一般约5 min以后),这个阻力可以大到几百牛顿,使阀芯重新移动十分费力,这就是所谓的液压卡紧现象。

导致液压卡紧的原因,有的是由于脏物进入缝隙而使阀芯移动困难,有的是由于缝隙过小,油温升高时造成阀芯膨胀而卡死,但是主要原因是滑阀副几何形状误差和同心度变化所引起的径向不平衡液压力。如图6-14(a)所示,当阀芯和阀体孔之间无几何形状误差且轴线平行但不重合时,阀芯周围间隙内的压力分布是线性的(图中 A_1 和 A_2 线所示),且各向相等,阀芯上不会出现不平衡的径向力;当阀芯因加工误差而带有倒锥(锥部大端朝向高压腔)且轴线平行而不重合时,阀芯周围间隙内的压力分布如图6-14(b)中的曲线 A_1 和 A_2 所示,这时阀芯将受到径向不平衡力(图中阴影部分)的作用而使偏心距越来越大,直到两者表面接触为止,这时径向不平衡力达到最大值。但是,如阀芯带有顺锥(锥部大端朝向低压腔)时,产生的径向不平衡力将使阀芯和阀孔间的偏心距减小。图6-14(c)所示为阀芯表面有局部凸起,相当于阀芯碰伤、残留毛刺或缝隙中楔入脏物,此时阀芯受到的径向不平衡力将使阀芯的凸起部分推向孔壁。

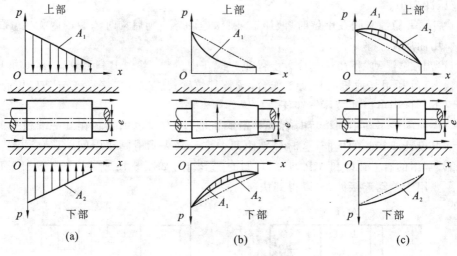

图 6-14　滑阀上的径向力

当阀芯受到径向不平衡力作用而和阀孔相接触后,缝隙中存留液体被挤出,阀芯和阀孔间的摩擦变成半干摩擦,乃至干摩擦,因而使阀芯重新移动时所需的力增大了许多。

滑阀的液压卡紧现象不仅存在于换向阀中,在其他的液压阀中也普遍存在,在高压系统中更为突出,特别是滑阀的停留时间越长,液压卡紧力越大,以致造成移动滑阀的推力(如电磁铁推力)不能克服卡紧阻力,使滑阀不能复位。

为了减小径向不平衡力,一方面应严格控制阀芯和阀孔的制造精度,另一方面在阀芯上开环形均压槽,也可以大大减小径向不平衡力,如图 6-15 所示。一般环形均压槽的尺寸是:宽 0.3～0.5 mm,深 0.5～0.8 mm,槽距 1～5 mm。

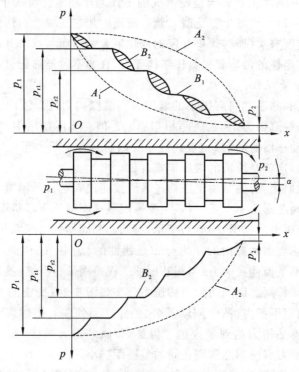

图 6-15　滑阀环形均压槽的作用

6.3 压力控制阀

常见的压力控制阀的类型如图6-16所示。

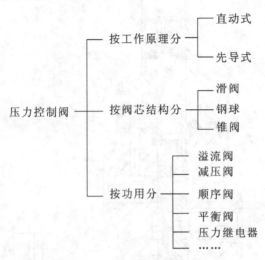

图6-16 压力控制阀的分类

6.3.1 溢流阀

1. 功用和要求

溢流阀是通过阀口的溢流,使被控制系统或回路的压力维持恒定,实现稳压、调压或限压作用的压力控制阀。

对溢流阀的主要要求是:调压范围大、调压偏差小、压力振摆小、动作灵敏、过流能力大、噪声小。

2. 工作原理和结构

1)直动式溢流阀

图6-17所示为直动式滑阀型溢流阀的结构及其图形符号。压力油从进口P进入阀后,经孔f和阻尼孔g后作用在阀芯4的底面c上。当进口压力较低时,阀芯在弹簧2的预调力的作用下处于最下端,由底端螺母限位。由阀芯4与阀体5构成的节流口有重叠量l,它将P口与T口隔断,使阀处于关闭状态。

当进口P处压力升高至作用在阀芯底面上的液压力大于弹簧的预调力时,阀芯开始向上运动。当阀芯上移至重叠量为l时,阀口处于开启的临界状态。若压力继续升高至阀口打开,油液从P口经T口溢流回油箱。此时,由于溢流阀的作用,当流量变化时,进口压力能基本保持恒定。

图6-17中的L为泄漏油口。回油口T与泄漏油流经的弹簧腔相通,L口堵塞,称为内泄。内泄时回油口T的背压将作用在阀芯上端面,这时与弹簧力相平衡的将是进、出油口压差。若将泄漏油流经的弹簧腔与T口的连接通道e堵塞,将L口打开,直接将泄漏油引回油箱,这种连接方式称为外泄。

当直动式滑阀型溢流阀的压力较高、流量较大时,要求调压弹簧有很大的力,这不仅使调节性能变差,弹簧设计和结构也难以实现,而且阀口虽有重叠量,但滑阀仍存在泄漏而难以实现很高的压力控制,因而这种阀一般用于低压小流量场合,目前已较少应用。

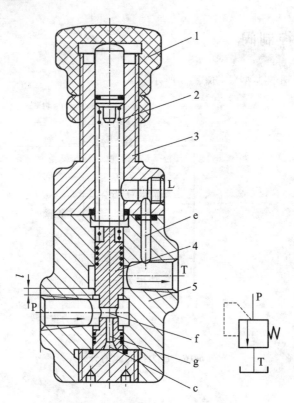

图 6-17　直动式滑阀型溢流阀的结构及其图形符号
1—调节螺母；2—弹簧；3—上盖；4—阀芯；5—阀体

图 6-18 所示为直动式锥阀型和球阀型溢流阀的结构。这种阀节流口密封性能好，不需重叠量，可直接用于高压大流量场合。

图 6-18(a)所示的高压大流量直动式锥阀型溢流阀的最高压力、流量可分别达 40 MPa 和 300 L/min，图 6-18(b)所示的高压大流量直动式球阀型溢流阀的最高压力、流量可达 63 MPa 和 120 L/min。

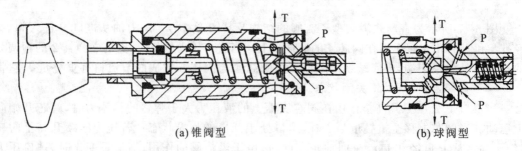

(a) 锥阀型　　　　　　　　　(b) 球阀型

图 6-18　直动式锥阀型和球阀型溢流阀的结构

2）先导式溢流阀

先导式溢流阀按其主阀芯的不同有三种典型结构形式，即一节、二节和三节同心式。二节同心式先导溢流阀如图 6-19 所示，因其主阀与锥阀部分直径保持同心而得名。主阀芯 1 上部受压面积略大于下部受压面积，当阀 P 口压力较低，先导阀芯 4 未开启时，作用在主阀芯上的液压力合力方向与弹簧 3 作用力的方向相同，使阀关闭。阀有两个阻尼孔 2 和 8，一个在主阀芯上，另一个在先导阀座上。当阀 P 口的压力增大时，阻尼孔 2、流道 a、动态阻尼孔 8 及先导阀芯前容腔的压力相应增加，从而能克服主阀弹簧预调力而使先导阀开启，就有液流从 P 口经阻尼孔 2、流道 a、阻尼孔 8、开启的先导阀和通道 b 流到 T 口。此流量将在阻尼孔 2 两端产生压差。压差作用在主阀芯上、下面积上的合力正好与主阀弹簧预调力平衡时,主阀芯处于开启的临界状态。当 P 口的压力再稍稍增大,使流经阻尼孔的流量再稍稍增加时,阻尼孔 2 两端压力之差克服主阀弹簧预调力而使主阀打开,这时从 P 口输入的流量将分成两部分,少量流量经先导阀流向出油口 T,大部分流量则经主阀节流口流向 T 口,经主阀节流口的流量便在进油口 P 处建立压力。因流经先导阀的流量极小,所以主阀芯上腔的压力基本上和由先导阀弹簧预调力所确定的先导阀芯前容腔压力相等,而主阀上阻尼孔 2 两端用以打开主阀芯的压差,仅需克服主阀弹簧的作用力、主阀芯重力及液动力等,因此也并不很大,所以可以认为溢流阀进口处压力基本上也由先导阀弹簧预调力所确定。在溢流阀的主阀芯升起且有溢流作用时,溢流阀进口处的压力便可维持在由先导阀弹簧所调定的定值。

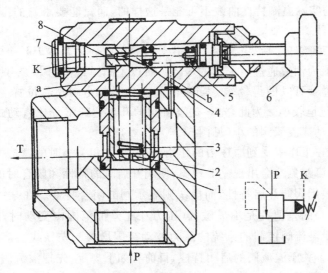

图 6-19 二节同心式先导溢流阀
1—主阀芯;2,8—阻尼孔;3—主阀弹簧;4—先导阀芯;5—先导阀弹簧;6—调压手轮;7—螺堵

先导式溢流阀中流经先导阀的油液可内泄(见图 6-19),也可外泄。外泄时,可将先导阀回油单独引回油箱,而将先导阀回油口与主阀回油口 T 的连接通道 b 堵住。

阀体上有一个远程控制口 K,当将此口通过二位二通阀接通油箱时,主阀芯上腔的压力接近于零,主阀芯在很小的压力下即可向上移动且阀口开得最大,这时泵输出的油液在很低的压力下通过阀口流回油箱,实现卸荷作用。如果将 K 口接到另一个远程调压阀上(其结构和溢流阀的先导阀的结构一样),并使打开远程调压阀的压力小于打开溢流阀先导阀芯的压力,则主阀芯上腔的压力(即溢流阀的溢流压力)就由远程调压阀来决定。使用远程调压阀后,便可对系统的溢流压力实行远程调节。

3. 特性

当溢流阀稳定工作时,作用在阀芯上的力相互平衡。以图 6-17 所示的直动式滑阀型溢流阀为例,如令 p 为进口处的压力(稳态下它就是阀芯底端的压力),A 为阀芯承压面积,F_s 为弹簧作用力,F_g 为阀芯重力,F_{bs} 为作用在阀芯上的轴向稳态液动力,F_f 为摩擦力,则当阀垂直安装时,阀芯上的受力平衡方程为

$$pA = F_s + F_g + F_{bs} + F_f \tag{6-1}$$

在一般情况下,溢流阀进口处的压力是由弹簧作用力决定的。如忽略稳态液动力,且假设弹簧作用力 F_s 变化相当小,溢流阀进口处的压力基本上维持由弹簧调定的定值。然

而,在弹簧作用力调整好之后,因溢流阀流量变化,阀口开度 x_R 的变化影响弹簧压紧力和稳态液动力。所以,溢流阀在工作时进口处的压力还是会发生变化的。

当溢流阀开始溢流时(即阀口将开未开时),$x_R=0$,这时进口处的压力 p_c 称为溢流阀的开启压力。

当溢流量增加时,阀芯上升,阀口开度增大,p 值亦增大。当溢流阀通过额定流量 q_n 时,阀芯上升到相应位置,这时进口处的压力 p_T 称为溢流阀的调定压力或全流压力。全流压力与开启压力之差称为静态调压偏差,而开启压力与全流压力之比称为开启比。溢流阀的开启比越大,它的静态调压偏差就越小,所控制的系统压力便越稳定。

溢流阀的溢流特性曲线如图 6-20 所示。溢流阀的理想溢流特性曲线最好是一条在 p_T 处平行于流量坐标的直线,即仅在 p 达到 p_T 时才溢流,且不管溢流量多少,压力始终保持在 p_T 值上。溢流阀的实际溢流特性曲线不可能是这样的,而只能要求它的溢流特性曲线尽可能接近这条理想曲线。

当先导阀弹簧调整好之后,溢流时主阀芯上端的压力 p' 便基本上是个定值,此值与 p 值很接近(两者的差值为油液通过阻尼孔的压降),所以主阀弹簧作用力 F_s 只要能克服阀芯的摩擦力就行,主阀弹簧可以做得较软。当溢流量变化引起主阀阀芯位置变化时,F_s 值变化较小,因而 p 的变化也较小。为此,先导式溢流阀的开启比通常都比直动式溢流阀的大,即静态调压偏差比直动式溢流阀的小(见图 6-20)。

溢流阀的阀芯在工作中受到摩擦力的作用,阀口开大和关小时的摩擦力方向刚好相反,因此阀在工作时不可避免地会出现黏滞现象,使阀开启时的特性和闭合时的特性产生差异。图 6-20 中的实线表示阀的开启特性,而虚线则表示阀的闭合特性。在某一溢流量时,这两曲线纵坐标(即压力)的差值即是不灵敏区(压力在此差值范围内变动时,阀芯不起调节作用)。不灵敏区使受溢流阀控制的系统的压力波动范围增大。先导式溢流阀的不灵敏区比直动式溢流阀的小。关于溢流阀的启闭特性,目前有如下规定:先把溢流阀调到全流量时的额定压力,在开启过程中,当溢流量增大到额定流量的 1% 时,系统的压力称为阀的开启压力;在闭合过程中,当溢流量减小到额定流量的 1% 时,系统的压力称为阀的闭合压力。为了保证溢流阀有良好的静态特性,一般来说,阀的开启压力和闭合压力与额定压力之比应分别不低于 85% 和 80%。

当溢流阀的溢流量由零到额定流量发生阶跃变化时,其进口压力将如图 6-21 所示迅速升高并超过其调定压力值,然后逐步衰减并稳定在调定压力值上。这一过程即为溢流阀的动态特性。

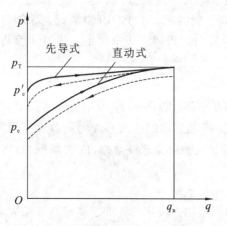

图 6-20　溢流阀的溢流特性曲线

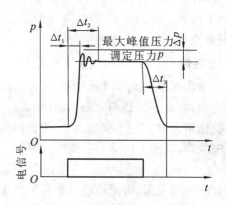

图 6-21　溢流阀的动态特性

评价溢流阀的阶跃响应指标如下。

(1) 压力超调量。压力超调量为最大峰值压力和调定压力之差 Δp 与阀的调定压力 p_T 之比的百分值,即 $(\Delta p / p_T) \times 100\%$。性能良好的溢流阀的压力超调量一般应小于 30%。

(2) 压力上升时间。压力开始上升且第一次达到调定压力值所需的时间 Δt_1,它反映了阀的快速性。

(3) 过渡过程时间。压力开始上升到最后稳定在调定压力 $p_T \pm 5\% p_T$ 所需的时间 Δt_2。

(4) 压力卸荷时间。压力由调定压力降到卸荷压力所需的时间 Δt_3。

必须说明的是,溢流阀的阶跃响应不仅反映阀本身的性能,而且在很大程度上还受系统参数,如阀前容腔大小和油的等效体积模量(与钢管、橡胶软管等管道材料及油中含气量等有关)的影响。

4. 应用

在系统中,溢流阀的主要用途如下。

(1) 作溢流阀。溢流阀有溢流时,可维持阀进口亦即系统压力恒定。

(2) 作安全阀。系统超载时,溢流阀才打开,对系统起过载保护作用,而平时溢流阀是关闭的。

(3) 作背压阀。溢流阀(一般为直动式溢流阀)装在系统的回油路上,产生一定的回油阻力,从而改善执行元件的运动平稳性。

(4) 用先导式溢流阀对系统实现远程调压或使系统卸荷。

6.3.2 减压阀

减压阀分为定值、定差和定比减压阀三种,其中最常用的是定值减压阀。如不指明,通常所称的减压阀即为定值减压阀。

1. 功用和要求

在同一系统中,往往有一个泵要向几个执行元件供油,而各执行元件所需的工作压力不尽相同的情况。若某执行元件所需的工作压力较泵的供油压力低时,可在该分支油路中串联一减压阀。油液流经减压阀后,压力降低,且使其出口处相接的某一回路的压力保持恒定。这种减压阀称为定值减压阀。

对减压阀的要求是:出口压力维持恒定,不受进口压力、通过流量大小的影响。

2. 工作原理和结构

减压阀也有直动式和先导式两种,每种各有二通和三通两种形式。图 6-22 所示为直动式二通减压阀的工作原理。当阀芯处在原始位置上时,它的阀口 a 是打开的,阀的进、出口相通。这种阀的阀芯由出口处的压力控制。出口压力未达到调定压力时阀口全开,阀芯不动;当出口压力达到调定压力时,阀芯上移,阀口开度 x_R 减小。如忽略其他阻力,仅考虑阀芯上的液压力和弹簧作用力相平衡的条件,则可以认为出口压力基本上维持在某一定值(调定值)上。这时如出口压力减小,阀芯下移,阀口开度 x_R 增大,阀口处阻力减小,压降减小,使出口压力回升,达到调定值;反之,如出口压力增大,则阀芯上移,阀口开度 x_R 减小,阀口处阻力增大,压降增大,使出口压力下降,达到调定值。

图 6-23 所示为直动式三通减压阀(带单向阀)的结构及其图形符号。图中 P_1 口为一次压力油口,P_2 口为二次压力油口,T 为回油口,弹簧腔泄漏油口 Y 和 T 口相通(内泄)。

三通减压阀与二通减压阀的减压工作原理基本相似,其主要区别是:前者有两个可变节

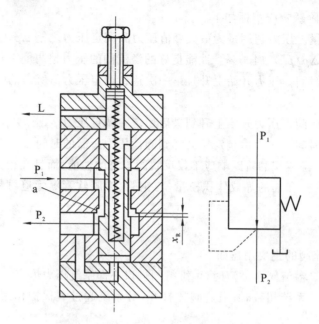

图 6-22　直动式二通减压阀的工作原理

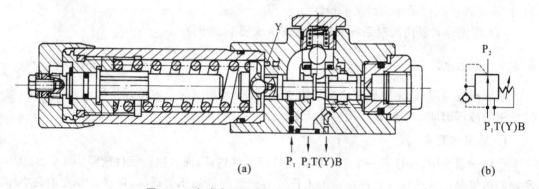

图 6-23　直动式三通减压阀的结构及其图形符号

流阀口,因此在工作腔 P_2 中无任何负载流量时能正常工作,而后者的工作腔内必须有流量时才能正常工作;此外,三通减压阀的二次压力油口流入反向流量时该阀也可起恒压作用,此时该阀的功能相当于溢流阀。因此,三通减压阀又称溢流减压阀。

图 6-24 所示为先导式二通减压阀,它的工作原理可仿照图 6-22 以及先导式溢流阀来进行分析。

先导式减压阀和先导式溢流阀有以下几点不同之处。

(1) 先导式减压阀保持出口处压力基本不变,而先导式溢流阀保持进口处压力基本不变。

(2) 在不工作时,先导式减压阀进、出口互通,而先导式溢流阀进、出口不通。

(3) 为保证先导式减压阀出口压力调定值恒定,它的先导阀弹簧腔需通过泄油口单独外接油箱;而先导式溢流阀的出油口是通油箱的,所以它的先导阀弹簧腔和泄漏油可通过阀体上的通道和出油口接通,不必单独外接油箱(当然也可外泄)。

3. 特性

减压阀的 $p_2\text{-}q$ 特性曲线如图 6-25 所示。减压阀进口压力 p_1 基本恒定时,若通过的流

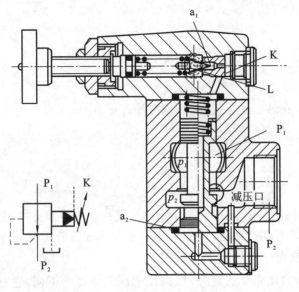

图 6-24　先导式二通减压阀

量 q 增加,则阀口缝隙 x_R 增大,出口压力略微下降。先导式减压阀出油口的压力调定值越低,它受流量变化的影响就越大。

当减压阀的出油口处不输出油液时,它的出油口压力基本上仍能保持恒定,此时有少量的油液通过减压阀开口经先导阀和泄油管流回油箱,保持该阀处于工作状态。

4. 应用

减压阀主要用在系统的夹紧、电液换向阀的控制压力油、润滑等回路中,而三通减压阀还可用在有反向冲击流量的场合。必须指出,应用减压阀必有压力损失,这将增加功耗和使油液发热。当分支油路压力比主油路压力低很多,且流量又很大时,常采用高、低压泵分别供油,而不宜采用减压阀。

定差减压阀和定比减压阀主要用来和其他阀组成组合阀。如定差减压阀可保证节流阀进、出口间的压差维持恒定,这种减压阀和节流阀串联组成的调速阀的工作原理将在后面提及。图 6-26 所示为定比减压阀的结构原理图。定比减压阀的进口压力和出口压力之比维持恒定。

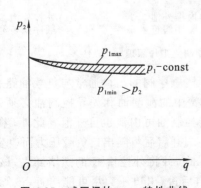

图 6-25　减压阀的 p_2-q 特性曲线

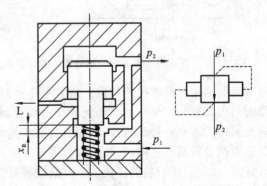

图 6-26　定比减压阀的结构原理图

阀芯在稳态力作用下的力平衡方程为

$$p_1 A_1 + k_s (x_c - x_R) = p_2 A_2 \tag{6-2}$$

式中，p_1、p_2 为进、出口压力；A_1、A_2 为阀芯面积；x_R 为阀口开度；x_c 为阀口关闭，即 $x_R = 0$ 时弹簧的预压缩量；k_s 为弹簧刚度。

弹簧作用力很小，可忽略不计，则有

$$\frac{p_2}{p_1} = \frac{A_1}{A_2} \tag{6-3}$$

由式(6-3)可知，在 A_1/A_2 一定时，该阀能维持进、出口压力的定比关系，而改变阀芯的压力作用面积 A_1、A_2，便可得到不同的压力比。

6.3.3 顺序阀

1. 功用

顺序阀用来控制多个执行元件的顺序动作。通过改变控制方式、泄油方式和二次油路的接法，顺序阀还可具有其他功能，如作背压阀、平衡阀或卸荷阀用。

2. 工作原理和结构

顺序阀也有直动式和先导式之分；根据控制压力来源的不同，它有内控式和外控式之分；根据泄油方式的不同，它有内泄式和外泄式两种。

图 6-27 所示为直动式内控外泄顺序阀的工作原理。泵启动后，油源压力 p_1 克服负载使液压缸 I 运动。当 P_1 口压力升高至作用在柱塞 A 下端面积上的液压力超过弹簧的预调力时，阀芯便向上运动，使 P_1 口和 P_2 口接通。油源压力经顺序阀口后克服液压缸 II 的负载而使活塞运动。这样就利用顺序阀实现了液压缸 I 和 II 的顺序动作。

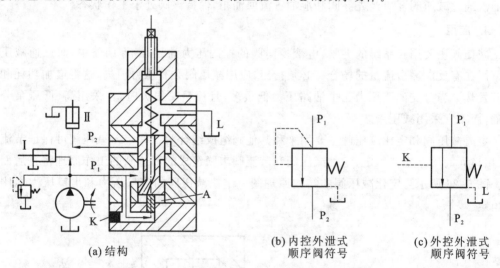

(a) 结构   (b) 内控外泄式顺序阀符号   (c) 外控外泄式顺序阀符号

图 6-27　直动式内控外泄顺序阀的工作原理

顺序阀的结构与溢流阀的相似。两者主要差别是：顺序阀的出口通常与负载油路相通，而溢流阀的出口则与回油相通。因此顺序阀调压弹簧中的泄漏油和先导控制油必须外泄，否则内泄阀将无法开启；而溢流阀中的泄漏油和先导控制油可内泄也可外泄。此外，溢流阀的进口压力调定后是不变的，而顺序阀的进口压力在阀开启后将随出口负载压力而改变。

若将图 6-27(a)所示的顺序阀的下部阀盖转动 180°，并将外控口 K 的螺堵卸去，该阀便成为外控式顺序阀。为了减小弹簧刚度，以使阀开启后进、出口压力尽可能接近，该阀采用截面面积较小的柱塞 A。阀芯中空，以使阀芯下端的泄漏油经弹簧腔外泄。

内控式顺序阀在其进油路压力 p_1 达到阀的调定压力之前，阀口一直是关闭的，达到调定压力后阀口才开启，使压力油进入二次油路，驱动另一个执行元件工作。

外控式顺序阀阀口的开启与否和一次油路处的进口压力没有关系,仅取决于控制压力的大小。

直动式顺序阀结构简单,动作灵敏,但由于弹簧和结构设计的限制,虽可采用小直径柱塞,弹簧刚度仍较大,但调压偏差大且限制了压力的提高,调压范围一般小于 8 MPa,较高压力时宜采用先导式顺序阀。

图 6-28 所示为先导式顺序阀。图示顺序阀为内控式,它也可变成外控式:其先导控制油必须经 L 口外泄。采用先导控制后,主阀弹簧刚度可大为减小,主阀芯面积则可增大,故启闭特性显著改善,工作压力也可大大提高。先导式顺序阀的缺点是:当阀的进口压力因负载压力增大而增大时,将使通过先导阀的流量随之增大,引起功率损失和油液发热。

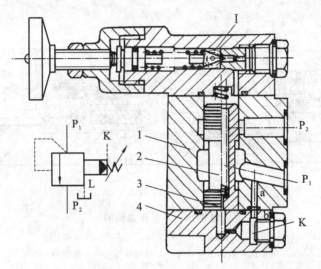

图 6-28 先导式顺序阀
1—阀体;2—阀芯;3—阻尼孔;4—盖板

3. 特性

顺序阀的主要特性和溢流阀的相仿。此外,为使执行元件准确地实现顺序动作,要求顺序阀的调压偏差小,因而调压弹簧的刚度小一些好;另外,阀关闭时,在进口压力作用下各密封部位的内泄漏应尽可能小,否则可能引起误动作。

4. 应用

顺序阀在液压系统中的应用如下。

(1)控制多个执行元件的顺序动作。

(2)与单向阀组成平衡阀,保证垂直放置的液压缸不因自重而下落。

(3)用外控式顺序阀可在双泵供油系统中,当系统所需流量较小时,使大流量泵卸荷。卸荷阀便是由先导式外控顺序阀与单向阀组成的。

(4)将内控式顺序阀接在液压缸回油路上,以产生背压,从而使活塞的运动速度稳定。

6.3.4 平衡阀

图 6-29 所示为在工程机械领域得到广泛应用的一种平衡阀结构图。重物下降时的油液流动方向为 B→A,x 为控制油口。当没有输入控制油时,由重物形成的压力油作用在锥

阀 2 上,B 口与 A 口不通,重物被锁定。当输入控制油时,推动活塞 4 右移,先顶开锥阀 2 内部的先导锥阀 3。由于先导锥阀 3 右移,切断了弹簧 8 所在容腔与 B 口高压腔的通路,该腔快速卸压,此时 B 口还未与 A 口相通。当活塞 4 右移至其右端面与锥阀 2 端面接触时,其左端圆盘正好与活塞附件 5 接触而形成一个组件。该组件在控制油作用下压缩弹簧 9 继续右移,从而打开锥阀 2,B 口与 A 口相通,其通流截面依靠阀套 7 上几排小孔来逐渐增大,从而起到了很好的平衡阻尼作用。活塞 4 左端中心部分还配置了一套阻尼组件 6。这样,平衡阀在反向通油时就比较平稳。

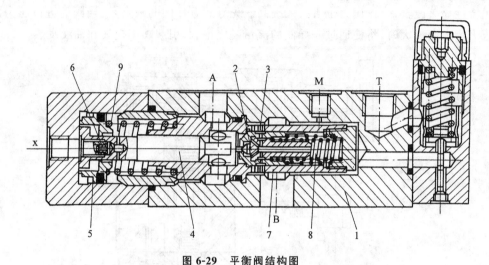

图 6-29 平衡阀结构图

1—阀体;2—锥阀;3—先导锥阀;4—活塞;5—活塞附件;
6—阻尼组件;7—阀套;8—弹簧组件;9—控制弹簧

6.3.5 压力继电器

压力继电器是利用液体压力信号来启闭电气触点的液压电气转换元件。它在油液压力达到其调定压力时发出电信号,控制电气元件动作,实现泵的加载或卸荷、执行元件的顺序动作或系统的安全保护和连锁等功能。国内现通常将其归入压力阀类,而国外则通常称其为压力开关而将其归入液压附件类。

图 6-30 所示为柱塞式压力继电器的结构。当油液压力达到压力继电器的调定压力时,作用在柱塞 1 上的力通过顶杆 2 合上微动开关 4,从而发出电信号。

压力继电器的主要性能如下。

(1) 调压范围。调压范围是指能发出电信号的最低工作压力和最高工作压力之间的范围。

(2) 灵敏度和通断调节区间。压力升高,压力继电器接通电信号的压力(称为开启压力)和压力下降,压力继电器复位切断电信号的压力(称为闭合压力)之差称为压力继电器的灵敏度。为了避免压力波动时压力继电器时通时断,要求开启压力和闭合压力间有一可调的差值,这一差值称为通断调节区间。

(3) 重复精度。在一定的调定压力下,多次升压(或降压)过程中,开启压力(或闭合压力)本身的差值称为重复精度。

(4) 升压或降压动作时间。压力由卸荷压力升到调定压力,微动开关触点闭合发出电信号的时间,称为升压动作时间;反之,称为降压动作时间。

压力继电器在液压系统中的应用很广,如刀具移到指定位置碰到挡铁或负载过大时的

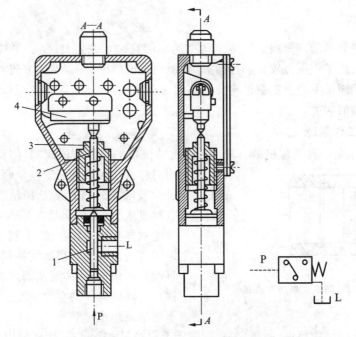

图 6-30 柱塞式压力继电器的结构

1—柱塞；2—顶杆；3—调节螺钉；4—微动开关

自动退刀,润滑系统发生故障时的工作机械自动停车,系统工作程序的自动换接等,都是典型的例子。

 # 6.4 流量控制阀

在液压系统中,控制输入执行机构的流量,就可以调节液压系统执行机构的运动速度。流量控制阀是在一定的压差作用下,通过改变阀口通流面积的大小或改变通流通道的长短来变更液阻,从而控制阀口流量,达到调节执行机构运动速度的目的的。工作机构运动速度的调节,在液压机械完成作业任务过程中有经济和技术两方面的意义,所以流量控制阀在液压系统中有举足轻重的地位。

按照结构和原理的不同,流量控制阀的分类如图 6-31 所示。

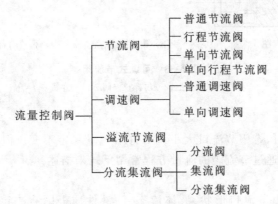

图 6-31 流量控制阀的分类

6.4.1 节流阀

节流阀是最简单的流量阀。日常生活中遇到的自来水龙头,就是一种应用最广的节流阀。由于液压系统工作压力较高,对流量的控制性能也严格得多,因此节流阀在结构上与水龙头不同。节流阀是借助于控制机构使阀芯相对于阀体孔运动,以改变阀口的通流面积,从而调节输出流量的阀类。

1. 结构与工作原理

图 6-32 所示是一种工程机械上常用的固定节流口的单向节流阀,其结构十分简单。使

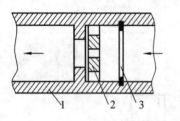

图 6-32 固定式单向节流阀

用时将阀用管接头与管路串联,阀体 1 内装有一片节流孔的阀片 2 及挡销 3。当油液从阀右端进入时,会将阀片 2 压在阀座 1 上,油液只能从阀片上的小孔流过,阀片孔的大小就决定了节流的大小。当油液从阀左端进入时,会将阀片压向挡销,油液从阀片上的节流小孔及阀片与阀体间齿槽空隙中流过,此时阀基本上不起节流作用。

固定式节流阀结构简单,制造容易,但由于节流口尺寸不可调,因此使用范围受到限制。

图 6-33 所示是一种可调式节流阀,压力油从进油口 P_1 流入,经节流口后从 P_2 流出,节流口的形状为轴向三角槽式。节流阀芯 3 在弹簧 4 的推力作用下始终紧靠在顶杆 2 上。调节顶盖上的调节手把 1,借助顶杆 2 可推动阀芯 3 作左右移动。通过阀芯的左右移动,改变了节流口的开口量大小,从而实现流量的调节。阀芯上的通道用来连通阀芯两端,使其两端液压力平衡,并使阀芯顶杆端不致形成封闭油腔,从而使阀芯能轻便移动。由于作用在阀芯 3 上的压力是平衡的,因而调节力较小,便于在高压下进行调节。

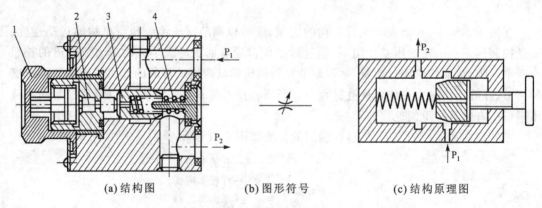

(a) 结构图   (b) 图形符号   (c) 结构原理图

图 6-33 可调式节流阀
1—调节手把;2—顶杆;3—阀芯;4—弹簧

2. 流量特性方程

液压系统在工作时,希望节流口大小调节好后流量稳定不变。但实际上流量总是变化的,特别是小流量时。通过节流阀的流量方程常用下式来描述

$$Q = KA\Delta p^m \tag{6-4}$$

式中,K 为节流系数,由节流口形状、液体流态、油液性质等因素决定,对于薄壁孔口,$K = C_d\sqrt{2/\rho}$,其中 C_d 为流量系数,ρ 为液体密度,节流孔口一般都属于薄壁孔口,且 K 的具体数值

一般由实验得出；A 为节流口的通流面积；Δp 为节流阀压差，$\Delta p = p_1 - p_2$；m 为与节流口形状有关的指数，$m = 0.5 \sim 1$，当节流口为薄壁孔时，$m = 0.5$，当节流口为细长孔时，$m = 1$。

由式(6-4)可知，节流阀的流量与节流口形状、压差、油液的性质有关，具体如下。

(1)压差对流量的影响。当节流阀两端压差 Δp 变化时，通过它的流量也会发生变化。在不同形式的节流口中，通过薄壁孔($m = 0.5$)的流量受压差影响最小，而通过细长孔($m = 1$)的流量受压差影响最大。

(2)节流口堵塞。当节流口在小开口条件下工作时，特别是进、出口压差较大时，虽然不改变油温和阀的压差，但流量也会出现时大时小的脉动现象。开口越小，脉动现象越严重，甚至在阀口没有关闭时就完全断流。这种现象称为节流口堵塞。

节流口可能因为油液中的杂质或油液氧化后析出的胶质、沥青等而发生局部堵塞，使节流口通流面积变小，流量发生变化，尤其是当开口较小时，影响更为突出，严重时会完全堵塞节流口而发生断流现象。因此，每个节流阀都有一个能正常工作的最小流量的限制，称为节流阀的最小稳定流量。针形及偏心槽式节流口因节流通道长、水力半径较小，故其最小稳定流量在 80 mL/min 以上；薄刃节流口的最小稳定流量为 20～30 mL/min；特殊设计的微量节流阀能在压差为 0.3 MPa 的条件下达到 5 mL/min 的最小稳定流量。减少节流口堵塞现象的有效措施是采用水力半径大的节流口；另外，应选择化学稳定性好和抗氧化稳定性好的油液，并注意精心过滤、定期更换。

此外，油温的变化会影响到油液的黏度。黏度对流经薄壁孔的流量几乎没有影响，而对流经细长孔的流量却影响很大。

综上所述，为了保证流量稳定，节流口形式选薄壁孔最为理想。表 6-3 为几种常见的节流口形式及其相应特点。

表 6-3 常见的节流口形式及其相应特点

类 型	简 图	特 点
针阀式节流口		调节时，针阀进行轴向移动。 优点：结构简单，工艺性好，所受径向力平衡。 缺点：水力半径小，通道长，易堵塞，流量易受油温影响。 用途：一般用于要求不高的场合
偏心式节流口		阀芯圆周上开有偏心槽，调节时转动阀芯。 优点：结构较简单，工艺性好，三角形通流截面易获得较小的稳定流量。 缺点：通道较长，容易堵塞且流量较易受油温影响，阀芯受径向不平衡力，使转动较费劲。 用途：一般用于低压场合
轴向三角槽式节流口		调节时进行轴向移动。 优点：结构较简单，工艺性好，三角形通流截面易获得较小的稳定流量，采用对称双边口，使阀芯径向力平衡。 缺点：通道较长，较易堵塞且流量较易受油温影响。 用途：应用较广泛

续表

类 型	简 图	特 点
缝隙式节流口	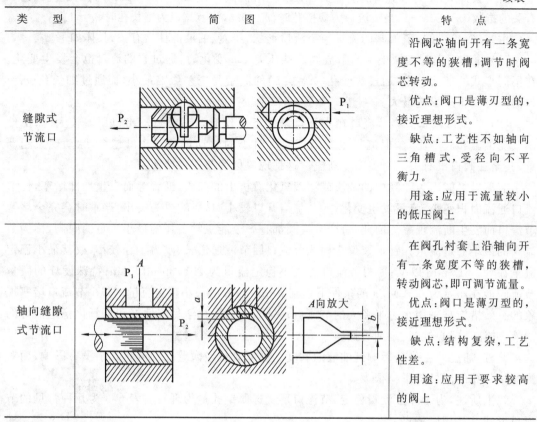	沿阀芯轴向开有一条宽度不等的狭槽,调节时阀芯转动。 优点:阀口是薄刃型的,接近理想形式。 缺点:工艺性不如轴向三角槽式,受径向不平衡力。 用途:应用于流量较小的低压阀上
轴向缝隙式节流口		在阀孔衬套上沿轴向开有一条宽度不等的狭槽,转动阀芯,即可调节流量。 优点:阀口是薄刃型的,接近理想形式。 缺点:结构复杂,工艺性差。 用途:应用于要求较高的阀上

3. 节流阀的应用

由通过节流阀的流量方程式(6-4)可知,普通节流阀在节流口开度一定的条件下,通过它的流量受工作负载变化的影响,而工作负载的变化是难以避免的,因此需要改变执行机构的运动速度,以适应工作要求。改变执行机构速度的方法,称为调速法。液压系统中的调速可以分为节流调速、容积调速和容积节流调速三大类。节流调速就是在定量泵系统中,用流量阀来改变输入到执行机构的流量,以达到调节速度的目的的。

需要注意的是,节流阀在回路中的节流作用是有条件的,它需要与定差减压阀或溢流阀配合使用。如图 6-34(a)所示,节流阀与溢流阀并联在液压泵的出口,构成恒压源,使泵出口处的压力恒定。此时,节流阀和溢流阀相当于两个并联的液阻。定量泵输出流量 Q_s 不变,流经节流阀的流量 Q_L 和流经溢流阀的流量 ΔQ 取决于节流阀和溢流阀液阻的相对大小。若节流阀的液阻大于溢流阀的液阻,则 $Q_L < \Delta Q$;反之,$Q_L > \Delta Q$。节流阀是一种可在较大范围内通过改变液阻来调节流量的元件。但若在回路中仅有节流阀而没有与之并联的溢流阀,如图 6-34(b)所示,则节流阀就起不到节流的作用,液压泵输出的油液全部经节流阀进入液压缸。改变节流阀节流口的大小,只是改变节流阀的压降,而流量是不变的。

6.4.2 调速阀

调速阀是进行了压力补偿的节流阀,它由定差减压阀和节流阀串联而成,利用定差减压阀保证节流阀前后压差稳定,以保持流量稳定。

1. 结构和工作原理

图 6-35 所示是调速阀的工作原理图及图形符号。由该图可知,由溢流阀调定的液压泵

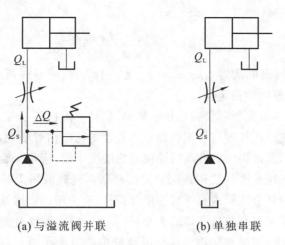

(a) 与溢流阀并联　　　　(b) 单独串联

图 6-34　节流阀的节流回路

出口压力为 p_1，油液进入调速阀后，先流过减压阀口，压力降为 p_2，再经孔道进入油腔 a 和 b，作用于减压阀阀芯的两个端面上，其总作用力相当于以压力 p_2 作用于阀芯的右端面；油液经过节流阀口后，压力又由 p_2 降为 p_3，进入执行元件，与外部负载相对应；同时压力为 p_3 的油液经阀体上的孔道流入油腔 c，作用于减压阀阀芯的左端面。也就是说，节流阀前后的压力 p_2 和 p_3 分别作用于减压阀阀芯的右端面和左端面，且作用面积相等。

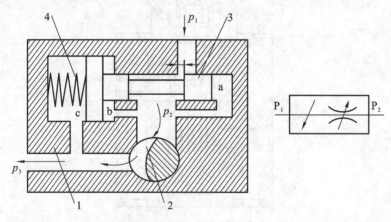

图 6-35　调速阀的工作原理图及图形符号

1—阀体；2—节流阀阀芯；3—减压阀阀芯；4—弹簧

当调速阀稳定工作时，其减压阀阀芯在 c 腔的弹簧力、阀芯右端面压力为 p_3 的液压力和 a、b 腔压力为 p_2 的液压力的作用下，处在某个平衡位置上，减压口为某一开度 x。当负载压力 p_3 增大时，作用在减压阀阀芯左端的液压力增大，阀芯右移，减压口开度 x 增大，压降减小，使 p_2 增大；反之，当负载压力 p_3 减小时，作用在减压阀阀芯左端的液压力减小，阀芯左移，减压口开度 x 减小，压降增加，使 p_2 减小。即 p_2 随负载压力 p_3 的增大而增大，随 p_3 的减小而减小。当调速阀稳定工作时，减压阀阀芯的受力平衡方程为

$$(p_2 - p_3)A = F_s = k(x_0 + x) \tag{6-5}$$

式中，p_2 为节流阀入口压力，即减压阀出口压力；p_3 为节流阀出口压力；A 为减压阀阀芯受力面积；F_s 为减压阀弹簧的作用力；x_0、x 分别为减压阀弹簧的预压缩量和阀芯的位移量。

考虑到弹簧起的是恢复作用，刚性较小，当阀芯移动时，由于弹簧压缩量的变化所附加的弹簧作用力的变化是很小的，即 x 远小于 x_0，所以

$$F_s = k(x_0 + x) \approx kx_0 \tag{6-6}$$

$$\Delta p = p_2 - p_3 = \frac{F_s}{A} \approx \frac{kx_0}{A} = 常数 \tag{6-7}$$

F_s 近似为常数,因而可认为 $\Delta p = p_2 - p_3$ 是一个常数,即通过调速阀的流量基本不变,这就保证了执行元件速度的稳定性。

调速阀的流量基本不受外部负载变化的影响,但是当流量较小时,节流阀阀口的通流截面面积较小,这时节流口的长度与通流截面水力直径的比值相对增大,因而油液的黏度变化对流量的影响也增大,所以当油温升高后油液的黏度变小时,流量仍会增大。为了减小温度对流量的影响,可以采用温度补偿调速阀。温度补偿调速阀的压力补偿原理部分与普通调速阀的相同,所不同的是节流阀内有一根温度补偿杆,它采用热膨胀系数较大的高强度聚氯乙烯塑料制成,可以附加控制节流开口的大小(见图 6-36)。温度升高后,油液黏度降低,通过节流口的流量将增大,而受热膨胀的温度补偿杆推动节流阀阀芯,使节流开口减小,限制流量的增大;反之,若温度降低,油液黏度增加,流量将减小,此时温度补偿杆收缩而拉回节流阀阀芯,使节流开口增大,以维持流量在温度变化前的数值。利用这种方法可部分地补偿温度变化的影响。若要解决根本问题,则必须控制油温的变化。

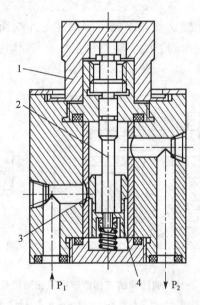

图 6-36　温度补偿调速阀的工作原理图
1—手柄;2—温度补偿杆;3—节流口;4—节流阀阀芯

2. 用途

调速阀的优点是流量稳定性好,缺点是压力损失较大,常用于负载变化大而对速度控制精度要求较高的定量泵供油节流调速液压系统中。它常与溢流阀配合,组成串联节流(进口节流、出口节流、进出口节流)和并联节流调速回路。

应用调速阀的注意事项如下。

(1)调速阀通常不能反向使用,否则,定差减压阀将不起压力补偿作用。

(2)为了保证调速阀正常工作,应注意调速阀工作压差应大于调速阀的最小压差。高压调速阀的最小压差一般为 1 MPa,而中低压调速阀的最小压差一般为 0.5 MPa。

(3)流量调整好后,应锁定位置,以免改变调好的流量。

（4）在接近最小稳定流量下工作时，建议在系统中调速阀的进口侧设置管路过滤器，以免调速阀阻塞而影响流量的稳定性。

6.4.3 溢流节流阀

对于调速阀来说，液压泵输出的压力是一定的，它等于溢流阀的调定压力。这个压力要能满足最大负载时的要求，因此液压泵消耗功率经常是比较大的。

溢流节流阀在很大程度上克服了上述缺点，又能保证流量恒定。但溢流节流阀只能在进油路上，它是由定差溢流阀与节流阀并联而成的。在进油路上设置溢流节流阀，通过溢流节流阀的压力补偿作用达到稳定流量的效果。溢流节流阀也称为旁通调速阀。

图 6-37 所示是溢流节流阀的工作原理图及其简化符号。从液压泵输出的压力油 p_1，一部分通过节流阀 4 的阀口 y，由出油口处流出，压力降为 p_2，进入液压缸 1，使活塞克服负载 F_s 以速度 v 运动；另一部分则通过溢流阀 3 的阀口 x 溢回油箱。溢流阀阀芯上端的弹簧腔 a 与节流阀 4 的出口（p_2）相通，其肩部的油腔 b 和下端的油腔 c 与入口压力油 p_1 相通。

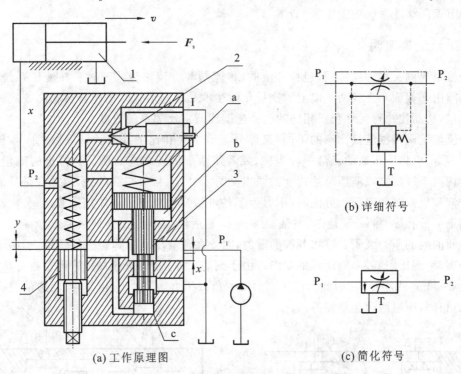

(a) 工作原理图　　　　(c) 简化符号

(b) 详细符号

图 6-37　溢流节流阀的工作原理图及其简化符号
1—液压缸；2—安全阀；3—溢流阀；4—节流阀

在稳定工况下，当负载力 F_s 增加，即出口压力 p_2 增大时，溢流阀阀芯上端的压力增加，阀芯下移，溢流口 x 减小，液阻增大，使液压泵供油压力 p_1 增加，因而使节流阀前后的压差 $\Delta p = p_1 - p_2$ 可基本保持不变；当 p_2 减小时，溢流阀溢流口 x 增大，液阻减小，使液压泵供油压力 p_1 相应地减小，同样使 $\Delta p = p_1 - p_2$ 基本保持不变。另外，当负载 p_2 超过安全阀的调定压力时，安全阀 2 将开启。溢流阀阀芯受力平衡方程为

$$(p_1 - p_2)A = F_s = k(x_0 + x) \tag{6-8}$$

$$p_1 - p_2 = \frac{F_s}{A} = \frac{k(x_0 + x)}{A} \approx \frac{kx_0}{A} = 常数 \tag{6-9}$$

式中，p_1 为节流阀入口压力，即液压泵的供油压力；p_2 为节流阀出口压力，即外负载决定的压力；A 为溢流阀阀芯大端面积；F_s 为溢流阀弹簧的作用力；x_0、x 分别为溢流阀弹簧的预压缩量和阀芯的位移量。

因为阀芯溢流时的位移相对于弹簧的预压缩量很小，弹簧也较软，所以节流阀前后压差基本上为一个常数，因而能保证通过节流阀的流量稳定，实现了流量恒定。

溢流节流阀和调速阀相比，两者都是通过压力补偿来保持节流阀前后压差不变，稳定通过节流阀的流量的，但它们在性能和应用上不完全相同。调速阀常用于液压泵和溢流阀组成的定压系统的节流调速回路中，可安装在执行元件的进油路、回油路和旁油路上，系统压力要满足执行元件的最大载荷要求，因此消耗功率较大，系统发热量大；而溢流节流阀只能安装在节流调速回路的进油路上，这时溢流节流阀的供油压力随负载的变化而变化，属于变压系统，其功率利用比较合理，系统发热量小。但溢流节流阀中流过的流量是液压泵的全部流量，阀芯运动时的阻力较大，弹簧制作得硬，导致溢流节流阀中溢流阀的压力波动大，流量稳定性稍差，在小流量时尤其如此。故溢流节流阀一般用于对速度稳定性要求不高、功率又较大的节流阀调速系统中。

6.4.4　分流集流阀

分流集流阀又称为同步阀，包括分流阀、集流阀和分流集流阀三种。在液压系统中，分流集流阀用来保证两个或两个以上的执行元件在承受不同负载时仍能获得相同或成一定比例的流量，从而使执行元件获得相同的运动速度或成定比关系的速度。

分流集流阀根据流量比率的不同，又可分为等量式和比例式两种。等量式同步阀目前应用较多，用以将液压泵的流量一分为二，或者使两个液压缸或液压马达排出的流量相等，从而实现两个液压缸或液压马达速度的同步。图 6-38(a) 和图 6-38(b) 所示分别是分流集流阀的分流和集流时的工况。分流时，压力为 p 的油液从油口 P 进入中间油腔后，分两路分别经过固定节流孔 α_1 和 α_2 到达左、右油腔 a 和 b，然后经变节流孔分别从油口 A 和 B 流出。由于中间油腔的压力大于 a 腔和 b 腔的压力，因此在油液压力和弹簧力的作用下，两个阀芯左右分离，呈现出图 6-38(a) 所示的状态。由于阀芯尺寸是严格控制的，并且左右对称，固定节流孔 α_1 和 α_2 大小相等，因此当两边出油口的负载压力 p_A 和 p_B 相等时，两边油路完全对称，阻力相同，所以两边流量相等。

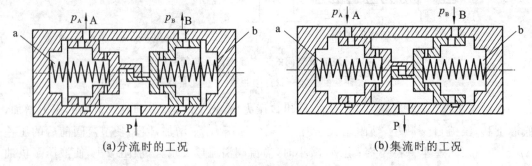

(a) 分流时的工况　　　　　　　　　　(b) 集流时的工况

图 6-38　分流集流阀

实际上，阀在工作时两边出油口的负载压力往往不等。例如，某时刻 $p_A > p_B$，那么在此瞬间由于 $p_a = p_b$，因此 $p_a - p_A < p_b - p_B$。根据流量公式可知，从出油口 A 流出的流量要比出油口 B 流出的流量小，从而通过固定节流孔 α_1 和 α_2 所造成的压降 $p - p_a$ 和 $p - p_b$ 就不

相等。由于 $p_a > p_b$，于是两个阀芯一起向右移动，右边可变节流口逐渐关小，使右边油路的阻力增加，p_b 变大，阀芯又向左移动，如此反复，直到 $p_a = p_b$，阀芯在新的位置上重新达到平衡状态。这时，两个固定节流孔前后的压差也是相等的，因此通过节流孔的流量相等，即出油口流量相等。

如果出油口 B 的负载压力比出油口 A 的大，即 $p_A < p_B$，则产生和上述情况相同，但方向相反的调节过程，仍能保持等量分流。

图 6-38(b)所示是集流时的工况。油液的流向与上述过程相反，油口 A 和 B 进油，油口 P 出油，在左、右两腔压力油的作用下，弹簧被拉伸，左、右阀芯相互靠拢，呈图示状态。当进油口油压 p_a 和 p_b 相等时，阀芯处于中间位置，两边油路对称，通过两个进油口 A 和 B 的流量相等。如果两边负载不等，当 $p_A > p_B$ 时，由于压差瞬时增大，进油口 A 的进油量大于进油口 B 的进油量，使得 $p_a > p_b$，于是两个阀芯一起向右移动，使进油口 A 处的可变节流口逐渐关小，增加了左边油路的阻力，又使 p_a 变小，阀芯又向左移动，如此反复，当 $p_a = p_b$ 时，阀芯停止移动。这时，两个节流孔前后的压差 $p - p_a$ 和 $p - p_b$ 相等（这里的 p 为回油压力），所以通过两个固定节流孔 α_1 和 α_2 的流量相等，也就保证了等量集流。

分流集流阀主要用于液压系统中 2～4 个执行元件的速度同步，或控制 2 个执行元件按一定速度比例运动。

应用分流集流阀时的注意事项如下。

(1) 由于通过流量对分流集流阀的同步精度及压力损失影响很大，因此，应根据同步精度和压力损失的要求，正确选用分流集流阀的流量规格。

(2) 压差大时，对流量变化反应灵敏，分流效果好，分流误差小。但压差不能太大，否则会使分流集流阀的压力损失增大；相反，若压差太小，则分流精度低。因此，推荐固定节流孔的压差不得低于 1 MPa。由于压差与工作流量的大小有关，所以为了保证分流集流阀的分流精度，一般希望最大工作流量不应超过最小工作流量的一倍。流量使用范围一般为公称流量的 60%～100%。

(3) 分流集流阀在动态过程中难以实现位置同步，因此在负载变化频繁或换向频繁的系统中，不适宜采用分流集流阀。

(4) 为了避免因泄漏量不同等原因引起的同步误差，在分流集流阀与执行元件之间应尽量不接入其他控制元件。

6.5 伺服阀、比例阀和数字阀

6.5.1 电液伺服阀

电液伺服阀将电信号传递处理的灵活性和大功率液压系统控制相结合，可对大功率、快速响应的液压系统实现远距离控制、计算机控制和自动控制。同时它也是将小功率的电信号输入转换为大功率的液压能(压力和流量)输出，实现执行元件的位移、速度、加速度及力控制的一种装置，因而在现代工业生产中被广泛应用。

图 6-39 所示为喷嘴挡板式电液伺服阀。电液伺服阀通常由三部分组成。

(1) 电气-机械转换装置：用来将输入的电信号转换为转角或直线位移输出。输出转角的装置称为力矩马达，输出直线位移的装置称为力马达。力矩马达由永久磁铁 6、导磁体 4、衔铁 3、激磁线圈和弹簧管 5 组成。衔铁支承在弹簧管上，永久磁铁和导磁体形成一个永久

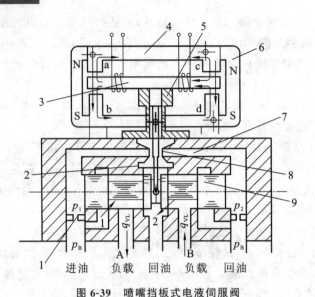

图 6-39　喷嘴挡板式电液伺服阀
1—节流孔；2—反馈杆；3—衔铁；4—导磁体；5—弹簧管；
6—永久磁铁；7—喷嘴；8—挡板；9—主阀

磁场。激磁线圈中没有电流通过时，导磁体和铁心间的四个气隙 a、b、c、d 中的磁通都是 φ_y 且方向相同，因此衔铁处于中间位置；当有控制电流通入线圈时，产生磁通 φ_s，则在气隙 b、c 中 φ_y 和 φ_s 相加，在气隙 a、d 中两者相减，于是铁心逆时针方向偏转 θ 角。如果控制电流反向，则偏转方向也相反。

（2）液压放大器：实现液压油控制功率的转换和放大。

液压放大器（见图 6-40）是一个滑阀，它将输入的滑阀位移 x_v 转换成负载流量 q_{VL} 和负载压力 p_L，以推动执行机构动作。输入的控制电流越大，滑阀的偏移量就越大，输出的流量就越多，因而执行机构的运动速度就越高。如果改变控制电流的方向，就会使执行机构反向运动。因此，输入控制电流的方向和大小决定了执行机构的运动方向和速度。

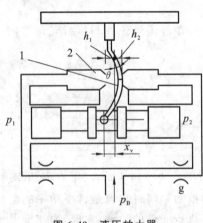

图 6-40　液压放大器
1—挡板；2—喷嘴

（3）反馈和平衡机构：使电液伺服阀输出的流量或压力获得与输入电信号成比例的特性。如图 6-40 所示，它是由固定节流孔 g、喷嘴 2、挡板 1（兼作放大器的力反馈弹簧）组成。在这里，滑阀是它的执行元件。当力矩马达没有角位移输出时，挡板处于中位，两个喷嘴至挡板的缝隙 $h_1 = h_2 = h_0$，由于喷嘴孔和固定节流孔的参数一样，两喷嘴处的液阻相等，从而 $p_1 = p_2$，滑阀由于反馈弹簧的作用而停在中位。当力矩马达输入一角位移 θ 时，$h_1 > h_2$，两喷嘴处的液阻不等，$p_2 > p_1$，滑阀向左移动。与此同时，挡板下端球头也随滑阀左移，在铁心挡板组件上产生一个顺时针方向的转矩，同时使挡板在两喷嘴间的偏移量减小，这就是反馈作用。反馈作用的结果使滑阀两端的压差 $p_2 - p_1$ 减小。当滑阀上的液压作用力与挡板下端球头因移动而产生的弹性反作用力平衡时，滑阀便停止移动，并保持在某一个开度 x_v 上。

显然，改变输入电流大小，可成比例地调节电磁力矩，从而得到不同的主阀开口大小。

若改变输入电流的方向,则主滑阀阀芯产生反向位移,从而实现液流的反向控制。

从上述工作原理可知,滑阀的位置通过反馈弹簧片(挡板)的弹性力反馈而达到平衡位置,所以它属于力反馈式电液伺服阀。

6.5.2 电液比例阀

电液比例阀是一种性能介于普通液压控制阀和电液伺服阀之间的新阀种,它既可以根据输入电信号的大小连续地、成比例地对液压系统的参量(压力、流量及方向)实现远距离控制和计算机控制,又在制造成本、抗污染等方面优于电液伺服阀。但其控制性能和精度不如电液伺服阀,故广泛应用于要求不是很高的液压系统中。

1. 电液比例压力阀

图 6-41 所示为电液比例压力先导阀,它与普通溢流阀、减压阀、顺序阀的主阀组合,可构成电液比例溢流阀、电液比例减压阀和电液比例顺序阀。与普通压力先导阀不同,电液比例压力阀中与阀芯上的液压力进行比较的是比例电磁铁的电磁吸力,而不是弹簧力。改变输入电磁铁的电流大小,即可改变电磁吸力,从而改变先导阀的前腔压力,即主阀上腔压力,对主阀的进口或出口压力实现控制。

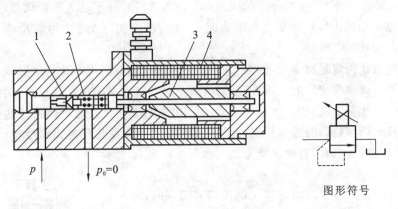

图 6-41　电液比例压力先导阀

1—阀芯;2—传力弹簧;3—推杆;4—比例电磁铁

图 6-42 所示为直接检测式电液比例溢流阀。它的先导阀为滑阀结构,溢流阀的进口压力油(压力为 p)被直接引到先导滑阀反馈推杆 2 的左端(作用面积为 A_0),然后经过固定阻尼 R_1 到先导滑阀阀芯 3 的左端(作用面积为 A_1),进入先导滑阀阀口和主阀上腔,主阀上腔的压力油再引到先导滑阀的右端(作用面积为 A_2)。在主阀阀芯 1 处于稳定受力平衡状态时,先导滑阀阀口与主阀上腔之间的动压反馈阻尼 R_3 不起作用,因此作用在阀芯两端的压力相等。设计时取 $A_1-A_0=A_2$,于是作用在先导滑阀上的液压力 $F=pA_0$。当液压力 F 与比例电磁铁吸力 F_E 相等时,先导滑阀阀芯受力平衡,阀芯稳定在某一位置,先导滑阀开口一定,先导滑阀前腔压力,即主阀上腔压力 p_1 为一定值($p_1<p$),主阀阀芯在上、下两腔压力 p_1 和 p 及弹簧力、液动力的共同作用下处于受力平衡状态,主阀开口一定,保证溢流阀的进口压力 p 与电磁吸力成正比,调节输入的电流大小,即可调节阀的进口压力。

若溢流阀的进口压力 p 因外界干扰而突然升高,则先导滑阀阀芯受力平衡被破坏,阀芯右移,阀口增大,使先导阀前腔压力 p_1 减小,即主阀上腔压力减小,于是主阀阀芯受力平衡也被破坏,阀芯上移,阀口开大,使升高了的进口压力下降。当进口压力 p 恢复到原来值时,先导滑阀阀芯和主阀阀芯重新回到受力平衡位置,阀处在新的稳态位置工作。

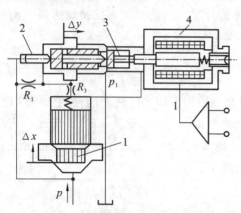

图 6-42　直接检测式电液比例溢流阀

1—主阀阀芯;2—反馈推杆;
3—先导滑阀阀芯;4—比例电磁铁

2. 电液比例流量阀

电液比例流量阀是将流量阀的手调部分改换为比例电磁铁而成的。下面介绍电液比例流量阀的结构和工作原理。

1) 电液比例节流阀

图 6-43 所示为一种位移-弹簧力反馈型电液比例节流阀,主阀阀芯 1 为插装阀结构。当比例电磁铁输入一定的电流时,所产生的电磁吸力推动先导滑阀阀芯 4 下移,先导滑阀阀口开启,于是主阀进口的压力油 p_A 经阻尼 R_1 和 R_2、先导滑阀阀口流至主阀出口。因阻尼 R_1 的作用,R_1 前后出现压差,主阀阀芯在两端压差的作用下,克服弹簧力向上移动,主阀阀口开

启,进、出油口连通。主阀阀芯向上移动,导致反馈弹簧 2 反向受压。当反馈弹簧力与先导滑阀上端的电磁吸力相等时,先导滑阀阀芯和主阀阀芯同时处于受力平衡状态,主阀阀口大小与输入电流大小成比例。改变输入电流大小,即可改变阀口大小。电液比例节流阀在系统中起节流调速作用。

与普通电液比例流量阀不同,图 6-43 所示的电液比例节流阀的比例电磁铁是通过控制先导滑阀的开口来改变主阀上腔压力,从而调节主阀开口大小的。在这里,主阀的位移又经反馈弹簧作用到比例电磁铁上,由反馈弹簧力与比例电磁铁吸力进行比较。这样不仅可以保证主阀位移量(开口量)的控制精度,而且主阀的位移量不受比例电磁铁行程的限制,阀口开度可以设计得较大,即阀的通流能力较大。

2) 电液比例流量阀

如图 6-44 所示,当比例电磁铁无电流信号输入时,先导滑阀由下端反馈弹簧(内弹簧)支承在最上端位置,此时弹簧无压缩量,先导滑阀阀口关闭,于是调节器 3 阀芯两端压力相等,调节器阀口关闭,无流量通过。当比例电磁铁输入一定电流信号,产生一定的电磁吸力时,先导滑阀 1 的阀芯向下移动,阀口开启,于是液压泵来油经阻尼 R_1、R_2、先导滑阀阀口流入流量传感器 2 的进油口。由于油液流动的压力损失,调节器 3 控制腔的压力 $p_2 < p_1$。当压差 $p_1 - p_2$ 达到一定值时,调节器阀芯移动,阀口开启,液压泵来油经调节器阀口流入流量传感器 2 的进油口,顶开阀芯,流量传感器阀口开启。在流量传感器阀芯上移的同时,阀芯的位移转换为反馈弹簧的弹簧力,通过先导滑阀阀芯与电磁吸力相比较。当弹簧力与电磁吸力相等时,先导滑阀阀芯受力平衡。与此同时,调节器阀芯、流量传感器阀芯也受力平衡,所有阀口满足压力流量方程。压力油(压力为 p_1)经过调节器阀口后压力降为 p_4,并作为流量传感器的进口压力,流量传感器的

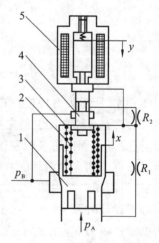

图 6-43　位移-弹簧力反馈型
电液比例节流阀

1—主阀阀芯;2—反馈弹簧;3—复位弹簧;
4—先导滑阀阀芯;5—比例电磁阀

出口压力 p_5 由负载决定。

如负载压力 p_5 增大,则流量传感器受力平衡被破坏,阀芯下移,阀口有关小的趋势,这将使反馈弹簧力减小,先导阀阀芯下移,先导阀阀口增大,调节器控制腔压力 p_2 降低,调节器阀口增大,使其减压作用减小,于是流量传感器进口压力 p_4 增大,导致流量传感器阀芯上移,阀口重新开大。当流量传感器阀口恢复到原来的开口大小时,先导阀阀芯受力重新平衡,电液比例流量阀在新的稳态位置下工作。

这里,调节器起压力补偿作用,保证流量传感器进、出口压差为定值和流经阀的流量稳定不变。由于调节器阀芯的位移是由流量传感器通过检测流量信号来控制的,因此流量稳定性跟普通调速阀相比有很大的提高。

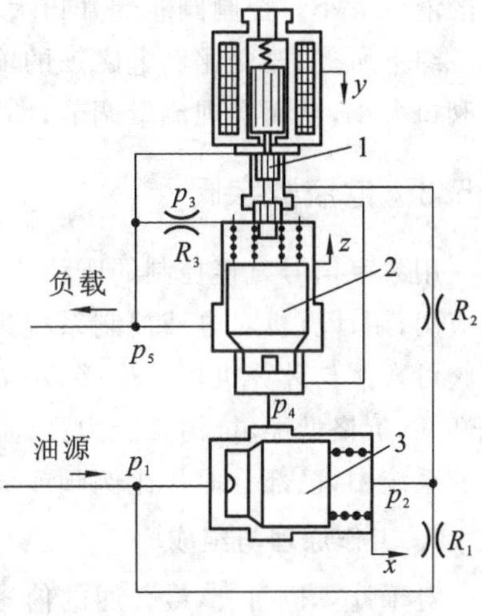

3)电液比例换向阀

如图 6-45 所示,电液比例换向阀是由前置级(电液比例双向减压阀)和放大级(液动比例双向节流阀)两部分组成,前置级由两端比例电磁铁 4、8 分别控制减压阀阀芯 1 的位移。如果左端比例电磁铁 8 输入电流,则产生一电磁吸力,使减压阀阀芯 1 右移,右边阀口开启,压力油经阀口后减压为 p_c(控制压力)。因 p_c 经流道 3 反馈作用到阀芯右端面(阀芯左端通回油 p_0),形成一个与电磁吸力方向相反的液压力 F_1,当 $F_1 = F_{E1}$ 时,阀芯停止右移,稳定在某一位置上,减压阀右边阀口开度一定,压力 p_c 保持一个稳定值。显然,压力 p_c 与供油压力 p 无关,仅与比例电磁铁的电磁吸力,即输入电流大小成比例。同理,当右端比例电磁铁输入电流时,减压阀阀芯将左移,经左阀口减压后得到稳定的控制压力 p_c'。

图 6-44 电液比例流量阀
1—先导滑阀;2—流量传感器;3—调节器

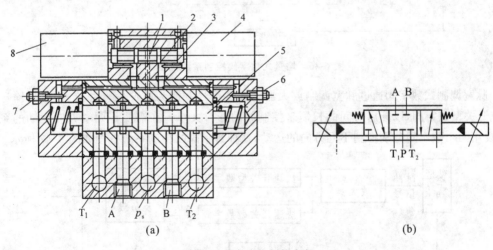

图 6-45 电液比例换向阀
1—减压阀阀芯;2,3—流道;4,8—比例电磁铁;5—主阀阀芯;6,7—螺钉

放大级由阀体,主阀阀芯,左、右端盖,弹簧和螺钉 6、7 等组成。当前置级输出的控制压力 p_c 经节流孔缓冲后作用在主阀阀芯 5 右端时,液压力克服左端弹簧力使阀芯左移(阀芯左端弹簧腔通回油 p_0),开启阀口,油口 P 与 B 相通,A 与 T 相通。当弹簧力与液压力相等

时,主阀阀芯停止左移,稳定在某一位置,主阀开口大小一定。因此,主阀开口大小取决于输入的液流大小。控制阀芯的开口大小与输入电流大小成比例。

综上所述,改变比例电磁铁的输入电流,不仅可以改变阀的工作液流方向,而且可以控制阀口大小,从而实现流量调节,即电液比例换向阀具有换向和节流的复合功能。

6.5.3 电液数字阀

用数字信号直接控制的阀称为电液数字阀,简称数字阀。由于计算机技术已经获得广泛应用,用计算机对电液控制系统进行实时控制已成为液压技术发展的一个重要趋势。数字阀可直接与计算机接口连接,不需要 D/A 转换。与伺服阀、比例阀相比,其结构简单、工艺性好、价格低廉、抗污染能力强、重复精度高、工作稳定可靠、能耗小,在计算机实时控制的电液系统中,已部分取代比例阀或伺服阀,为计算机在液压领域的应用开拓了一条新途径。

1. 工作原理与组成

对于计算机而言,最普通的信号是量化为两个量级的信号,即"开"和"关"。用数字量控制阀的方法很多,常用的是由脉数调制(PNM)演变而来的增量控制法以及脉宽调制(PWM)控制法。

增量式数字阀采用步进电动机-机械转换器,通过步进电动机,在脉数(PNM)信号的基础上,使每个采样周期的步数在前一个采样周期步数上增加或减少,以达到需要的幅值;由机械转换器输出位移,控制液压阀阀口的开启和关闭。图 6-46 所示为增量式数字阀控制系统框图。

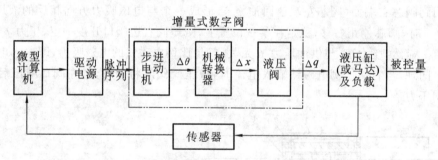

图 6-46 增量式数字阀控制系统框图

脉宽调制式数字阀通过脉宽调制放大器将连续信号调制为脉冲信号并放大,然后输送给快速开关型数字阀,以开启时间的长短来控制阀的开口大小。在需要作两个方向运动的系统中,要用两个数字阀分别控制不同方向的运动,这种数字阀的控制系统框图如图 6-47 所示。

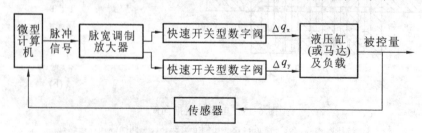

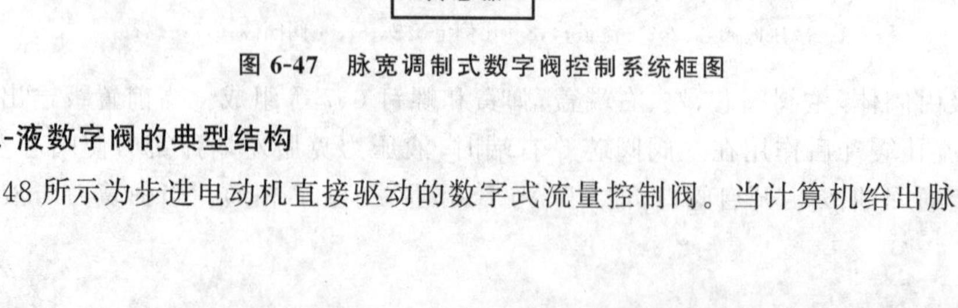

图 6-47 脉宽调制式数字阀控制系统框图

2. 电-液数字阀的典型结构

图 6-48 所示为步进电动机直接驱动的数字式流量控制阀。当计算机给出脉冲信号后,

步进电动机 1 转过一个角度 $\Delta\theta$，作为机械转换装置的滚珠丝杠 2 将旋转角度 $\Delta\theta$ 转换为轴向位移 Δx 并直接驱动阀芯 3 开启阀口。步进电动机转过一定的步数，相当于阀芯具有一定的开度，从而实现流量控制。

这种阀是开环控制的，但装有零位移传感器 6(见图 6-48)。在每个控制周期终了时，阀芯可由零位移传感器控制而回到零位，以保证每个工作周期都从相同的位置开始，使阀的重复精度比较高。

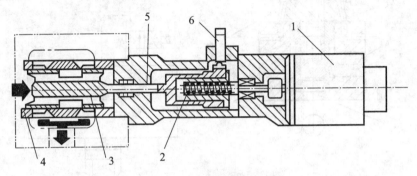

图 6-48　数字式流量控制阀

1—步进电动机；2—滚珠丝杠；3—阀芯；4—阀套；5—连杆；6—零位移传感器

 ## 6.6　插装阀、叠加阀

6.6.1　插装阀

插装阀又称为二通插装阀、逻辑阀、锥阀，它是一种以二通型单向元件为主体，采用先导控制和插装式连接的新型液压控制元件。插装阀具有一系列的优点：主阀芯质量小、行程短、动作迅速、响应灵敏、结构紧凑、工艺性好、工作可靠、寿命长，便于实现无管化连接和集成化控制等，特别适用于高压大流量系统。二通插装阀控制技术在锻压机械、塑料机械、冶金机械、铸造机械、船舶、矿山及其他工程领域都得到了广泛的应用。

1. 插装阀的基本结构及工作原理

二通插装阀的主要结构由插装件、控制盖板、先导控制阀和集成块体四部分组成，如图 6-49(a)所示。图 6-49(b)所示是其原理符号图。

二通插装阀有两个主通道进、出油口 A、B 和一个控制油口 C。工作时，阀口是开启还是关闭取决于阀芯的受力状况。通常状况下，阀芯的重量、阀芯与阀体的摩擦力和液动力忽略不计，即

$$\sum F = p_{C}A_{C} - p_{B}A_{B} - p_{A}A_{A} + F_{s} + F_{y} \tag{6-10}$$

式中，p_{C} 为控制腔 C 的压力；A_{C} 为控制腔 C 的面积；p_{B} 为主油路 B 口的压力；A_{B} 为主油路 B 口的控制面积；p_{A} 为主油路 A 口的压力；A_{A} 为主油路 A 口的控制面积，且 $A_{C} = A_{A} + A_{B}$；F_{s} 为弹簧力；F_{y} 为液动力(一般可忽略不计)。

当 $\sum F > 0$ 时，阀芯处于关闭状态，A 口与 B 口不通；当 $\sum F < 0$ 时，阀芯开启，A 口与 B 口连通；当 $\sum F = 0$ 时，阀芯处于平衡位置。由上式可以看出，采取适当的方式控制 C 腔的压力 p_{C}，就可以控制主油路中 A 口与 B 口的油液流动方向和压力。由图 6-49(a)还可以看出，如果采取措施控制阀芯的开启高度(也就是阀口的开度)，就可以控制主油路中的流量。

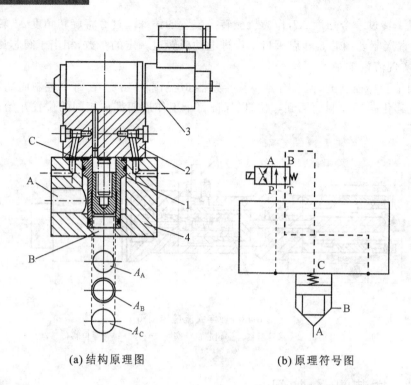

(a) 结构原理图   (b) 原理符号图

图 6-49　二通插装阀的结构原理图和原理符号图
1— 插装件；2— 控制盖板；3— 先导控制阀；4— 集成块

以上所述即为二通插装阀的基本工作原理。在这里要特别强调的一点是：二通插装阀 A 口控制面积与 C 腔控制面积之比 $\beta = A_C / A_A$ 称为面积比，它是一个十分重要的参数，对二通插装阀的工作性能有重要的影响。

1）插装阀的插装件

插装件是由阀芯、阀体、弹簧和密封件等组成，根据其用途不同可分为方向阀插装件、压力阀插装件、流量阀插装件三种。其结构既可以是锥阀式结构，也可以是滑阀式结构。插装件是插装阀的主体。插装件为中空的圆柱形，前端为圆锥形封面的组合体。性能不同的插装阀，其阀芯的结构不同。如插装阀阀芯的圆锥端既可以为封堵的锥面，也可以为带阻尼孔或开三角槽的圆锥面。插装件安装在插装块内，可以自由地轴向移动。控制插装阀阀芯的启闭和开启量的大小，就可以控制主油路液体的流动方向、压力和流量。同一通径的三种插装件的安装尺寸相同，但阀芯的结构形式和阀体孔直径不同。图 6-50 所示为三种插装件的结构图及其图形符号。

方向阀插装件的阀芯半锥角 $\alpha = 45°$，面积比 $\beta = 2$，即油口作用面积 $A_A = A_B$，油口 A、B 可双向流动；压力阀插装件中的减压阀阀芯为滑阀，面积比 $\beta = 1$，即油口作用面积 $A_A = A_C$，$A_B = 0$，油口 A 出油；溢流阀和顺序阀插装件的阀芯半锥角 $\alpha = 15°$，面积比 $\beta = 1.1$，油口 A 进油，油口 B 出油。

为了得到好的压力流量增益，常把阀芯设计成带尾部的结构，尾部窗口可以是矩形，也可以是三角形，面积比 $\beta = 1$ 或 $\beta = 1.1$。一般油口 A 进油，油口 B 出油。

2）插装阀的控制盖板

控制盖板由盖板内嵌各种微型先导控制元件（如梭阀、单向阀、插式调压阀等）以及其他

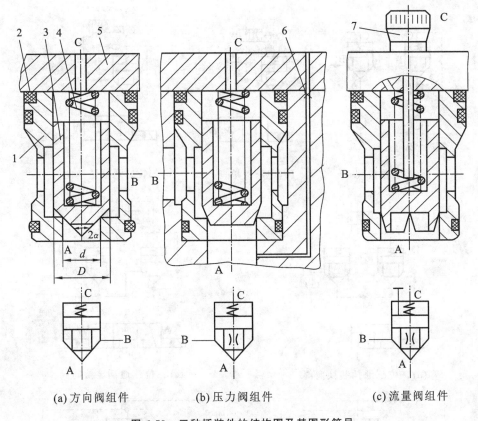

(a) 方向阀组件　　　　　(b) 压力阀组件　　　　　(c) 流量阀组件

图 6-50　三种插装件的结构图及其图形符号

1—阀套；2—密封圈；3—阀芯；4—弹簧；5—盖板；6—阻尼孔；7—阀芯行程调节杆

元件组成。内嵌的各种微型先导控制元件与先导控制阀结合，可以控制插装件的工作状态，在控制盖板上还可以安装各种检测插装件工作状态的传感器等。根据控制功能的不同，控制盖板可以分为方向控制盖板、压力控制盖板和流量控制盖板三大类。当控制盖板具有两种以上功能时，该控制盖板称为复合控制盖板。控制盖板的主要功能是固定插装件、沟通控制油路与主阀控制腔之间的联系等。

3）插装阀的先导控制阀

先导控制阀是指安装在控制盖板（或集成块）上，对插装件动作进行控制的小通径控制阀，主要有 6 mm 和 10 mm 通径的电磁换向阀、电磁球阀、压力阀、比例阀、可调阻尼器、缓冲器及液控先导阀等。当主插件通径较大时，为了改善其动态特性，可以用较小通径的插装件进行两级控制。先导控制阀用于控制插装件阀芯的动作，以实现插装阀的各种功能。

4）集成块

集成块主要用来安装插装件、控制盖板和其他控制阀，沟通主要油路。

2. 插装阀的应用

1）插装方向控制阀

同普通液压阀相类似，插装阀与换向阀组合，可形成各种形式的插装方向控制阀。图 6-51所示为几种插装方向控制阀示例。

（1）插装单向阀。如图 6-51(a)所示，将插装阀的控制油口 C 口与 A 口或 B 口连接，形成插装单向阀。若 C 口与 A 口连接，则阀口 B 到 A 导通，A 到 B 不通；若 C 口与 B 口连接，

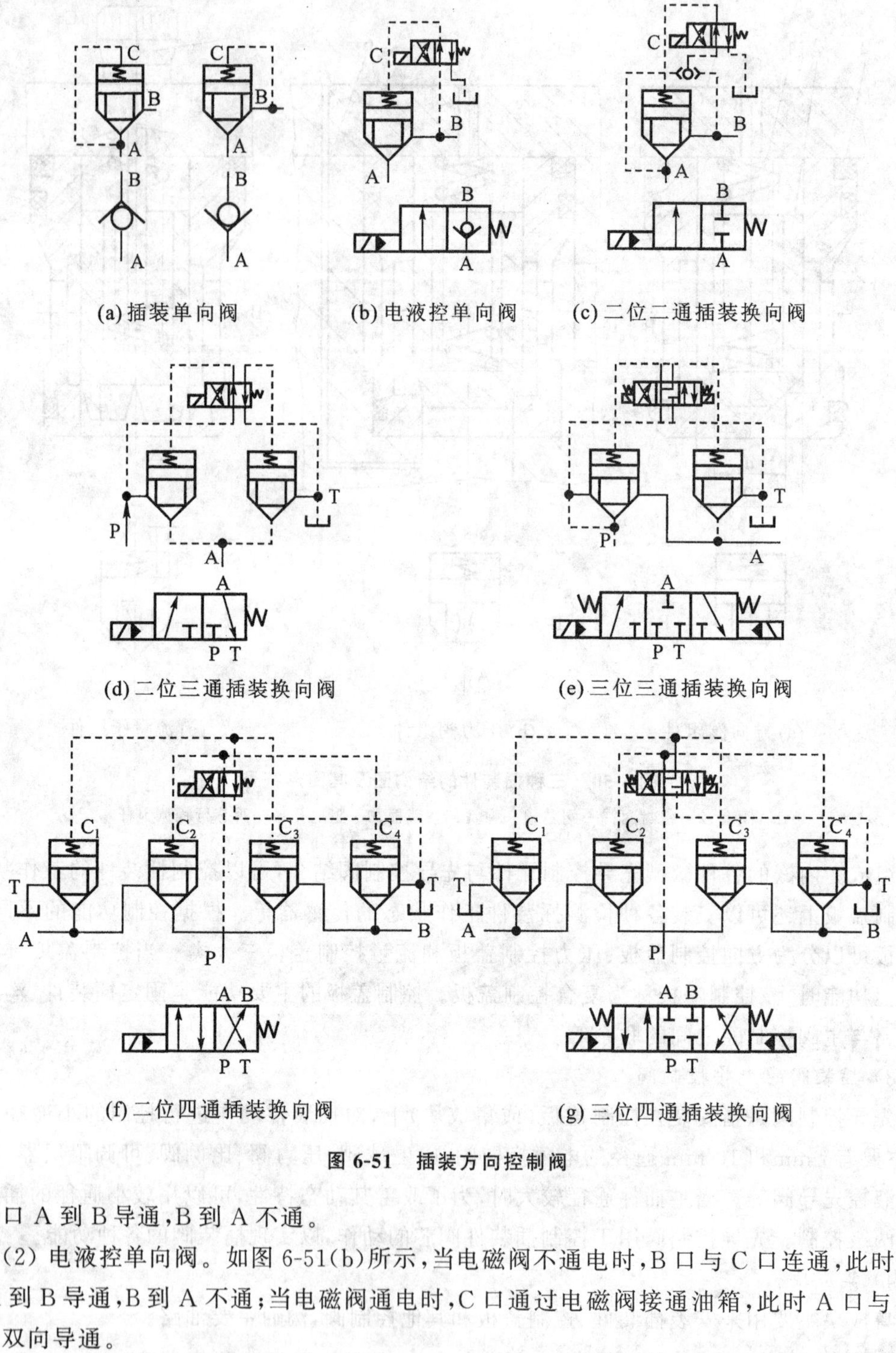

(a) 插装单向阀　　　(b) 电液控单向阀　　　(c) 二位二通插装换向阀

(d) 二位三通插装换向阀　　　　　　(e) 三位三通插装换向阀

(f) 二位四通插装换向阀　　　　　　(g) 三位四通插装换向阀

图 6-51　插装方向控制阀

则阀口 A 到 B 导通,B 到 A 不通。

（2）电液控单向阀。如图 6-51(b)所示,当电磁阀不通电时,B 口与 C 口连通,此时只能从 A 到 B 导通,B 到 A 不通;当电磁阀通电时,C 口通过电磁阀接通油箱,此时 A 口与 B 口可以双向导通。

（3）二位二通插装换向阀。如图 6-51(c)所示,当电磁阀不通电时,油口 A 与 B 关闭;当电磁阀通电时,油口 A 与 B 导通。

（4）二位三通插装换向阀。如图 6-51(d)所示,当电磁阀不通电时,油口 A 与 T 导通,油口 P 关闭;当电磁阀通电时,油口 P 与 A 导通,油口 T 关闭。

（5）三位三通插装换向阀。如图 6-51(e)所示,当电磁阀不通电时,控制油使两个插装件关闭,油口 P、T、A 互不连通;当电磁阀左电磁铁通电时,油口 P 与 A 连通,油口 T 关闭;当电磁阀右电磁铁通电时,油口 A 与 T 连通,油口 P 关闭。

(6) 二位四通插装换向阀。如图 6-51(f) 所示,当电磁阀不通电时,油口 P 与 B 导通,油口 A 与 T 导通;当电磁阀通电时,油口 P 与 A 导通,油口 B 与 T 导通。

(7) 三位四通插装换向阀。如图 6-51(g) 所示,当电磁阀不通电时,控制油使四个插装件关闭,油口 P、T、A、B 互不连通;当电磁阀左电磁铁通电时,油口 P 与 A 连通,油口 B 与 T 连通;当电磁阀右电磁铁通电时,油口 P 与 B 连通,油口 A 与 T 连通。

根据需要还可以组成具有更多位置和不同机能的四通换向阀。例如一个由二位四通电磁阀控制的三通阀和一个由三位四通电磁阀控制的三通阀组成的四通阀具有六种工作机能。如果用两个三位四通电磁阀来控制,则可构成一个九位的四通换向阀。

如果四个插装件各自用一个电磁阀进行控制,则可以构成一个具有十二种工作机能的四通换向阀,如图 6-52 所示。这种组合形式机能最全,适用范围最广,通用性最好,电磁阀品种简单划一,但是应用的电磁阀数量最多,对电气控制的要求较高,成本也高。在实际使用中,一个四通换向阀通常不需要这么多的工作机能,所以为了减少电磁阀数量,减少故障,应该多采用上述的只用一个或两个电磁阀集中控制的形式。

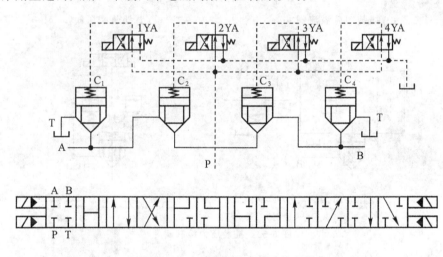

图 6-52 十二位四通电液动换向阀

2) 插装压力控制阀

采用带阻尼的插装阀阀芯并在控制油口 C 安装压力控制阀,就组成了图 6-53 所示的各种插装压力控制阀。

(1) 图 6-53(a) 所示为插装溢流阀,它是用直动式溢流阀来控制油口 C 的压力的。当油口 B 接油箱时,阀口 A 处的压力达到溢流阀控制油口的调定值后,油液从 B 口溢流。其工作原理与传统的先导式溢流阀的完全一样。

(2) 图 6-53(b) 所示为插装电磁溢流阀,溢流阀的先导回路上再加一个电磁阀来控制其卸荷,便构成一个电磁溢流阀。这种形式在二通插装阀系统中是很典型的,它的应用非常普遍。电磁阀不通电时,系统卸荷;电磁阀通电时,溢流阀工作,系统升压。

(3) 图 6-53(c) 所示为插装卸荷溢流阀,它是用卸荷溢流阀来控制油口 C 的压力的。当远控油路没有油压时,系统按溢流阀的调定压力工作;当远控油路有油压时,系统卸荷。

(4) 图 6-53(d) 所示为插装减压阀,当 A 口的压力低于先导溢流阀的调定压力时,A 口

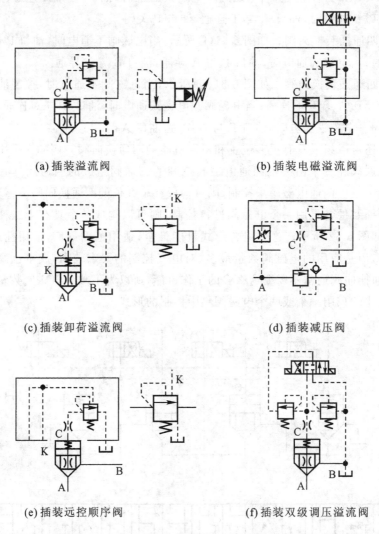

(a) 插装溢流阀

(b) 插装电磁溢流阀

(c) 插装卸荷溢流阀

(d) 插装减压阀

(e) 插装远控顺序阀

(f) 插装双级调压溢流阀

图 6-53　插装压力控制阀

与 B 口直通,不起减压作用;当 A 口的压力达到先导溢流阀的调定压力时,先导溢流阀开启,减压阀阀芯动作,使 B 口的输出压力稳定在调定压力上。

(5) 图 6-53(e)所示为插装远控顺序阀,B 口不接油箱,而与负载相接,先导溢流阀的出口单独接油箱,这样就构成一个先导式顺序阀。当远控油路没有油压时,就是内控式顺序阀;当远控油路有油压时,就是远控式顺序阀。

(6) 图 6-53(f)所示为插装双级调压溢流阀,它是用两个先导溢流阀控制一个压力插装件,用一个三位四通换向阀控制两个先导阀的导通的。更换不同中位机能的换向阀,就有不同的控制方式,如包括卸荷功能就有三级调压。

3) 插装流量阀

控制插装件阀芯的开启高度就能使它起到节流作用。如图 6-54(a)所示,插装件与带行程调节器的盖板组合,由调节器上的调节杆限制阀芯的开口大小,就形成了插装节流阀。若将插装节流阀与定差减压阀连接,就组成了插装调速阀,如图 6-54(b)所示。

总之,插装阀经过适当的连接和组合,可组成各种功能的液压控制阀。实际的插装阀系

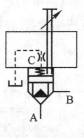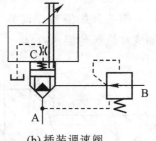

(a) 插装节流阀	(b) 插装调速阀

图 6-54　插装流量阀

统是一个集方向、流量、压力于一体的复合油路。一组插装油路既可以由不同通径规格的插装件组合，也可与普通液压阀组合，组成复合系统，还可以与比例阀组合，组成电液比例控制的插装阀系统。

6.6.2　叠加阀

叠加阀是叠加式液压阀的简称，是在集成块的基础上发展起来的一种新型液压元件。叠加阀的结构特点是阀体本身既是液压阀的机体，又具有通道体和连接体的功能。使用叠加阀可实现液压元件间无管化集成连接，使液压系统连接方式大为简化，系统紧凑，功耗减小，设计安装周期缩短。

目前，叠加阀的生产已系列化。每一种通径系列的叠加阀的主油路通道的位置、直径，安装螺钉的大小、位置、数量都与相应通径的主换向阀相同。因此，每一种通径系列的叠加阀都可叠加起来组成相应的液压系统。

在叠加式液压系统中，一个主换向阀及相关的其他控制阀所组成的子系统可以叠加成一个阀组，阀组与阀组之间可以用底板或油管连接，形成总液压回路。因此，在进行液压系统设计时，完成了系统原理图的设计后，还要绘制叠加阀式液压系统图。为了便于设计和选用，目前所生产的叠加阀都给出其型谱符号。有关部门已颁布了国产普通叠加阀的典型系列型谱。

叠加阀根据工作性能，可分为单功能叠加阀和复合功能叠加阀两类。

1. 单功能叠加阀

单功能叠加阀与普通液压阀一样，也具有压力控制阀（如溢流阀、减压阀、顺序阀等）、流量阀（如节流阀、单向节流阀、调速阀等）和方向阀（如换向阀、单向阀、液控单向阀等）。为了便于连接成系统，每个阀体上都具备 P、T、A、B 四条及以上的贯通通道，阀内油口根据阀的功能分别与自身相应的通道相连接。为了便于叠加，在阀体的接合面上，上述各通道的位置相同。由于结构的限制，这些通道多数是精密铸造成型的异型孔。

单功能叠加阀的控制原理、内部结构均与普通同类板式液压阀的相似，为避免重复，在此仅以 Y1 型溢流阀为例，说明叠加阀的结构特点。

图 6-55 所示为叠加式溢流阀。图中先导阀为锥阀，主阀芯为前端为锥形面的圆柱形。压力油从阀口 P 进入主阀芯右端 e 腔，作用于主阀芯 6 右端，同时通过小孔 d 进入主阀芯左腔 b，再通过小孔 a 作用于锥阀芯 3 上。当进油口压力小于阀的调定压力时，锥阀芯关闭，主阀芯无溢流。当进油口压力升高，达到阀的调定压力后，锥阀芯打开，液流经小孔 d 和 a 到

达出油口 T_1，液流流经阻尼孔 d 时产生压降，使主阀芯两端产生压差。此压差克服弹簧力使主阀芯 6 向左移动，主阀芯开始溢流。调节推杆 1，可压缩弹簧 2，从而调节阀的调定压力。图 6-55(b)为叠加式溢流阀的型谱符号。

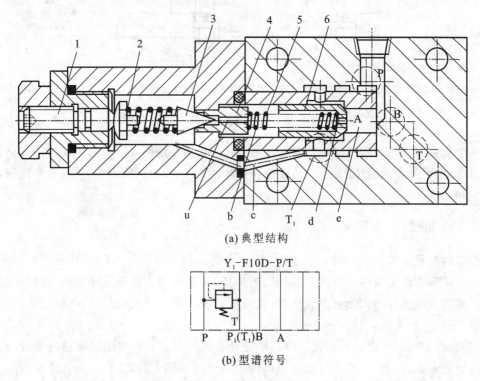

(a) 典型结构

Y_1-F10D-P/T

(b) 型谱符号

图 6-55　叠加式溢流阀

1—推杆；2，5—弹簧；3—锥阀芯；4—锥阀座；6—主阀芯

2. 复合功能叠加阀

复合功能叠加阀又称为多机能叠加阀。它是在一个控制阀芯单元中实现两种以上的控制机能的叠加阀。在此以顺序背压阀为例，介绍复合功能叠加阀的结构特点。

图 6-56 所示为顺序背压叠加阀，其作用是在差动系统中，当执行元件快速运动时，保证液压缸回油畅通；当执行元件进入工进过程后，顺序阀自动关闭，背压阀工作，在油缸回油腔

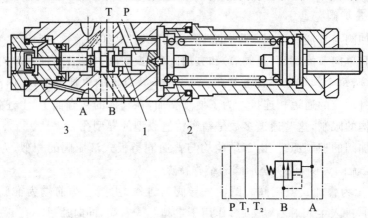

图 6-56　顺序背压叠加阀

1—主阀芯；2—调压弹簧；3—控制活塞

建立所需的背压。该阀的工作原理为：当执行元件快进时，A口的压力低于顺序阀的调定压力值，主阀芯1在调压弹簧2的作用下处于左端，油口B处的液流畅通，顺序阀处于常通状态；当执行元件进入工进过程后，由于流量阀的作用，系统的压力提高，当进油口A的压力超过顺序阀的调定压力值时，控制活塞3推动主阀芯右移，油路B被截断，顺序阀关闭，此时B腔的回油阻力升高，压力油作用在主阀芯上开有轴向三角槽的台阶左端面上，对阀芯产生向右的推力，主阀芯1在A、B两腔压力油的作用下继续向右移动，使节流阀口打开，B腔的油液经节流口回油，维持B腔回油，保持一定值的压力。

6.7 液压阀的使用与维护

6.7.1 液压阀的安装使用

1. 方向阀

1）单向阀

（1）在液压系统中使用液控单向阀时，应确保其反向开启流动时具有足够的控制压力。

（2）如果选用了外泄式液控单向阀，应注意将外泄口单独接至油箱。

（3）工作时的流量应与阀的额定流量相匹配。

（4）安装时不要搞混主油口、控制油口和泄油口，并认清主油口的正、反方向，以免影响液压系统的正常工作。

2）换向阀

（1）应根据所需控制的流量选择合适的换向阀通径。如果阀的通径大于10 mm，则应选用液动换向阀或电液动换向阀。使用时不能超过制造厂家样本中所规定的额定压力以及流量极限，以免造成动作不良。

（2）根据整个液压系统各种液压阀的连接安装方式协调一致的原则，选用合适的安装连接方式。

（3）根据自动化程度的要求和主机工作环境情况，选用适当的换向阀操纵控制方式。

（4）根据液压系统的工作要求，选用合适的滑阀机能与对中方式。

（5）对于电磁换向阀，要根据所用的电源、使用寿命、切换频率、安全特性等选用合适的电磁铁。

（6）回油口T的压力不能超过规定的允许值。

（7）液动换向阀和电液动换向阀应根据系统的需要，选择合适的先导控制供油和排油方式。

（8）电液动换向阀和液动换向阀在内部供油时，对于那些中间位置使主油路卸荷的三位四通电液动换向阀，如M、H、K等滑阀机能，应采取措施保证中位时的最低控制压力，如在回油口上加装背压阀等。

2. 压力阀

1）溢流阀

（1）应根据液压系统的工况特点和具体要求选择溢流阀的类型。通常直动式溢流阀响应较快，宜作安全保护阀使用；先导式溢流阀启闭特性好，宜作调压和定压阀使用。

（2）正确选用溢流阀的连接方式，并注意连接处密封。

（3）根据系统的工作压力和流量，合理选定溢流阀的额定压力和流量（通径）规格。对于作远程调压阀使用的溢流阀,其通过流量一般为遥控口所在的溢流阀通过流量的 0.5%~1%。

(4) 应根据溢流阀在系统中的用途和作用来确定和调节调定压力,特别是对于作安全阀使用的溢流阀,其起始调定压力不得超过液压系统的最高压力。

(5) 调压时应注意以正确旋转方向调节调压机构,调压结束时应将锁紧螺母固定。

(6) 如需改变溢流阀的调压范围,可以通过更换溢流阀的调压弹簧来实现。

(7) 如需通过先导式溢流阀的遥控口对系统进行远程调压、卸荷或多级压力控制,则应将遥控口的螺堵拧下,将遥控口接入控制油路,否则应将遥控口严密封堵。

2) 减压阀

(1) 应根据液压系统的工况特点和具体要求选择减压阀的类型,并注意减压阀的启闭特性的变化趋势与溢流阀的相反(即通过减压阀的流量增大时二次压力有所减小)。另外,应注意减压阀的泄漏量较其他控制阀的多,始终有油液从导阀流出(有时多达 1 L/min 以上),从而影响到液压泵容量的选择。

(2) 正确选用减压阀的连接方式,阀的各个油口应正确接入系统,外部卸油口必须直接接回油箱。

(3) 应根据减压阀在系统中的用途和作用来确定和调节二次压力,必须注意减压阀调定压力与执行器负载压力的关系。

3) 顺序阀

顺序阀的使用注意事项可参照溢流阀的相关内容,同时还应注意以下几点。

(1) 顺序阀通常为外泄式,所以必须将卸油口接至油箱,并注意泄油路背压不能过高,以免影响顺序阀的正常工作。

(2) 应根据液压系统的具体要求选用顺序阀的控制方式。对于外控式顺序阀,应提供适当的控制压力油,以使阀可靠启闭。

(3) 所选用的顺序阀的开启压力不能过低,否则会因泄漏而导致执行元件错误动作。

(4) 顺序阀的通过流量不宜过多小于额定流量,否则将产生振动或其他不稳定现象。

4) 压力继电器

(1) 根据具体用途和系统压力选用适当结构形式的压力继电器。为了保证压力继电器动作灵敏,低压系统应避免选用高压压力继电器。

(2) 应按照制造厂家的要求,以正确方位安装压力继电器。

(3) 按照所要求的电源形式和具体要求对压力继电器中的微动开关进行接线。

(4) 压力继电器调压完毕后,应锁定或固定其位置,以免受振动后变动。

3. 流量阀

1) 节流阀

(1) 普通节流阀的进、出口,有的可以任意对调,但有的不可以对调,具体使用时,应按照产品使用说明接入系统。

(2) 节流阀不宜在较小开度下工作,否则极易阻塞并导致执行元件爬行。

(3) 节流阀开度应根据执行元件的速度要求进行调节,调节好后应锁紧,以防松动而改变调好的节流口开度。

2) 调速阀

(1) 调速阀通常不能反向使用,否则定差减压阀将不起压力补偿作用。

(2) 为了保证调速阀正常工作,应注意调速阀的工作压差应大于阀的最小压差 Δp_{min}。高压调速阀的最小压差 Δp_{min} 一般为 1 MPa,而中、低压调速阀的最小压差 Δp_{min} 一般为 0.5 MPa。

(3) 流量调节好后,应锁定位置,以免改变调好的流量。

（4）在接近最小稳定流量下工作时，建议在系统中调速阀的进口侧设置管路过滤器，以免阀阻塞而影响流量的稳定性。

6.7.2 液压阀的故障原因及排除方法

液压阀常见故障及诊断排除方法如表6-4至表6-11所示。

表6-4　单向阀的常见故障及诊断排除方法

故 障 现 象	故 障 原 因	排 除 方 法
液控单向阀反向截止时，阀芯不能将液流严格封闭而产生泄漏	阀芯与阀座接触不紧密、阀体孔与阀芯的不同轴度过大、阀座压入芯体孔有歪斜等	重新研配阀芯与阀座或拆下阀座重新压装，直至与阀芯严密接触为止
液控单向阀不能反向卸载	阀芯孔与控制活塞孔的同轴度超标，控制活塞端部弯曲，导致控制活塞杆顶不到卸载阀芯，使卸载阀芯不能开启	修整或更换
液控单向阀关闭时不能回到初始封油位置	阀体孔与阀芯的加工几何精度低，二者的配合间隙不当，弹簧断裂或过分弯曲而使阀芯卡阻	修整或更换

表6-5　滑阀式换向阀的常见故障及诊断排除方法

故障现象	故 障 原 因	排 除 方 法
阀芯不能移动	换向阀阀芯表面划伤、阀体内孔划伤、油液污染而使阀芯卡阻、阀芯弯曲	拆卸换向阀，仔细清洗，研磨修复阀体，校直或更换阀芯
	阀芯与阀体内孔配合间隙不当，间隙过大，阀芯在阀体内歪斜，使阀芯卡住；间隙过小，摩擦阻力增大，阀芯移不动	检查配合间隙，间隙太小，研磨阀芯；间隙太大，重配阀芯，也可以采用电镀工艺，增大阀芯直径
	弹簧太软，阀芯不能自动复位；弹簧太硬，阀芯推不到位	更换弹簧
	手动换向阀的连杆磨损或失灵	更换或修复连杆
	电磁换向阀的电磁铁损坏	更换或修复电磁铁
	液动换向阀或电液动换向阀的单向节流器失灵	仔细检查节流器是否堵塞、单向阀是否泄漏，并进行修复
	液动换向阀或电液动换向阀的控制压力油的压力过低	检查压力低的原因，对症解决
	油液黏度太大	更换黏度合适的油液
	油温太高，阀芯热变形而卡住	查找油温高的原因并降低油温
	连接螺钉有的过松，有的过紧，致使阀体变形，阀芯移不动；另外，安装基面平面度超差，坚固后面体也会变形	松开全部螺钉，重新均匀拧紧。如果因安装基面平面度超差而使阀芯移不动，则重磨安装基面，使安装基面平面度达到规定要求

故障现象	故 障 原 因	排 除 方 法
外泄漏	泄油腔压力过高或O形密封圈失效,造成电磁换向阀推杆处外泄漏	检查泄油腔压力,如对于多个换向阀的泄油腔串接在一起,则将它们分别接回油箱;更换密封圈
	安装面粗糙、安装螺钉松动、漏装O形密封圈或密封圈失效	磨削安装面,使其粗糙度符合产品要求;拧紧螺钉;补装或更换O形密封圈
外泄漏	电磁铁推杆过长或过短	修整或更换推杆
	电磁铁铁心的吸合面不平或接触不良	拆开电磁铁,修整吸合面,清除污物

表 6-6　溢流阀的常见故障及诊断排除方法

故 障 现 象	故 障 原 因	排 除 方 法
调紧调压机构,不能建立压力或压力不能达到额定值	进、出口装反;先导式溢流阀的先导阀芯与阀座处密封不严,可能有异物存在于先导阀芯与阀座间;阻尼孔被堵塞;调压弹簧变形或折断;先导阀芯过度磨损,内泄漏过大;遥控口未封闭;三节同心式溢流阀的主阀芯三部分面柱不同心	检查进、出口方向并更正;拆检并清洗先导阀,同时检查油液污染情况,如污染严重,则应换油;如弹簧变形或折断,则换新;如阀芯磨损严重,则研修或更换阀芯;封堵遥控口;重新组装三节同心式溢流阀的主阀芯
调压过程中压力非连续上升,而是不均匀上升	调压弹簧弯曲或折断	拆检换新
调松调压机构,压力不下降,甚至不断上升	先导阀阀孔堵塞或主阀芯卡阻	检查先导阀阀孔是否堵塞,如正常,再检查主阀芯卡阻情况;如卡阻,拆检后若发现阀孔与主阀芯有划伤,则用油石和全粗砂纸先磨后抛,如检查正常,则应检查主阀芯的同心度,如同心度差,则应拆下后重新安装,并在试验台上调试正常后再装入系统
噪声和振动	先导阀弹簧自振频率与调压过程中产生的压力-流量脉动合拍,产生共振	迅速调节螺杆,使之超过共振区,如无效或实际上不允许这样做(如压力值正在工作区,无法超过),则在先导阀高压油进口处增加阻尼,如在空腔内加一个松动的堵头,缓冲先导阀的先导压力-流量脉动

表 6-7　减压阀的常见故障及诊断排除方法

故障现象	故障原因	排除方法
不能减压或无二次压力	泄油口不通或泄油通道堵塞,使主阀芯卡阻在原始位置而不能关闭;先导阀堵塞	检查泄油管路、泄油口、先导阀、主阀芯、单向阀等并修理,检查、排除执行元件的机械干扰
二次压力不能继续升高或压力不稳定	先导阀密封不严,主阀芯卡阻在某一位置,负载有机械干扰;单向减压阀中的单向阀泄漏过大	
调压过程中压力非连续升降,而是不均匀下降	调压弹簧弯曲或折断	拆检换新
噪声和振动	同溢流阀	同溢流阀

表 6-8　顺序阀的常见故障及诊断排除方法

故障现象	故障原因	排除方法
不能起顺序控制作用	先导阀泄漏严重或主阀芯卡阻在开启状态而不能关闭	拆检、清洗与修理
执行元件不动作	先导阀不能打开、主阀芯卡阻在关闭状态而不能开启、复位弹簧卡死、先导管路堵塞	

表 6-9　压力继电器的常见故障及诊断排除方法

故障现象	故障原因	排除方法
压力继电器失灵	微动开关损坏而发不出信号	修复或更换
	微动开关可发出信号,但调节弹簧永久变形,压力-位移机构卡阻,感压元件失效	更换弹簧,拆洗压力-位移机构,拆检和更换失效的感压元件
压力继电器灵敏度降低	压力-位移机构卡阻,微动开关支架变形或零位可调部分松动而导致微动开关行程过大,泄油背压过高	拆洗压力-位移机构,拆检或更换微动开关支架,检查泄油路是否接至油箱或是否堵塞

表 6-10　节流阀的常见故障及诊断排除方法

故障现象	故障原因	排除方法
流量调节失灵	密封失效;弹簧失效;油液污染,致使阀芯卡阻	拆检或更换密封装置,拆检或更换弹簧,拆卸并清洗阀或换油
流量不稳定	锁紧装置松动,节流口堵塞,内泄漏量过大,油温过高,负载压力变化过大	锁紧调节螺钉,拆洗节流阀,拆检或更换阀芯与密封,降低油温,尽可能使负载不变化或少变化

表 6-11　调速阀的常见故障及诊断排除方法

故障现象	故障原因	排除方法
流量调节失灵	密封失效;弹簧失效;油液污染,致使阀芯卡阻	拆检或更换密封装置,拆检或更换弹簧,拆卸并清洗减压阀阀芯和节流阀阀芯或换油
流量不稳定	调速阀进、出口接反,压力补偿器不起作用;锁紧装置松动;节流口堵塞;内泄漏量过大;油温过高;负载压力变化过大	检查并正确连接进、出口,锁紧调节螺钉,拆洗节流阀,拆检或更换阀芯与密封,降低油温,尽可能使负载不变化或少变化

习　题

6-1　在图 6-57 所示的液压缸中，$A_1 = 30 \times 10^{-4}$ m²，$A_2 = 12 \times 10^{-4}$ m²，$F = 30 \times 10^3$ N，液控单向阀用作闭锁，以防止液压缸下滑，阀内控制活塞面积 A_k 是阀芯承压面积 A 的三倍。若摩擦力、弹簧力均忽略不计，试计算需要多大的控制压力才能开启液控单向阀？开启前液压缸中最高压力为多少？

6-2　弹簧对中型三位四通电液动换向阀的先导阀的中位机能及主阀的中位机能能否任意选定？

6-3　先导式溢流阀主阀芯上的阻尼孔直径 $d_0 = 1.2$ mm，长度 $l = 12$ mm，通过小孔的流量 $q = 0.5$ L/min，油液的运动黏度 $\nu = 20 \times 10^{-6}$ m²/s，试求小孔两端的压差（油液的密度 $\rho = 900$ kg/m³）。

6-4　在图 6-58 所示的回路中，溢流阀的调定压力为 5.0 MPa，减压阀的调定压力为 2.5 MPa，试分析下列各种情况，并说明减压阀阀口处于什么状态：

(1) 当泵的压力等于溢流阀的调定压力时，夹紧缸使工件夹紧后，A、C 点的压力各为多少？

(2) 当泵的压力由于工作缸快进而降到 1.5 MPa 时（工件原先处于夹紧状态），A、C 点的压力为多少？

(3) 夹紧缸在夹紧工件前作空载运动时，A、B、C 三点的压力各为多少？

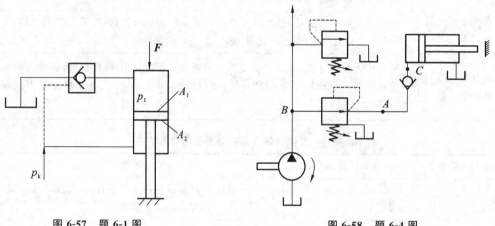

图 6-57　题 6-1 图　　　　　　　　图 6-58　题 6-4 图

6-5　在图 6-59 所示的液压系统中，两液压缸的有效工作面积为 $A_1 = A_2 = 100 \times 10^{-4}$ m²，液压缸 I 的负载 $F = 3.5 \times 10^4$ N，液压缸 II 运动时的负载为零，不计摩擦阻力、惯性力和管路损失，溢流阀、顺序阀和减压阀的调定压力分别为 4.0 MPa、3.0 MPa 和 2.0 MPa，求下列三种情况下，A、B 和 C 点的压力：

(1) 液压泵启动后，两换向阀处于中位；

(2) 1YA 通电，液压缸 I 活塞移动时及活塞运动到终点时；

(3) 1YA 断电，2YA 通电，液压缸 II 活塞运动时及活塞碰到固定挡铁时。

6-6　根据结构原理和图形符号，说明溢流阀、顺序阀和减压阀的异同点和各自的特点。

6-7　节流阀前后压差 $\Delta p = 0.3$ MPa，通过阀的流量 $q = 25$ L/min。假设节流孔为薄壁孔，油液密度 $\rho = 900$ kg/m³，试求通流截面面积 A。

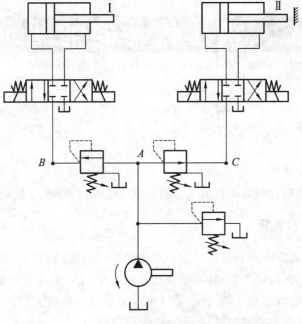

图 6-59　题 6-5 图

6-8　液压缸活塞的面积 $A=100\times10^{-4}$ m²,负载在 500~40 000 N 的范围内变化,为使负载变化时活塞运动速度稳定,在液压缸进口处安装一个调速阀。若将泵的工作压力调到泵的额定压力 6.3 MPa,试问是否适宜?为什么?

6-9　图 6-60 所示为二通式插装阀组成方向阀的两个例子,如果阀关闭时 A、B 口有压差,试判断电磁铁通电和断电时,图 6-60(a)和图 6-60(b)中压力油能否开启锥阀而流动,并分析各自是作为何种换向阀而使用的。

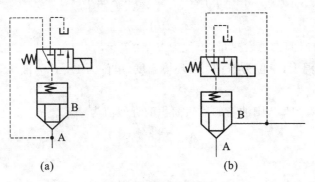

图 6-60　题 6-9 图

6-10　试用二通式插装阀组成图 6-61 所示的两种形式的三位换向阀。

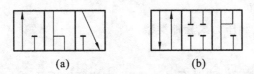

图 6-61　题 6-10 图

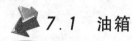

第7章 液压传动的辅助元件

7.1 油箱

油箱的功用是储存油液、散发热量、沉淀杂质、分离油液中的气泡及为系统中元件的安装提供位置等。油箱的容积需要根据压力和散热等情况确定,因此需要进行设计。

7.1.1 油箱容积的确定

从油箱的散热、沉淀杂质和分离气泡等职能来看,油箱容积越大越好。但若容积太大,会导致体积大、重量大、操作不便,特别是在行走机械中这一矛盾更为突出。对于固定设备的油箱,一般建议其有效容积 V 为液压泵每分钟流量的 3 倍以上(行走机械一般取 2 倍)。通常根据系统的工作压力来概略地确定油箱的有效容积 V。

(1) 低压系统:$V=(2\sim4)\times60Q(\mathrm{m}^3)$,$Q$ 为液压泵的流量(m^3/s)。

(2) 中压系统:$V=(5\sim7)\times60Q(\mathrm{m}^3)$。

(3) 压力超过中压,连续工作时,油箱的有效容积 V 应按发热量来计算确定。在自然冷却(没有冷却装置)情况下,对于长、宽、高之比为 $1:(1\sim2):(1\sim3)$ 的油箱,油面高度为油箱高度的 80% 时,其最小有效容积 $V_{\min}$ 可近似按下式确定

$$V_{\min}=\sqrt{\left(\frac{\varphi}{\Delta T}\right)^3}\times10^{-3}=\sqrt{\left(\frac{\varphi}{T_y-T_0}\right)^3}\times10^{-3} \tag{7-1}$$

$$\varphi=P(1-\eta) \tag{7-2}$$

式中,φ 为系统单位时间的总发热量,单位为 W;$\Delta T=T_y-T_0$ 为油液温升值,单位为 K;T_y 为系统允许的最高温度,单位为 K;T_0 为环境温度,单位为 K;P 为液压泵的输入功率,单位为 W;η 为系统的效率。

设计时,应使 $V\geqslant V_{\min}$,则油箱的散热面积的近似值为

$$A=6.66\sqrt[3]{V^2} \tag{7-3}$$

则油箱的总容积 V_a 为

$$V_a=\frac{V}{0.8}=1.25V \tag{7-4}$$

7.1.2 油箱的结构

油箱有开式、隔离式和压力式三种类型。

1. 开式油箱

开式油箱如图 7-1 所示。设计开式油箱时,应注意以下几点。

(1) 油箱内设隔板,将吸油区和回油区隔开,以利于散热、沉淀污物和分离气泡。隔板高度一般为液面高度的 $2/3\sim3/4$。

(2) 油箱底面应略带斜度,并在最低处设放油螺塞。

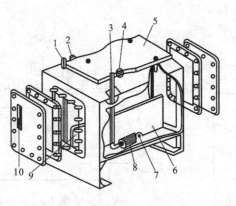

图 7-1 开式油箱

1—回油管；2—泄油管；3—吸油管；4—空气过滤器；5—安装板；
6—隔板；7—放油螺塞；8—过滤器；9—清洗用侧板；10—油位计

（3）油箱上部设置带滤网的加油口，平时用盖子封闭；油箱上部还设有带空气过滤器的通气孔。目前生产的空气过滤器兼有加油和通气的作用，其规格可按泵的流量选用。

（4）油箱侧面装设油位计及温度计。

（5）吸油管和回油管尽量远离。回油管口与箱底之距不小于管径的 3 倍，管端切成 45°斜口，斜口面向与回油管最近的箱壁，这样既有利于散热，又有利于沉淀杂质；吸油管口要装有具有泵吸入量 2 倍以上的过滤能力的过滤器或滤网（其精度为 100～200 目），它们距箱底和侧壁应有一定的距离，以保证泵的吸入性能。

（6）系统中的泄油管应尽量单独接入油箱。其中，各类控制阀的泄油管端部应在油面之上，以免产生背压。

（7）一般油箱可通过拆卸上盖来进行清洗、维护。对于大容量的油箱，多在油箱侧面设清洗用的窗口，平时用侧板密封。

（8）油箱容量较小时，可用钢板直接焊接而成；对于大容量的油箱，特别是在油箱盖板上安装电动机、泵和其他液压元件时，不仅应使盖板加厚、局部加强，而且还应在油箱各面加焊角板、加强肋，以增加刚度和强度。

（9）油箱内壁要做专门处理。为了防止内壁涂层脱落，新油箱内壁要经喷丸、酸洗和表面清洗，然后再涂一层与工作介质相容的塑料薄膜或耐油清漆。

2. 隔离式油箱

在周围环境恶劣、灰尘特别多的场合，可采用隔离式油箱，如图 7-2 所示。当泵吸油时，挠性隔离器 1 的孔 2 进气；当泵停止工作，油液排回油箱时，挠性隔离器 1 被压瘪，孔 2 排气。所以油液在不与外界空气接触的条件下，液面压力仍能保持为大气压力。挠性隔离器的容积应比泵的每分钟流量大 25% 以上。

3. 压力式油箱

当泵吸油能力差，安装补油泵不经济时，可采用压力式油箱，如图 7-3 所示。将油箱封闭，来自压缩空气站气罐的压缩空气经减压阀将压力降到 0.05～0.07 MPa。为了防止压力过高，设有安全阀 5；为了避免压力不足，还设有电接点压力表 4 和报警器。

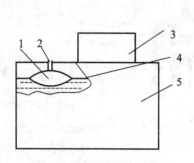

图 7-2　隔离式油箱

1—挠性隔离器；2—孔；3—液压装置；
4—液面；5—油箱

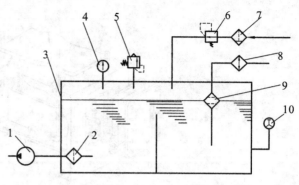

图 7-3　压力式油箱

1—泵；2—粗过滤器；3—压力油箱；4—电接点压力表；
5—安全阀；6—减压阀；7—分水过滤器；8—冷却器；
9—精过滤器；10—电接点温度表

7.2　管件和密封件

7.2.1　液压管件

液压管件包括油管和管接头，它的主要功用是连接液压元件和输送液压油。它要求有足够的强度、密封性好、压力损失小和装拆方便。

1. 油管

液压系统中使用的油管有钢管、紫铜管、尼龙管、塑料管和橡胶管等，必须依其安装位置、工作条件和工作压力来正确选用。各种油管的特点及适用场合如表 7-1 所示。

表 7-1　各种油管的特点及适用场合

种　　类		特点及适用场合
硬管	钢管	耐高压，耐油，强度高，刚性好，但装配时不便弯曲，常在装拆方便处用作压力管道。中压以上用无缝管，低压用焊接钢管
	紫铜管	承压能力低（6.5～10 MPa），价格高，抗冲击和振动能力差，易使油液氧化，但易弯曲成各种形状，常用在液压系统装配不便处
软管	尼龙管	承压能力因材料而异（2.5～8 MPa），加热后可随意弯曲成形或扩口，冷却后能定形，安装方便
	塑料管	承压能力低，价格低，耐油，装配方便，长期使用易老化，只适用于压力低于 0.5 MPa 的回油管或泄油管
	橡胶管	高压橡胶管由耐油橡胶夹有几层钢丝编织网制成，层数越多，耐压越高，价格越高，用于压力管路；低压橡胶管由耐油橡胶夹有帆布制成，用于回油管路

油管的通径即为油管的名义尺寸，单位为 mm。油管的规格尺寸指的是它的内径和壁厚，可根据下式算出后，查阅有关的标准选定。

$$d = 2\sqrt{\frac{q}{\pi v}} \tag{7-5}$$

$$\delta = \frac{pdn}{2\sigma} \tag{7-6}$$

式(7-5)和式(7-6)中,d 为内径,单位为 mm;q 为管内流量,单位为 m^3/s;v 为管中油液的流速,单位为 m/s,吸油管取 $0.5\sim1.5$ m/s,高压管取 $2.5\sim5$ m/s(压力高的取大值,压力低的取小值,如压力在 6 MPa 以上的取 5 m/s,在 $3\sim6$ MPa 之间的取 4 m/s,在 3 MPa 以下的取 $2.5\sim3$ m/s;管道短时取大值;油液黏度大时取小值),回油管取 $1.5\sim2.5$ m/s,短管及局部收缩处取 $5\sim7$ m/s;δ 为油管壁厚,单位为 mm;p 为管内工作压力,单位为 Pa;n 为安全系数,对于钢管来说,$p<7$ MPa 时取 $n=8$,7 MPa $\leqslant p \leqslant 17.5$ MPa 时取 $n=6$,$p>17.5$ MPa 时取 $n=4$;σ 为管道材料的抗拉强度,单位为 Pa。

选择油管时的注意事项:

选择油管时,内径不宜过大,以免使液压装置不紧凑;但也不能过小,以免使管内液体流速过大,压力损失增大及产生振动和噪声。在保证强度的情况下,尽量选用薄壁管。薄壁管易于弯曲,规格较多,连接容易。

例 7-1 油管的设计计算。

有一个轴向柱塞泵,其额定流量 $q_n=100$ L/min,额定压力为 32 MPa,试确定泵的吸油管与压油管的内径和壁厚。

解 因轴向柱塞泵的额定压力为 32 MPa,故选用钢管。由液压设计手册查得钢管公称通径、外径、壁厚及推荐流量如表 7-2 所示。

表 7-2 钢管公称通径、外径、壁厚及推荐流量

公称通径 /mm	外径 /mm	额定压力/MPa					推荐管路通过流量 /(L/min)
		≤2.5	≤8	≤16	≤25	≤32	
		壁厚/mm					
3	6	1	1	1	1	1.4	0.63
4	8	1	1	1	1.4	1.4	2.5
5、6	10	1	1	1	1.6	1.6	6.3
8	14	1	1	1.6	2	2	25
10、12	18	1	1.6	1.6	2	2.5	40
15	22	1.6	1.6	2	2.5	3	63
20	28	1.6	2	2.5	3.5	4	100
25	34	2	2	3	4.5	4.5	160
32	42	2	2.5	4	5	6	250
40	50	2.5	3	4.5	5.5	7	400
50	63	3	3.5	5	6.5	8.5	630
65	75	3.5	4	6	8	10	1000
80	90	4	5	7	10	12	1250
100	120	5	6	8.5	—	—	2500

由表 7-2 可知,该泵压油管的公称通径为 20 mm,外径为 28 mm,壁厚为 4 mm,内径为 20 mm。为了避免在泵的吸油口产生气穴现象,吸油管内流速一般限制在 $1\sim1.5$ m/s 范围

内,由此可求得

$$d=2\sqrt{\frac{q}{\pi v}}=2\times\sqrt{\frac{100\times10^{-3}}{3.14\times(1\sim1.5)\times60}}\ \mathrm{m}=0.038\sim0.046\ \mathrm{m}=38\sim46\ \mathrm{mm}$$

查表 7-2 可选泵的吸油管通径为 40 mm。选取外径为 50 mm,壁厚为 2.5 mm,内径为 45 mm 的钢管。

2. 管接头

管接头是油管之间、油管与液压元件之间的可拆式连接件。管接头在满足强度要求的前提下,应当装拆方便、连接牢固、密封性好、外形尺寸小、压力损失小及工艺性好。

管接头的种类很多,其规格品种可查阅有关手册。液压系统中常用的管接头形式有扩口式、焊接式、卡套式、可拆式、扣压式、快速管接头等。管接头的连接螺纹采用国家标准米制锥螺纹(ZM)和普通细牙螺纹(M)。锥螺纹可依靠自身的锥体旋紧和采用聚四氟乙烯生料带进行密封,广泛用于中、低压液压系统;细牙螺纹常采用组合垫圈或 O 形密封圈,有时也采用紫铜垫圈进行端面密封后用于高压系统。

1)扩口式管接头

图 7-4 所示是扩口式管接头。先将接管 2 的端部用扩口工具扩成一定角度的喇叭口,拧紧螺母 3,通过导套 4 压紧接管 2 扩口,使其与接头体 1 相应锥面连接与密封。该管接头结构简单,重复使用性好,适用于薄壁管件连接一般不超过 8 MPa 的中、低压系统。

2)焊接式管接头

图 7-5 所示是焊接式管接头。将螺母 3 套在接管 2 上,把油管端部焊在接管 2 上,旋转螺母 3,将接管 2 与接头体 1 连接在一起。接管 2 与接头体 1 接合处可采用 O 形密封圈。接头体 1 和本体(指与之连接的阀、阀块、泵或马达)若用圆柱螺纹连接,为了提高密封性能,要加组合密封垫圈 5 进行密封;若采用锥螺纹连接,在螺纹表面包一层聚四氟乙烯,旋入后形成密封。焊接式管接头装拆方便,工作可靠,工作压力可达 32 MPa 或更高,但要求焊接质量高。

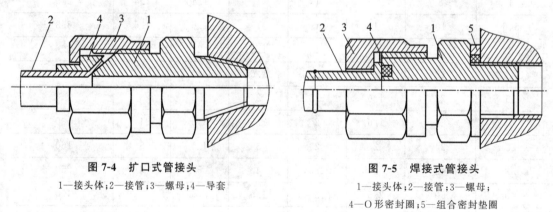

图 7-4 扩口式管接头
1—接头体;2—接管;3—螺母;4—导套

图 7-5 焊接式管接头
1—接头体;2—接管;3—螺母;
4—O 形密封圈;5—组合密封垫圈

3)卡套式管接头

图 7-6 所示是卡套式管接头,它由接头体 1、螺母 3 和卡套 4 组成,卡套 4 内表面与接头体 1 内锥面配合,形成球面接触密封。这种结构连接方便,密封性好,工作压力可达 32 MPa,但对钢管直径尺寸和卡套制造工艺要求高,必须按力进行预装配,一般适用于冷拔无缝钢管,而不适用于热轧管。

4)橡胶软管接头

橡胶软管接头有可拆式和扣压式两种,各有 A、B、C 三种形式,分别与焊接式、卡套式和

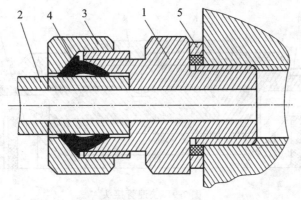

图 7-6 卡套式管接头

1—接头体；2—接管；3—螺母；4—卡套；5—组合密封垫圈

扩口式管接头连接使用。图 7-7 所示是可拆式橡胶软管接头。在胶管 4 上剥去一段外层胶,将六角形接头外套 3 套装在胶管 4 上,再将锥形接头体 2 拧入,由锥形接头体 2 和外套 3 上带锯齿的内锥面把胶管 4 夹紧。

图 7-8 所示是扣压式橡胶软管接头。扣压式橡胶软管接头的装配工序跟可拆式橡胶软管接头的相同,与可拆式橡胶软管接头的区别是外套 3 是圆柱形。另外,扣压式橡胶软管接头最后要用专门模具在压力机上将外套 3 进行挤压收缩,使外套变形后紧紧地与橡胶管和接头连成一体。随着管径的不同,扣压式橡胶软管接头可用于工作压力为 6~40 MPa 的系统中。一般橡胶软管与接头集成供应,橡胶管的选用根据使用压力和流量大小确定。

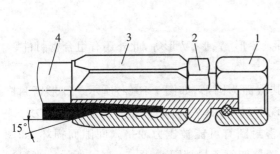

图 7-7 可拆式橡胶软管接头

1—接头螺母；2—接头体；3—外套；4—胶管

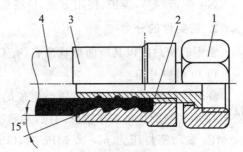

图 7-8 扣压式橡胶软管接头

1—接头螺母；2—接头体；3—外套；4—胶管

5）快速管接头

快速管接头是一种可快速装拆的接头,适用于需要经常接通和断开的管路系统。图 7-9 所示是一种快速管接头,它用橡胶软管连接。图示是油路接通的工作位置,当需要断开油路时,可用力将外套 6 向左移,钢球 8 从槽中滑出,拉出接头体 10,同时单向阀阀芯 4 和 11 分别在弹簧 3 和 12 的作用下封闭阀口,油路断开。此种管接头结构复杂,压力损失大。

液压系统的泄漏问题大部分出现在管路的接头处,因此,对接头形式(包括接头设计,垫圈、密封、箍套、防漏涂料的选用等)、管路的设计(包括弯管设计、管路支承点及支承形式的选取等)及管路的安装(包括正确地清洗、组装等)都要认真对待,以免影响整个液压系统的性能。

7.2.2 密封件

密封件用来防止液压系统油液的内、外泄漏及外界灰尘和异物的侵入,保证系统建立必

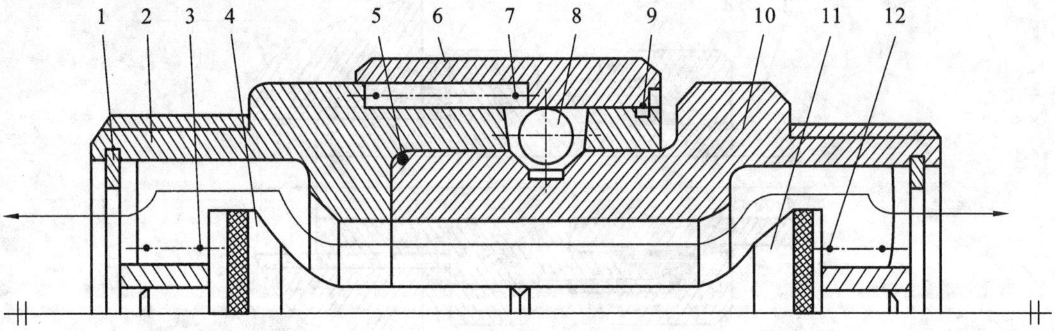

图 7-9　快速管接头

1—挡圈;2,10—接头体;3,7,12—弹簧;4,11—单向阀阀芯;

5—O形密封圈;6—外套;8—钢球;9—弹簧圈

要的压力。密封装置的性能直接影响液压系统的工作性能和效率,对保证液压系统的正常工作起着十分重要的作用。

1. 密封件的要求

(1) 在一定的工作压力和温度范围内具有良好的密封性能。

(2) 密封件与运动件之间的摩擦系数小,并且摩擦力稳定。

(3) 耐磨性好,寿命长,不易老化,抗腐蚀能力强,不损坏被密封零件表面,磨损后在一定程度上能自动补偿。

(4) 制造容易,维护、使用方便,价格低廉。

2. 密封件的分类

常用的密封件以其断面形状命名,有O形、Y形、Y_x形、V形等,此外还有组合密封件。

1) O形密封圈

O形密封圈是由耐油橡胶压制而成的,其截面为圆形,如图 7-10(a)所示。O形密封圈依靠O形密封圈预压缩来消除间隙,从而实现密封,如图 7-10(b)所示。当静密封压力 $p>$ 32 MPa 或动密封压力 $p>$10 MPa 时,O形密封圈有可能被压力油挤入间隙而损坏,如图 7-11(a)所示。为此,在O形密封圈低压侧设置聚四氟乙烯挡圈,如图 7-11(b)所示。当双向受压力油作用时,两侧都要加挡圈,如图 7-11(c)所示。

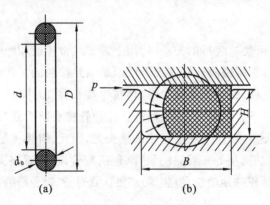

图 7-10　O形密封圈

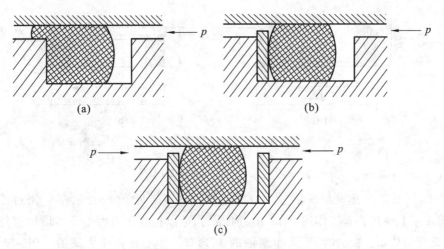

图 7-11 O 形密封圈的挡圈安装

2）Y 形密封圈和 Y_x 形密封圈

如图 7-12 所示，Y 形密封圈由耐油橡胶压制而成，一般用于往复运动密封，工作压力可达 14 MPa，具有摩擦系数小的优点。当工作压力大于 14 MPa 或压力波动较大，滑动速度较高时，为了防止 Y 形密封圈翻转，应加支承环来固定密封圈，支承环上有小孔，使压力油经小孔作用到密封圈唇边上，以保证密封良好，如图 7-13 所示。Y 形密封圈一般适用于工作压力不超过 20 MPa，工作温度为 $-30\sim+100$ ℃，滑动速度小于或等于 0.5 m/s 的场合。

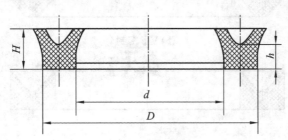

图 7-12 Y 形密封圈

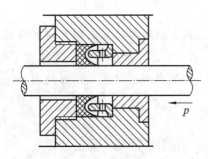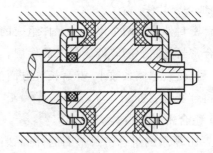

图 7-13 Y 形密封圈的安装及支承环结构

Y_x 形密封圈由 Y 形密封圈改进设计而成，通常是用聚氨酯材料压制而成的。如图7-14所示，其断面高度与宽度之比大于 2，因而不易翻转，稳定性好。Y_x 形密封圈分为轴用与孔用两种。Y_x 形密封圈的两个唇边高度不等，其短边为密封边，与密封面接触，滑动摩擦阻力小；长边与非滑动表面接触，增加了压缩量，使摩擦阻力增大，工作时不易窜动。Y_x 形密封圈一般用于工作压力不超过 32 MPa，使用温度为 $-30\sim+100$ ℃的场合。

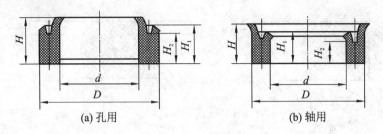

(a) 孔用　　　　　　　　　　　　　(b) 轴用

图 7-14　Yₓ形密封圈

3）V 形密封圈

图 7-15 所示是 V 形密封圈,它是由多层涂胶织物压制而成的,由支承环、密封环和压环三部分组成一套使用。当工作压力 $p > 10$ MPa 时,可以根据压力大小适当增加密封环的数量,以满足密封要求。安装时,V 形密封圈的 V 形口一定要面向压力高的一侧。V 形密封圈适宜在工作压力 $p \leqslant 50$ MPa,温度为 $-40 \sim +80$ ℃的条件下工作。

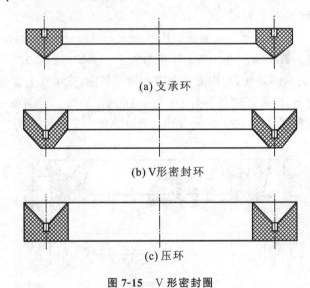

(a) 支承环

(b) V形密封环

(c) 压环

图 7-15　V 形密封圈

4）组合密封件

组合密封件是由两个以上的元件组成的密封装置。最简单的是由钢和耐油橡胶压制而成的组合密封垫圈。随着液压技术的发展,对往复运动零件之间的密封装置提出了耐高压、耐高温、耐高速、摩擦系数小、寿命长等方面的要求,于是出现了聚四氟乙烯与耐油橡胶组成的橡塑组合密封装置。

（1）组合密封垫圈。

图 7-16 所示的组合密封垫圈的外圈 2 由 Q235 钢制成,内圈 1 为耐油橡胶。该组合密封垫圈主要用于管接头或油塞的端面密封。安装时外圈紧贴两密封面,内圈厚度 h 与外圈厚度 s 之差为橡胶的压缩量。该组合密封垫圈安装方便,密封可靠,因此应用非常广泛。

（2）橡塑组合密封装置。

图 7-17 所示的橡塑组合密封装置由 O 形密封圈和聚四氟乙烯做成的格来圈或斯特圈组合而成。图 7-17(a)为方形断面格来圈和 O 形密封圈组合的装置,用于孔密封;图 7-17(b)为阶梯形断面斯特圈与 O 形密封圈组合的装置,用于轴密封。这种橡塑组合密封装置是利

用 O 形密封圈的良好弹性变形性能,通过预压缩所产生的预压力,使格来圈(或斯特圈)紧贴在密封面上而起到密封作用的。橡塑组合密封装置综合了橡胶与塑料各自的优点,不仅密封可靠,摩擦力小而稳定,而且使用寿命比普通橡胶密封装置的高百倍,因此在工程上应用日益广泛。

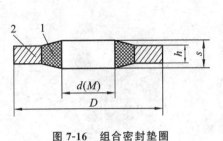

图 7-16　组合密封垫圈

1—耐油橡胶;2—Q235 钢圈

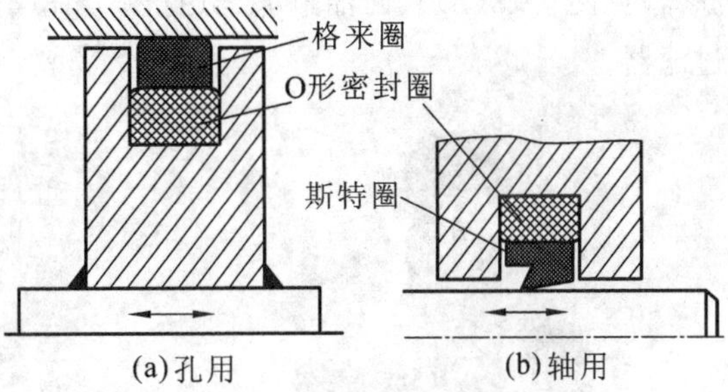

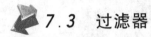

(a)孔用　　　　　　(b)轴用

图 7-17　橡塑组合密封装置

7.3 过滤器

液压油中往往含有颗粒状杂质,它会造成液压元件相对运动表面磨损、滑阀卡滞、节流孔口堵塞,使系统工作可靠性大为降低。在系统中安装一定精度的过滤器,是保证液压系统正常工作的必要手段。

7.3.1 油液的污染度和过滤器的过滤精度

1. 油液的污染度

油液的污染是液压系统发生故障的主要原因。控制污染的最主要措施是控制过滤精度,使用过滤器和过滤装置。

2. 过滤器的过滤精度

过滤器的过滤精度是指滤芯能够滤除的最小杂质颗粒的大小,以直径 d 作为公称尺寸来表示。过滤器按精度可分为粗过滤器($d<100\ \mu m$)、普通过滤器($d<10\ \mu m$)、精过滤器($d<5\ \mu m$)、特精过滤器($d<1\ \mu m$)。一般对过滤器的基本要求如下。

(1)能满足液压系统对过滤精度的要求,即能阻挡一定尺寸的杂质进入系统。

(2)滤芯应有足够强度,不会因压力而损坏。

(3)通流能力大,压力损失小。

(4)易于清洗或更换滤芯。

表 7-3 所示为各种液压系统的过滤精度要求。

表 7-3　各种液压系统的过滤精度要求

系统类别	润滑系统	传动系统			伺服系统
工作压力/MPa	0～2.5	<14	14～32	>32	≤21
过滤精度 $d/\mu m$	≤100	25～50	≤25	≤10	≤5

7.3.2 过滤器的种类和典型结构

按滤芯的材料和结构形式,过滤器可分为网式、线隙式、纸质滤芯式、烧结式过滤器及磁性过滤器等;按过滤器安放位置的不同,过滤器还可以分为吸油过滤器(见图 7-18(a))、压力过滤器(见图 7-18(b))、回油过滤器(见图 7-18(c))。考虑到泵的自吸性能,吸油过滤器多为粗过滤器。

(a) 吸油过滤器　　　　　　(b) 压力过滤器　　　　　　(c) 回油过滤器

图 7-18　各种过滤器外形

1) 网式过滤器

图 7-19 所示为网式过滤器,其滤芯以铜网为过滤材料,在周围开有很多孔的塑料或金属筒形骨架上包着一层或两层铜网,其过滤精度取决于铜网层数和网孔的大小。这种过滤器结构简单,通流能力大,清洗方便,但过滤精度低,一般用于液压泵的吸油口。

2) 线隙式过滤器

线隙式过滤器如图 7-20 所示。线隙式过滤器是用钢线或铝线密绕在筒形骨架的外部来组成滤芯,依靠铜丝间的微小间隙来滤除混入液体中的杂质的。其结构简单,通流能力大,过滤精度比网式过滤器的高,但不易清洗,多为回油过滤器。

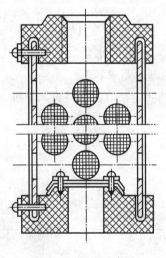 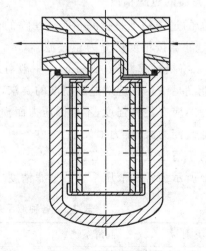

图 7-19　网式过滤器　　　　　　　　图 7-20　线隙式过滤器

3) 纸质滤芯式过滤器

纸质滤芯式过滤器如图 7-21 所示,其滤芯为平纹或波纹的酚醛树脂或木浆微孔滤纸制成的纸芯,将纸芯围绕在带孔的由镀锡铁做成的骨架上,以增大强度。为了增加过滤面积,纸芯一般做成折叠形。纸质滤芯式过滤器过滤精度较高,一般用于油液的精过滤,但堵塞后无法清洗,需经常更换滤芯。

4) 烧结式过滤器

烧结式过滤器如图 7-22 所示,其滤芯由金属粉末烧结而成,利用颗粒间的微孔来阻挡油液中的杂质通过。其滤芯能承受高压,抗腐蚀性好,过滤精度高,适用于要求精滤的高压、高温液压系统。

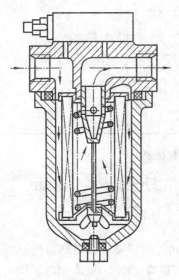

图 7-21　纸质滤芯式过滤器

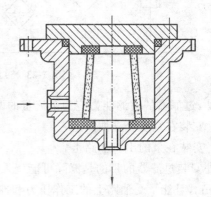

图 7-22　烧结式过滤器

7.3.3　过滤器的选用原则、安装位置及注意问题

1. 过滤器的选用原则

过滤器按其过滤精度(滤去杂质的颗粒大小)的不同,有粗过滤器、普通过滤器、精过滤器和特精过滤器四种,它们分别能滤去大于 $100~\mu m$,$10\sim100~\mu m$,$5\sim10~\mu m$ 和 $1\sim5~\mu m$ 大小的杂质。

选用过滤器时,要考虑下列几点。

(1) 过滤精度应满足预定要求。

(2) 能在较长时间内保持足够的通流能力。

(3) 滤芯具有足够的强度,不因液压作用而损坏。

(4) 滤芯抗腐蚀性能好,能在规定的温度下持久地工作。

(5) 滤芯清洗或更换简便。

因此,过滤器应根据液压系统的技术要求,按过滤精度、通流能力、工作压力、油液黏度、工作温度等条件选定其型号。

2. 安装位置及注意问题

过滤器在液压系统中的安装位置通常有以下几种(见图 7-23)。

(1) 安装在泵的吸油口处。

泵的吸油路上一般都安装有表面型过滤器,目的是滤去较大的杂质微粒,以保护液压

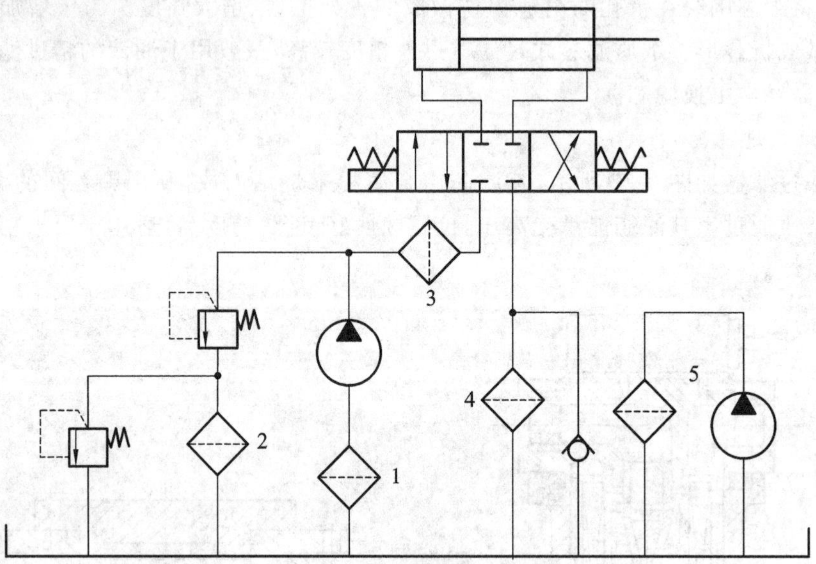

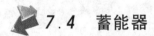

图 7-23　过滤器的安装位置

泵。此外,过滤器的过滤能力应为泵流量的两倍以上,压力损失小于 0.02 MPa。

(2) 安装在系统分支油路上。

(3) 安装在泵的出口油路上。

此处安装过滤器的目的是滤除可能侵入阀类等元件的污染物。过滤器的过滤精度应为 $10\sim15\ \mu m$,且能承受油路上的工作压力和冲击压力,压降应小于 0.35 MPa。同时应安装安全阀,以防过滤器堵塞。

(4) 安装在系统的回油路上

此时过滤器起间接过滤作用。一般与过滤器并联安装一背压阀,当过滤器堵塞而达到一定压力值时,背压阀打开。

(5) 独立过滤系统。

大型液压系统可专设一由液压泵和过滤器组成的独立过滤回路。

液压系统中除了整个系统所需的过滤器外,还常常在一些重要元件(如伺服阀、精密节流阀等)的前面单独安装一个专用的精过滤器,以确保它们正常工作。

7.4　蓄能器

7.4.1　工作原理

蓄能器有弹簧式、重锤式和充气式三类,常用的是充气式。在蓄能器中气体和油液被隔离。根据隔离方式的不同,常用的充气式蓄能器有活塞式(见图 7-24(a))和气囊式(见图 7-24(b))。

图 7-25 所示为蓄能器工作原理示意图。蓄能器基本上由四个部分组成:壳体 1、隔层 3、隔层上的可压缩气体 2(或重锤或弹簧),以及隔层下部与系统相连的工作液体 4。

蓄能器的工作过程可分为充液、排液两个阶段。

1. 充液阶段(贮能阶段)

图 7-25(a)所示为蓄能器排液后的状态,这时隔层上、下的工作液体和气体(重力或弹簧

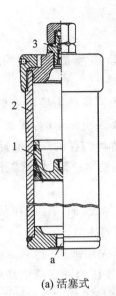
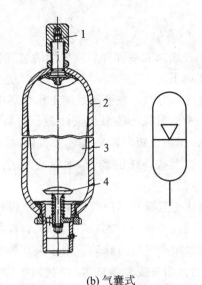

(a) 活塞式   (b) 气囊式

1—活塞;2—缸筒;3—充气阀   1—充气阀;2—壳体;3—气囊;4—限位阀

图 7-24　充气式蓄能器

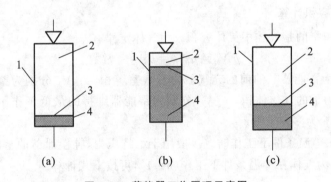

(a)   (b)   (c)

图 7-25　蓄能器工作原理示意图

1—壳体;2—可压缩气体(或重锤或弹簧);3—隔层;4—工作液体

力)处于平衡状态,此时工作液体体积为 V_1。

　　当系统压力增大时,工作液体的压力也随之增大,破坏了原来的平衡状态,在液压力的作用下,隔层向上移动,系统中的工作液体进入蓄能器(这时工作液体的体积增加至 V_2),直至达到平衡状态,如图 7-25(b)所示。这时系统中有体积为 $V_2 - V_1$ 的工作液体进入蓄能器贮存起来。此阶段称为充液阶段。在此阶段蓄能器贮存了一定的压力和体积为 $V_2 - V_1$ 的工作液体。

2. 排液阶段(释放阶段)

　　当系统压力小于蓄能器的工作液体压力时,在气体的压力(重力或弹簧力)的作用下,隔层下移,工作液体向系统排放,直至达到平衡状态,如图 7-25(c)所示。此阶段称为排液阶段。此阶段把在充液阶段贮存的工作液体部分或全部排到系统中。

　　由上述可知,只要系统压力有变化,蓄能器中的工作液体的压力就会随之变化,根据力平衡原理,隔层就会移动,工作液体体积就随之改变,如此反复充液、排液,便达到贮存和释放液压能的目的。

7.4.2 用途

蓄能器是一种用来贮存和释放液压能的装置。合理利用蓄能器是节约能源的手段。蓄能器的主要功用如下。

（1）作为辅助动力源。在液压系统工作循环中，当不同阶段需要的流量变化很大时，常采用蓄能器和一个流量较小的泵组成油源。当系统需要很小流量时，蓄能器将液压泵多余的流量贮存起来；当系统短时期需要较大流量时，蓄能器将贮存的压力油释放出来，与泵一起向系统供油。在某些特殊的场合，如驱动泵的原动机发生故障时，蓄能器可作为应急能源，以避免发生事故。

（2）保压和补充泄漏。有的液压系统需要较长时间保压，而液压泵卸荷，此时可利用蓄能器释放所贮存的压力油，补偿系统的泄漏，以保持系统的压力。

（3）吸收压力冲击与压力脉动。由于液压阀的突然关闭或换向，系统可能产生压力冲击，此时可在压力冲击处安装蓄能器，以起到吸收作用，使压力冲击峰值降低。如在泵的出口处安装蓄能器，可吸收泵的压力脉动，降低噪声，提高系统工作的平稳性。

7.4.3 参数计算

1. 蓄能器的容积计算

蓄能器的容积指的是气腔中气体容积。由气体定律有

$$p_0 V_0^n = p_1 V_1^n = p_2 V_2^n = 常数 \qquad (7-7)$$

式中，p_0、V_0 分别为蓄能器贮油前的充气压力和气室容积，p_1、V_1 分别为蓄能器最高工作压力和最高工作压力下的气体体积，p_2、V_2 分别为蓄能器维持的最低工作压力和最低工作压力下的气体体积，n 为多变指数。

（1）蓄能器在等温条件下工作时。一般用于维持压力，补偿泄漏的蓄能器，其释放能量的速度缓慢，可认为气体在等温条件下工作（$n=1$），可按下式计算

$$V_0 = \frac{\Delta V}{p_0 \left(\frac{1}{p_1} - \frac{1}{p_2} \right)} \qquad (7-8)$$

（2）蓄能器在绝热条件下工作时。当蓄能器用于大量供油时，其释放能量迅速，一般可认为气体在绝热条件下工作，可按下式计算

$$V_0 = \frac{\Delta V}{p_0^{\frac{1}{n}} \left[\left(\frac{1}{p_1} \right)^{\frac{1}{n}} - \left(\frac{1}{p_2} \right)^{\frac{1}{n}} \right]} \qquad (7-9)$$

对于干空气和氮气，取多变指数 $n=1.4$。

（3）蓄能器在多变过程时。实际上蓄能器工作过程大多属于多变过程，贮油时气体压缩为等温过程，放油时气体膨胀为绝热过程，所以应按下式计算

$$V_0 = \frac{\Delta V}{p_0^{\frac{1}{n}} \left[\left(\frac{1}{p_1} \right)^{\frac{1}{n}} - \left(\frac{1}{p_2} \right)^{\frac{1}{n}} \right]}$$

其中，多变指数一般推荐 $n=1.25$。

2. 蓄能器的压力确定

（1）蓄能器的最低工作压力 p_2 的确定。蓄能器的最低工作压力 p_2 应能满足执行机构最

大负载工作时所需的压力,可按下式计算

$$p_2 = p_{\text{imax}} - \sum \Delta p_{\text{max}} \tag{7-10}$$

式中,p_{imax} 为执行机构所需的最大工作压力,$\sum \Delta p_{\text{max}}$ 为蓄能器到最远执行机构的最大压力损失之和。

(2) 蓄能器的最高压力 p_1 的确定。蓄能器的最高压力 p_1 的确定,既要考虑到蓄能器的寿命,又要考虑到适当增加有效排油量,而系统压力又不至于过高,且要相对稳定。常用的经验公式为

$$p_1 = (1.18 \sim 1.25)p_2 \tag{7-11}$$

(3) 蓄能器的充气压力 p_0 的确定。对于气囊式蓄能器,一般取

$$p_0 = (0.8 \sim 0.85)p_1 \tag{7-12}$$

7.4.4　蓄能器应用举例

例 7-2　某液压机压制时的负载 $F=1$ MN,柱塞行程 $S=3.6$ m,运动速度 $v=0.6$ m/s,系统压力 $p=21$ MPa,每次循环时间为 80 s,设液压泵的总效率为 0.85,求分别不用蓄能器和使用蓄能器时:

(1) 所需的柱塞面积;

(2) 柱塞移动一次所需输入的液体体积;

(3) 所需的传动功率;

(4) 蓄能器的容量。(注:使用蓄能器时压力允许下降20%)

解　不用蓄能器时:

(1) 所需的柱塞面积为

$$A_1 = \frac{F}{p} = \frac{1 \times 10^6}{21 \times 10^6} \text{ m}^2 = 0.0476 \text{ m}^2$$

(2) 柱塞移动一次所需输入的液体体积为

$$V_1 = A_1 S = 0.0476 \times 3.6 \text{ m}^3 = 0.171 \text{ m}^3$$

因柱塞运动速度 $v=0.6$ m/s,故 1 s 内所需油量为

$$Q_1 = A_1 v = 0.0476 \times 0.6 \text{ m}^3/\text{s} = 0.0286 \text{ m}^3/\text{s}$$

(3) 所需的传动功率为

$$P_1 = \frac{p Q_1}{10^3 \eta} = \frac{21 \times 10^6 \times 0.0286}{10^3 \times 0.85} \text{ kW} = 706.6 \text{ kW}$$

使用蓄能器时:

压力允许下降20%,系统的最高工作压力 $p_2 = 21$ MPa,最低工作压力 $p_1 = 21 \times (1-20\%)$ MPa $= 16.8$ MPa。当压力为 p_1 时也应能保证 1 MN 的力。

(1) 所需的柱塞面积为

$$A_2 = \frac{F}{p_1} = \frac{1 \times 10^6}{16.8 \times 10^6} \text{ m}^2 = 0.0595 \text{ m}^2$$

(2) 柱塞移动一次所需输入的液体体积为

$$V_2 = A_2 S = 0.0595 \times 3.6 \text{ m}^3 = 0.214 \text{ m}^3$$

因柱塞运动速度 $v=0.6$ m/s,故移动 $S=3.6$ m 所需时间为

$$t = \frac{S}{v} = \frac{3.6}{0.6} \text{ s} = 6 \text{ s}$$

每次循环时间为 80 s，这 6 s 内蓄能器与液压泵同时向系统供油，而 74 s 内液压泵向蓄能器贮油。因此，液压泵 1 s 内所需油量为

$$Q_2 = \frac{0.214}{80} \text{ m}^3/\text{s} = 0.002\ 68 \text{ m}^3/\text{s}$$

（3）所需的传动功率为

$$P_2 = \frac{pQ_2}{10^3 \eta} = \frac{21 \times 10^6 \times 0.002\ 68}{10^3 \times 0.85} \text{ kW} = 66.21 \text{ kW}$$

可见，比不用蓄能器时节省了许多能量。

（4）蓄能器的容量。

因蓄能器在 6 s 内输出的油量为 $74 \times 0.002\ 68 \text{ m}^3 = 0.198 \text{ m}^3$，而压力从 21 MPa 降到 16.8 MPa，取充气压力为

$$p_p = 0.8p_1 = 0.8 \times 16.8 \text{ MPa} = 13.4 \text{ MPa}$$

绝热膨胀时，对于氮气，取 $k = 1.4$，故蓄能器的容量为

$$V_0 = \frac{(p_1 p_2)^{1/k} \Delta V}{p_0^{1/k}(p_2^{1/k} - p_1^{1/k})} = \frac{(16.8 \times 21)^{0.71} \times 0.198}{13.4^{0.71} \times (21^{0.71} - 16.8^{0.71})} \text{ m}^3 = 1.588 \text{ m}^3$$

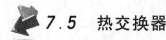

7.5　热交换器

液压系统的工作温度一般希望保持在 25～50 ℃ 的范围内，最高不超过 65 ℃，最低不低于 15 ℃。液压系统若依靠自然冷却仍不能使油温控制在上述范围内，则必须安装冷却器；反之，若环境温度太低而无法使液压泵启动或正常运转，则必须安装加热器。热交换器就是冷却器和加热器的总称。

7.5.1　冷却器

根据冷却介质的不同，冷却器有风冷式、水冷式和冷媒式三种。对冷却器的基本要求是在保证散热面积足够大，散热效率高和压力损失小的前提下，要求结构紧凑、坚固，体积小和重量轻，最好有自动装置，以保证油温控制的准确性。风冷式冷却器利用自然通风来冷却，常用在行走设备上；冷媒式冷却器的介媒质氟利昂在压缩机中进行绝热压缩，根据散热器放热、蒸发器吸热的原理，把热油的热量带走，使油冷却，此种冷却器的冷却效果最好，但价格昂贵，常用于精密机床等设备上；水冷式冷却器是一般液压系统常用的冷却器。

水冷式冷却器利用水进行冷却，它分为蛇形管式冷却器和多管式冷却器。图 7-26 所示是多管式冷却器。油从壳体左端进油口流入，由于挡板 2 的作用，热油循环路线加长，这样有利于和水管进行热量交换，最后油从右端出油口排出。水从右端盖的进水口流入，经上部水管流到左端后，再经下部水管从右端盖出水口流出，由水将油液中的热量带走。此种方法的冷却效果较好。冷却器一般安装在回油管路或低压管路上。

7.5.2　加热器

液压系统油液加热的方法有用热水或蒸汽加热和电加热两种方式。由于电加热器使用

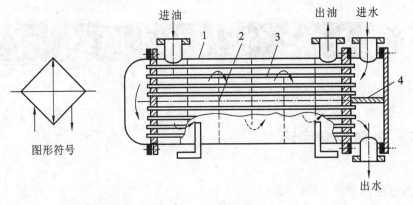

图 7-26　多管式冷却器
1—外壳；2—挡板；3—钢管；4—隔板

方便，易于自动控制温度，故应用较广泛。如图 7-27 所示，电加热器 2 用法兰固定在油箱 1 的侧壁上，发热部分全浸在油液的流动处，便于热量交换。电加热器表面功率密度不得超过 3 W/cm²，以免油液局部温度过高而变质。为此，应设置联锁保护装置，在没有足够的油液经过加热循环时，或者在加热元件没有被系统油液完全包围时，阻止加热器工作。

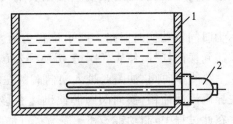

图 7-27　电加热器
1—油箱；2—电加热器

习　题

7-1　某液压系统使用 YB 型叶片泵，压力为 6.3 MPa，流量为 40 L/min，试选取油管的尺寸。

7-2　一单杆液压缸的活塞直径为 100 mm，活塞杆直径为 56 mm，行程为 500 mm，现有杆腔进油，无杆腔回油，问由于活塞的移动而使有效底面积为 200 cm² 的油箱内液面高度的变化是多少？

7-3　气囊式蓄能器的容量为 2.5 L，气体的充气压力为 2.5 MPa，当工作压力 p_1 从 7 MPa 变化到 4 MPa 时，蓄能器能输出的油液体积为多少？

第8章 液压基本回路

8.1 方向控制回路

8.1.1 换向回路

对换向回路的基本要求是:换向可靠、灵敏而又平稳,换向精度合适。换向过程一般可分为三个阶段:执行元件减速制动、短暂停留和反向启动。这一过程是通过换向阀的阀芯与阀体之间位置的变换来实现的,因此选用不同换向阀组成的换向回路,其换向性能也不同。根据换向过程的制动原理,可有两种换向回路。

1. 时间制动换向回路

所谓时间制动换向,就是从发出换向信号到实现减速制动(停止)这一过程的时间基本上是一定的。

图 8-1 所示为时间制动换向回路。图示位置为活塞带动工作台向左运动到行程终点,工作台上的挡铁碰到换向杠杆,使先导阀 A 切换到左位。此时,控制压力油经先导阀 A、油路 10、换向阀 B 左端的单向阀、油路 8 进入换向阀的左端,换向阀右端的控制压力油经快跳孔 7、油路 11、先导阀流回油箱,换向阀阀芯便迅速右移至中间位置,将快跳孔 7 盖住,实现换向前的快跳。在此过程中,制动锥 c 和 a 逐渐将进油路 2→3 和回油路 4→5 关小,实现工作台的缓冲制动。当换向阀阀芯到达中位时,由于采用中位 H 型过渡机能,液压缸左、右腔便同时与进、回油相通,工作台靠惯性浮动。当换向阀阀芯盖住快跳孔 7 后,阀芯右端回油只能经节流阀流回油箱,阀芯慢速向右移动,直到制动锥 c 和 a 将进油路 2→3 和回油路 4→5 都关闭时,工作台即停止运动。由上述减速制动过程可知,从工作台换向,挡铁碰到换向杠杆,使先导阀(行程阀)换向,到工作台减速制动停止,换向阀阀芯总是移动一定的距离(制动锥的长度)。当换向阀两端的节流阀调好之后,工作台每次换向制动所需的时间是一定的,所以将该回路称为时间制动换向回路。

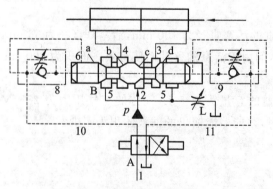

图 8-1 时间制动换向回路

A—先导阀;B—换向阀;L—节流阀;a,b,c,d—制动锥;
1,2,3,4,5,8,9,10,11—油路;6,7—快跳孔

在这段时间内,工作台速度大,换向冲出量就大,其异速换向定位精度低。当工作台停止运动后,换向阀阀芯仍继续慢速右移,制动锥 b 和 d 逐渐将进油路 2→4 和回油路 3→5 打开,工作台便开始反向(向右)运动。工作台的向左、向右运动速度均由节流阀 L 调节。

这种换向回路可以按具体情况调节制动时间。如工作台速度高、质量大时,可以把制动时间调得长一些,以利于消除换向冲击;反之,则可调得短一些,以使其换向平稳,提高生产效率。故这种回路宜用于换向精度要求不高,但换向频率高且要求换向平稳的场合,如平面磨床、牛头刨床、插床等的液压系统。

2. 行程制动换向回路

所谓行程制动换向,是指从发出换向信号到工作部件减速制动、停止的这一过程中,工作部件所走过的行程基本上是一定的。

图 8-2 所示为行程制动换向回路。在图示位置,液压缸带动工作台向左运动,当工作台到达左端预定位置时,挡铁碰到换向杠杆,带动先导阀 A 的阀芯右移,先导阀阀芯上的制动锥 e 便逐渐关闭缸的左腔,油路 a→节流阀 E 的回油路使工作台减速制动。在先导阀阀芯上的制动锥完全关闭缸的回油路之前,先导阀左边到换向阀 B 左端的控制油路和换向阀 B 右端到先导阀右边的控制回油路就已开始打开(一般为 0.1~0.45 mm),使换向阀以三种速度向右移动,以实现工作台的换向。因换向阀右端的回油可经快跳孔 b 和先导阀流回油箱,所以换向阀就向右快跳到中间位置;由于换向阀的中位过渡机能为 P 型,液压缸左、右两腔同时通压力油,与此同时,先导阀的制动锥 e 将缸的回油路关闭,因此液压缸便立即停止工作。当换向阀快跳到中位时,其阀芯将快跳孔 b 关闭,这时换向阀 B 右端的回油只能经单向节流阀 D、先导阀流回油箱,换向阀阀芯就慢速右移(此时液压缸两腔仍通压力油),实现液压缸换向前的暂停。当换向阀 B 慢速右移至阀芯上的凹槽与快跳孔 b 相通时,换向阀阀芯又实现第二次快跳至右端,这时工作台的进、回油路也迅速换向,工作台便快速反向运动(右行),实现一次换向。由上述换向过程可知,从工作台挡铁碰到换向杠杆,推动先导阀阀芯右移,到该阀芯上的制动锥 e 将缸的回油路完全关闭,工作台完全停止运动,先导阀阀芯移动的距离(等于制动锥 e 的长度)基本上是一定的,而先导阀阀芯的移动是由工作台通过换向杠杆带动的,所以工作台的运动行程也基本上是一定的,与工作台的运动速度无关。故这种控制方式称为行程制动换向。

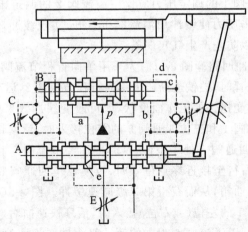

图 8-2 行程制动换向回路
A—先导阀;B—换向阀;C,D—单向节流阀;E—节流阀;
a,c,d—油路;b—快跳孔;e—制动锥这种换向回路具有高的换向定位精度和良好的换向平稳性,但工作台换向前的速度越高,制动时间就越短,换向平稳性就越差;此外,换向阀和先导阀的结构复杂,制造精度要求高。这种换向回路主要用在工作台速度较低的外圆磨床和内圆磨床等的液压系统中。

8.1.2 锁紧回路

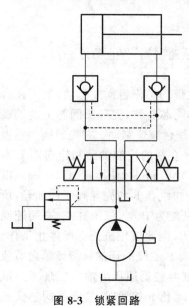

图 8-3 锁紧回路

锁紧回路的功用是使液压缸能在任意位置上停留,且停留后不会因外力作用而移动位置。图 8-3 所示为使用液控单向阀(又称双向液压锁)的锁紧回路。当换向阀左位接入时,压力油经左边液控单向阀进入液压缸左腔,同时通过控制口打开右边液控单向阀,使液压缸右腔的回油经右边液控单向阀及换向阀流回油箱,活塞向右运动;反之,活塞向左运动。到了需要停留的位置,只要使换向阀处于中位,因换向阀的中位为 H 型(Y 型也可)机能,所以两个液控单向阀均关闭,使活塞双向锁紧。回路中由于液控单向阀的密封性好,泄漏极少,因此锁紧精度主要取决于液压缸的泄漏。这种回路被广泛用于工程机械、起重运输机械等有锁紧要求的场合。

8.1.3 缓冲回路

当运动部件在快速运动中突然停止或换向时,就会引起液压冲击和振动,这不仅会影响其定位或换向精度,而且会妨碍机器的正常工作。例如,当机械手手臂的快速运动速度为 0.3~1 m/s 时,缓冲装置或缓冲回路的合理设计与否成为整个机械手液压系统的关键。

为了消除运动部件突然停止或换向时产生的液压冲击,除了在液压元件(液压缸)中设置缓冲装置外,还可在系统中设置缓冲回路,有时则需要综合采用几种制动缓冲措施。

图 8-4 所示为溢流缓冲回路。图 8-4(a)和图 8-4(b)分别为液压缸和液压马达的双向溢流缓冲回路。缓冲用溢流阀 1 的调定压力应比主溢流阀 2 的调定压力高 5%~10%。当出现液压冲击时,产生的冲击压力使缓冲用溢流阀 1 打开,实现缓冲,缸的另一腔(低压腔)则通过单向阀从油箱补油,以防止产生气穴现象。

图 8-5 所示为节流缓冲回路。图 8-5(a)为采用单向行程节流阀的双向缓冲回路。当活塞运动到终点前的预定位置时,挡铁逐渐压下单向行程节流阀 2,运动部件便逐渐减速缓冲,直到停止。只要适当地改变挡铁的工作面形状,就可改变缓冲效果。图 8-5(b)为二级节流缓冲回路。三位四通换向阀 1 和三位四通阀 5 的左位接入时,活塞快速右行,当活塞到达终点前的预定位置时,三位四通阀 5 处于中位,这时回油经节流阀 3 和 4 流回油箱,从而获得第一级减速缓冲;当活塞右行至接近终点位置时,再使三位四通阀 5 的右位接入,这时缸的回油只能经节流阀 3 流回油箱,从而获得第二级减速缓冲。图 8-5(c)为溢流节流联合缓冲回路。当三位四通换向阀 1 的左位(或右位)接入时,活塞快速向右(或向左)运动;当二位二通阀 7 的右位接入时,实现以溢流阀 6 为主的第一级缓冲。当回油压力降到溢流阀 6 的缓冲调定压力时,溢流阀 6 关闭,转为节流阀 8 的节流缓冲,活塞便以第二级缓冲减速到达终点。使三位四通阀处于中位,即可实现活塞的定位。本回路只要适当调整溢流阀 6 和节流阀 8,就能获得良好的缓冲效果。

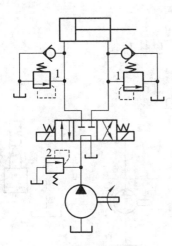
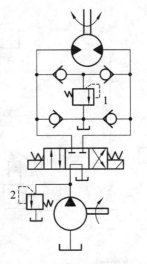

(a) 液压缸的双向溢流缓冲回路　　　　　(b) 液压马达的双向溢流缓冲回路

图 8-4　溢流缓冲回路

1—缓冲用溢流阀；2—主溢流阀

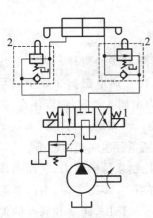
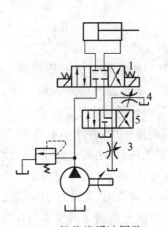
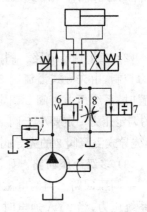

(a) 采用单向行程节流　　　　(b) 二级节流缓冲回路　　　　(c) 溢流节流联合缓冲回路
　　阀的双向缓冲回路

图 8-5　节流缓冲回路

1—三位四通换向阀；2—单向行程节流阀；3,4,8—节流阀；5—三位四通阀；6—溢流阀；7—二位二通阀

 ## 8.2　压力控制回路

　　压力控制回路是利用压力控制阀来控制系统整体或者某一部分的压力，以满足液压执行元件对力或转矩要求的回路。这类回路包括调压、减压、增压、卸荷、保压和平衡等多种回路。

1. 调压回路

　　调压回路的功用是使液压系统的整体或部分压力保持恒定或不超过某个数值。在定量泵系统中，液压泵的供油压力可以通过溢流阀来调节；在变量泵系统中，用安全阀来限定系统的最高压力，防止系统过载。若系统中需要两种以上的压力，则可采用多级调压回路。

　　(1) 单级调压回路。如图 8-6(a) 所示，在液压泵 1 出口处设置并联的溢流阀，即可组成单级调压回路，从而控制液压系统的最高压力。

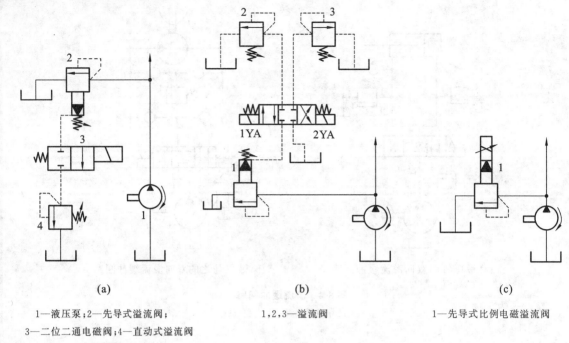

(a)　　　　　　　　　　　(b)　　　　　　　　　　　(c)

1—液压泵；2—先导式溢流阀；　　　　　1,2,3—溢流阀　　　　　1—先导式比例电磁溢流阀

3—二位二通电磁阀；4—直动式溢流阀

图 8-6　调压回路

（2）二级调压阀路。图 8-6(a)所示为二级调压回路,这种回路可实现两种不同的系统压力控制,由先导式溢流阀 2 和直动式溢流阀 4 各调一级。当二位二通电磁阀 3 处于图示位置时,系统压力由阀 2 调定;当阀 3 通电后处于右位时,系统压力由阀 4 调定,但要注意:阀 4 的调定压力一定要小于阀 2 的调定压力,否则不能实现二级调压。当系统压力由阀 4 调定时,先导式溢流阀 2 的先导阀阀口关闭,但主阀开启,液压泵的溢流流量经主阀流回油箱。

（3）多级调压回路。如图 8-6(b)所示,由溢流阀 1、2、3 分别控制系统的压力,从而组成了三级调压回路。当两电磁铁均不通电时,系统压力由阀 1 调定;当 1YA 通电时,由阀 2 调定系统压力;当 2YA 通电时,系统压力由阀 3 调定。但在这种调压回路中,阀 2 和阀 3 的调定压力要小于阀 1 的调定压力,而阀 2 和阀 3 的调定压力之间没有什么一定的关系。

（4）连续、按比例进行压力调节的回路。如图 8-6(c)所示,调节先导式比例电磁溢流阀 1 的输入电流,即可实现系统压力的无级调节,这样不但回路结构简单,压力切换平稳,而且更容易使系统实现远距离控制或程序控制。

2. 减压回路

减压回路的功用是使系统中的某一部分油路具有较低的稳定压力。最常见的减压回路是通过定值减压阀与主油路相连,如图 8-7(a)所示。回路中单向阀的作用是当主油路压力降低(低于减压阀的调定压力)时,防止油液倒流,起短时保压的作用。减压回路中也可以采用类似两级或多级调压的方法来获得两级或多级减压。图 8-7(b)所示为利用先导式减压阀 1 的远控接口远控溢流阀 2,则可由阀 1、阀 2 各调得一种低压,但要注意:阀 2 的调定压力值一定要低于阀 1 的调定压力值。

为了使减压回路工作可靠,减压阀的最低调定压力不应小于 0.5 MPa,最高调定压力至少应比系统压力小 0.5 MPa。当减压回路中的执行元件需要调速时,调速元件应放在减压阀的后面,以避免减压阀泄漏(指由减压阀泄油口流回油箱的油液)对执行元件的速度产生影响。

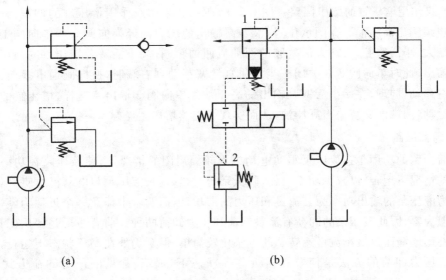

图 8-7　减压回路

1—先导式减压阀；2—溢流阀

3. 增压回路

当液压系统中的某一分支油路需要压力较高但流量又不大的压力油，而采用高压泵又不经济，或者根本就没有这样高压力的液压泵时，就要采用增压回路。采用了增压回路后，系统的工作压力仍然较低，因而不仅能节省能源，而且系统工作性能可靠、噪声小。

（1）单作用增压缸的增压回路。图 8-8（a）所示为采用单作用增压缸的增压回路。当系统在图示位置工作时，压力为 p_1 的油液进入增压缸的大活塞腔，此时小活塞腔即可得到所需的较高压力 p_2；当二位四通电磁换向阀的右位接入系统时，增压缸返回，辅助油箱中的油液经单向阀补入小活塞腔。因而该回路只能间歇增压，所以称之为单作用增压缸的增压回路。

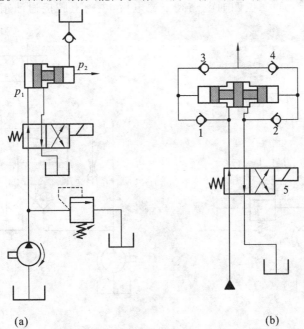

图 8-8　增压回路

1，2，3，4—单向阀；5—换向阀

（2）双作用增压缸的增压回路。图 8-8（b）所示为采用双作用增压缸的增压回路,这种回路能连续输出高压油。在图示位置,液压泵输出的压力油经换向阀 5 和单向阀 1 进入增压缸左端大、小活塞腔,右端大活塞腔的回油流回油箱,右端小活塞腔增压后的高压油经单向阀 4 输出,此时单向阀 2、3 关闭。当增压缸活塞移动到右端时,换向阀通电换向,增压缸活塞向左移动,同理,左端小活塞腔输出的高压油经单向阀 3 输出。这样,增压缸的活塞不断往复运动,两端便交替输出高压油,从而实现了连续增压。

4. 卸荷回路

卸荷回路的功用是在液压泵驱动电动机不频繁启闭的情况下,使液压泵在功率损耗接近于零的情况下运转,以减少功率损耗,降低系统发热,延长液压泵与电动机的使用寿命。

因为液压泵的输出功率为其流量和压力的乘积,因而两者中任意一个近似为零,功率损耗即近似为零,因此液压泵的卸荷有流量卸荷和压力卸荷两种。前者主要是使用变量泵,使泵仅为补偿泄漏而以最小流量运转。此方法比较简单,但泵仍处在高压状态下运行,磨损比较严重。压力卸荷的方法是使泵在接近零压状态下运转。常见的压力卸荷方式有以下几种。

（1）换向阀卸荷回路。M、H 和 K 型中位机能的三位换向阀处于中位时,液压泵即卸荷。图 8-9 所示为采用 M 型中位机能的电液动换向阀的卸荷回路,这种回路切换时压力冲击小,但回路中必须设置单向阀,以使系统能保持 0.3 MPa 左右的压力,以供操纵控制油路之用。

（2）先导式溢流阀卸荷回路。在图 8-6（a）中,若去掉直动式溢流阀 4,使先导式溢流阀的远程控制口直接与二位二通电磁阀相连,便构成一种采用先导式溢流阀的卸荷回路。这种卸荷回路卸荷压力小,切换时冲击也小。

（3）二通式插装阀卸荷回路。图 8-9（b）所示为采用二通式插装阀的卸荷回路。由于二通式插装阀的流通能力大,因此这种卸荷回路适用于大流量的液压系统。正常工作时,泵的压力由溢流阀 1 调定。当二位四通电磁阀 2 通电后,主阀上腔接通油箱,主阀门安全打开,泵即卸荷。

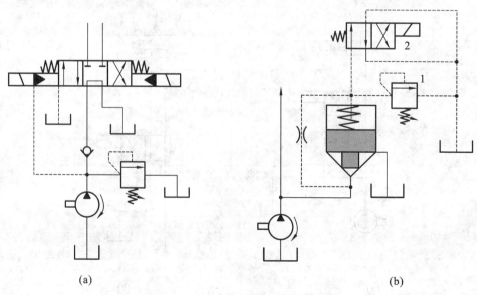

(a)   (b)

图 8-9 卸荷回路
1—溢流阀；2—二位四通电磁阀

5. 保压回路

有些机械设备在工作过程中常常要求执行机构在其行程终止时，保持压力一段时间，这时需采用保压回路。所谓保压回路，就是使系统在液压缸不动或仅有工件变形所产生的微小位移下稳定地维持住压力。最简单的保压回路是使用密封性能较好的液控单向阀的回路，但是阀类元件处的泄漏使得这种回路的保压时间不能维持太久。常用的保压回路有以下几种。

（1）利用液压泵的保压回路。利用液压泵的保压回路就是在保压过程中，液压泵仍以较高的压力（保压所需压力）工作。此时若采用定量泵，则压力油几乎全部经溢流阀流回油箱，系统功率损失大，易发热，故只在小功率的系统且保压时间较短的场合下才使用；若采用变量泵，在保压时泵的压力较高，但输出流量几乎等于零，因而液压系统的功率损失小。这种保压方法且能随泄漏量的变化而自动调整输出流量，因而其效率也较高。

（2）利用蓄能器的保压回路。在图 8-10（a）所示的回路中，当主换向阀的左位工作时，液压缸向前运动且压紧工件，进油路压力升高至调定压力，压力继电器发出信号，使二通阀通电，泵即卸荷，单向阀自动关闭，液压缸则由蓄能器保压。缸压不足时，压力继电器复位，使泵重新工作。保压时间的长短取决于蓄能器的容量。调节压力继电器的工作区间，即可调节缸中压力的最大值和最小值。图 8-10（b）所示为多缸系统中的一缸保压回路。这种回路当主油路压力降低时，单向阀 3 关闭，支路由蓄能器保压并补偿泄漏。压力继电器 5 的作用是当支路中的压力达到预定值时发出信号，使主油路开始动作。

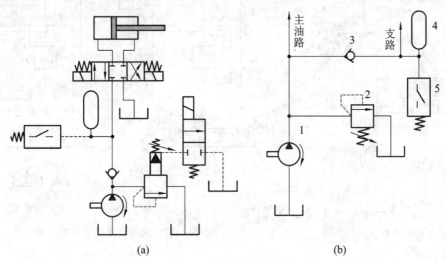

（a）　　　　　　　　　　　　　（b）

图 8-10　利用蓄能器的保压回路

1—液压泵；2—溢流阀；3—单向阀；4—蓄能器；5—压力继电器

（3）自动补油式保压回路。图 8-11 所示为采用液控单向阀和电接触式压力表的自动补油式保压回路，其工作原理为：当 1YA 通电，换向阀右位接入回路，液压缸上腔压力上升至电接触式压力表的上限值时，上触点通电，使电磁铁 1YA 失电，换向阀处于中位，液压泵卸荷，液压缸由液控单向阀保压。当液压缸上腔压力下降到预定的下限值时，电接触式压力表又发出信号，使 1YA 通电，液压泵再次向系统供油，使压力上升，当压力达到上限值时，上触点又发出信号，使 1YA 失电。因此，这一回路能自动地使液压缸补充压力油，使其压力能长期保持在一定范围内。

6. 平衡回路

平衡回路的功用在于防止垂直或倾斜放置的液压缸和与之相连的工作部件因自重而自行下落。图 8-12(a)所示为采用单向顺序阀的平衡回路。当 1YA 通电后活塞下行时,回油路上就存在着一定的背压,只要将这个背压调得能支承住活塞和与之相连的工作部件的自重,活塞就可以平稳地下落。当换向阀处于中位时,活塞就停止运动,不再继续下移。这种回路当活塞向下快速运动时功率损失大,锁住时活塞和与之相连的工作部件会因单向顺序阀和换向阀的泄漏而缓慢下落,因此它只适用于工作部件自重不大、活塞锁住时定位要求不高的场合。图 8-12(b)所示为采用液控顺序阀的平衡回路。当活塞下行时,控制压力油打开液控顺序阀,背压消失,因而回路效率高;当停止工作时,液控顺序阀关闭,以防止活塞和工作部件因自重而下降。这种平衡回路的优点是只有上腔进油时活塞才下行,比较安全可靠;其缺点是活塞下行时的平稳性较差。这是因为活塞下行时,液压缸上腔的油压降低,使液控顺序阀关闭。当液控顺序阀关闭时,因活塞下行,液压缸上腔的油压升高,使液控顺序阀打开。因此,液控顺序阀始终工作于启闭的过渡状态,因而影响工作的平稳性。这种回路适用于运动部件自重不是很大、停留时间较短的液压系统。

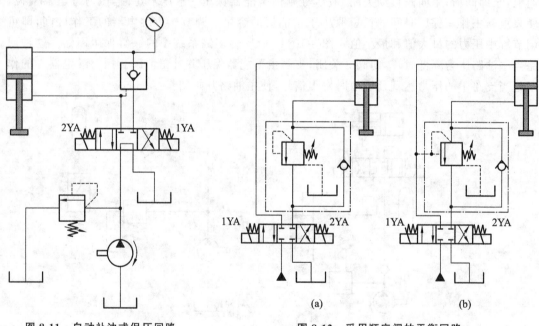

图 8-11　自动补油式保压回路　　　　图 8-12　采用顺序阀的平衡回路

8.3　速度控制回路

液压传动系统中的速度控制回路包括调节液压执行元件速度的调速回路、使之获得快速运动的快速运动回路、快速运动与工作进给速度以及工作进给速度之间的速度换接回路。

1. 调速回路

调速是为了满足液压执行元件对工作速度的要求。在不考虑液压油的压缩性和泄漏的情况下,液压缸的运动速度为

$$v=\frac{q}{A}\tag{8-1}$$

液压马达的转速为

$$n = \frac{q}{V_M} \tag{8-2}$$

式中，q 为输入液压执行元件的流量，A 为液压缸的有效工作面积，V_M 为液压马达的排量。

由以上两式可知，改变输入液压执行元件的流量 q 或改变液压缸的有效工作面积 A（或液压马达的排量 V_M）均可以达到改变速度的目的。但改变液压缸的有效工作面积的方法在实际中是不现实的，因此只能用改变输入液压执行元件的流量或改变液压马达排量的方法来调速。为了改变输入液压执行元件的流量，可采用变量液压泵来供油，也可采用定量泵和流量控制阀，以改变通过流量阀的流量的方法。用定量泵和流量控制阀来调速时，称为节流调速；通过改变变量泵或变量液压马达的排量来调速时，称为容积调速；用变量泵和流量阀来达到调速目的时，则称为容积节流调速。

1）节流调速回路

节流调速回路的工作原理是通过改变回路中流量控制元件（节流阀和调速阀）通流截面面积的大小来控制流入执行元件或自执行元件流出的流量，以调节其运动速度。根据流量控制阀在回路中位置的不同，节流调速回路分为进油节流调速回路、回油节流调速回路和旁路节流调速回路三种。前两种调速回路由于在工作中回路的供油压力不随负载的变化而变化，故又被称为定压式节流调速回路；而旁路节流调速回路由于回路的供油压力随负载的变化而变化，故又被称为变压式节流调速回路。

（1）进油节流调速回路。

如图 8-13(a) 所示，节流阀串联在液压泵和液压缸之间。液压泵输出的油液一部分经节流阀进入液压缸工作腔，推动活塞运动，液压泵多余的油液经溢流阀排回油箱，这是这种调速回路能够正常工作的必要条件。由于溢流阀有溢流，泵的出口压力 p_p 就是溢流阀的调定压力并基本保持恒定（定压）。调节节流阀的通流面积，即可调节通过节流阀的流量，从而调节液压缸的运动速度。

① 速度负载特性。液压缸稳定工作时，其受力平衡方程为

$$p_1 A_1 = F + p_2 A_2 \tag{8-3}$$

式中，p_1、p_2 分别为液压缸进油腔和回油腔的压力，由于回油腔连通油箱，故 $p_2 \approx 0$；F 为液压缸的负载；A_1、A_2 分别为液压缸无杆腔和有杆腔的有效工作面积。

所以

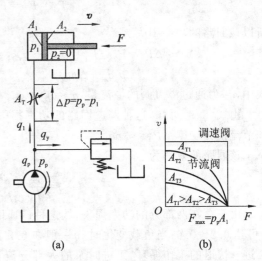

图 8-13 进油节流调速回路

$$p_1 = \frac{F}{A_1} \tag{8-4}$$

因为液压泵的供油压力 p_p 为定值，则节流阀两端的压差为

$$\Delta p = p_p - p_1 = p_p - \frac{F}{A_1} \tag{8-5}$$

由此可得，经节流阀流入液压缸的流量为

$$q_1 = K A_T \Delta p^m = K A_T \left(p_p - \frac{F}{A_1} \right)^m \tag{8-6}$$

故液压缸的运动速度为

$$v=\frac{q_1}{A_1}=\frac{KA_T}{A_1}\left(p_p-\frac{F}{A_1}\right)^m \tag{8-7}$$

式(8-7)即为进油节流调速回路的速度负载特性方程。由该式可知,液压缸的运动速度 v 和节流阀通流面积 A_T 成正比。调节 A_T 即可实现无级调速。这种回路的调速范围较大(速比最高可达100)。当 A_T 调定后,液压缸的速度随负载的增大而减小,故这种调速回路的速度负载特性较"软"。

若按式(8-7)选用不同的 A_T 值作 v-F 坐标曲线图,则可得一组曲线,即为该回路的速度负载特性曲线,如图8-13(b)所示。速度负载特性曲线表明了液压缸运动速度随负载变化的规律,曲线越陡,说明负载变化对速度的影响越大,即速度刚性越差。由式(8-7)和图8-13(b)还可看出,当节流阀通流面积 A_T 一定时,重载区域比轻载区域的速度刚性差;在相同负载条件下,通流面积大的节流阀比通流面积小的节流阀的速度刚性差,即速度高时速度刚性差。所以,这种调速回路适用于低速轻载的场合。

② 最大承载能力。由式(8-7)可知,无论节流阀的通流面积 A_T 为何值,当 $F=p_pA_1$ 时,节流阀两端压差 Δp 为零,活塞就停止运动,此时液压泵输出的流量全都经溢流阀流回油箱。所以,该点的 F 值即为该回路的最大承载值,即

$$F_{max}=p_pA_1$$

③ 功率和效率。在进油节流调速回路中,液压泵的输出功率为 $P_p=p_pq_p=$ 常量,而液压缸的输出功率为

$$P_1=Fv=F\frac{q_1}{A_1}=p_1q_1 \tag{8-8}$$

所以该回路的功率损失为

$$\begin{aligned}\Delta P&=P_p-P_1=p_pq_p-p_1q_1=p_p(q_1+q_y)-(p_p-\Delta p)q_1\\&=p_pq_y+\Delta pq_1\end{aligned} \tag{8-9}$$

式中,q_y 为通过溢流阀的溢流量,$q_y=q_p-q_1$。

由式(8-9)可知,这种调速回路的功率损失由两部分组成,即溢流损失功率 $\Delta P_y=p_pq_y$ 和节流损失功率 $\Delta P_T=\Delta pq_1$。

该回路的效率为

$$\eta=\frac{P_1}{P_p}=\frac{Fv}{p_pq_p}=\frac{p_1q_1}{p_pq_p} \tag{8-10}$$

由于存在两部分的功率损失,故这种调速回路的效率较低。当负载恒定或变化很小时,η 可达 $0.2\sim0.6$;当负载变化时,η 一般在 0.2 左右,$\eta_{max}=0.385$。机械加工设备常有快进→工进→快退的工作循环,工进时泵的大部分流量溢流,所以回路效率极低,而低效率导致温升和泄漏增加,进一步影响了速度稳定性和效率。回路功率越大,问题越严重。

(2) 回油节流调速回路。

如图8-14所示,把节流阀串联在液压缸的回油路上,借助于节流阀控制液压缸的排油量 q_2 来实现速度调节。由于流入液压缸的流量 q_1 受回油路上排出流量 q_2 的限制,因此用节流阀来调节液压缸的排油量 q_2,也就调节了进油量 q_1,定量泵多余的油液仍经溢流阀流回油箱,溢流阀的调定压力(p_p)基本稳定(定压)。

① 速度负载特性。类似于式(8-7)的推导过程,由液压缸的力平衡方程($p_2\neq0$)、流量阀的流量方程($\Delta p=p_2$),进而可得液压缸的速度负载特性为

$$v=\frac{q_2}{A_2}=\frac{KA_T\left(p_p\dfrac{A_1}{A_2}-\dfrac{F}{A_2}\right)^m}{A_2} \tag{8-11}$$

式中，A_1、A_2 分别为液压缸无杆腔和有杆腔的有效工作面积，F 为液压缸的负载，p_p 为溢流阀的调定压力，A_T 为节流阀的通流面积。

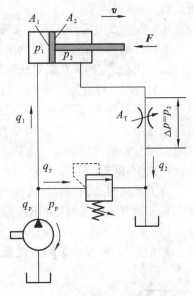

图 8-14 回油节流调速回路

比较式(8-11)和式(8-7)可以发现，回油节流调速回路和进油节流调速回路的速度负载特性以及速度刚性基本相同，若液压缸两腔的有效工作面积相同（双出杆液压缸），那么两种节流调速回路的速度负载特性和速度刚度就完全一样。因此，对进油节流调速回路的一些分析对回油节流调速回路完全适用。

② 最大承载能力。回油节流调速回路的最大承载能力与进油节流调速回路的相同，即

$$F_{max} = p_p A_1$$

③ 功率和效率。回油节流调速回路中液压泵的输出功率与进油节流调速回路的相同，即 $P_p = p_p q_p$，且等于常数；液压缸的输出功率为 $P_1 = Fv - (p_p A_1 - p_2 A_2)v = p_p q_1 - p_2 q_2$。因此，该回路的功率损失为

$$\Delta P = P_p - P_1 = p_p q_p - p_p q_1 + p_2 q_2 = p_p(q_p - q_1) + p_2 q_2$$
$$= p_p q_y + \Delta p q_2 \tag{8-12}$$

式中，$p_p q_y$ 为溢流损失功率，$\Delta p q_2$ 为节流损失功率。所以，该回路与进油节流调速回路的功率损失相同。

该回路的效率为

$$\eta = \frac{Fv}{p_p q_p} = \frac{p_p q_1 - p_2 q_2}{p_p q_p} = \frac{\left(p_p - p_2 \dfrac{A_2}{A_1}\right) q_1}{p_p q_p} \tag{8-13}$$

当使用同一个液压缸和同一个节流阀，而负载和活塞运动速度相同时，式(8-13)和式(8-10)是相同的，因此可以认为进油节流调速回路的效率和回油节流调速回路的效率相同。但是应当指出，在回油节流调速回路中，液压缸工作腔和回油腔的压力都比进油节流调速回路的高，特别是在负载变化大，尤其是当 $F=0$ 时，回油腔的背压有可能比液压泵的供油压力还要高，这样会使节流功率损失大大增加，且加大泄漏，因而其效率实际上比进油节流调速回路的要低。

从以上分析可知，进油节流调速回路与回油节流调速回路有许多相同之处，但是它们也有不同之处。

(1) 承受负值负载的能力。回油节流调速回路的节流阀使液压缸回油腔形成一定的背压，在负值负载时，背压能阻止工作部件前冲，使其能在负值负载下工作；而进油节流调速回路由于液压缸回油腔没有背压，因而工作部件不能在负值负载下工作。

(2) 停车后的启动性能。长期停车后液压缸油腔内的油液会流回油箱。当液压泵重新向液压缸供油时，在回油节流调速回路中，由于进油路上没有节流阀控制流量，因此会使活塞前冲；而在进油节流调速回路中，由于进油路上有节流阀控制流量，故活塞前冲很小，甚至没有前冲。

(3) 实现压力控制的方便性。进油节流调速回路中，进油腔的压力将随负载变化，当工作部件碰到止挡块而停止后，其压力将升到溢流阀的调定压力，利用这一压力变化来实现压力控制是很方便的；但在回油节流调速回路中，只有回油腔的压力才会随负载变化，当工作部件碰到止挡块后，其压力将降至零，虽然也可以利用这一压力变化来实现压力控制，但其

可靠性差,一般不采用。

(4)发热及泄漏的影响。在进油节流调速回路中,经过节流阀发热后的液压油将直接流入液压缸的进油腔;而在回油节流调速回路中,经过节流阀发热后的液压油将直接流回油箱冷却。因此,发热和泄漏对进油节流调速回路的影响均大于对回油节流调速回路的影响。

(5)运动平稳性。在回油节流调速回路中,由于有背压存在,它可以起到阻尼作用,同时空气也不易渗入,而在进油节流调速回路中则没有背压存在,因此可以认为回油节流调速回路的运动平稳性好一些。但是,从另一方面讲,在使用单出杆液压缸的场合,无杆腔的进油量大于有杆腔的回油量。故在缸径、缸速均相同的情况下,进油节流调速回路的节流阀通流面积较大,低速时不易堵塞。因此,进油节流调速回路能获得更低的稳定速度。

为了提高回路的综合性能,一般常采用进油节流调速回路,并在回油路上加背压阀,使其兼具进油节流调速回路和回油节流调速回路两者的优点。

(3)旁路节流调速回路。

图 8-15(a)所示为采用节流阀的旁路节流调速回路。节流阀调节液压泵溢回油箱的流量,从而控制流入液压缸的流量。调节节流阀的通流面积,即可实现调速。由于溢流已由节流阀承担,故溢流阀实际上是安全阀,常态时关闭,过载时打开,其调定压力为最大工作压力的 1.1～1.2 倍,故液压泵在工作过程中的压力完全取决于负载而不恒定,所以这种调速方式又称为变压式节流调速。

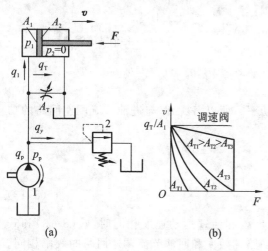

图 8-15 旁路节流调速回路

① 速度负载特性。按照式(8-7)的推导过程,可得到旁路节流调速回路的速度负载特性方程。与前述不同之处主要是流入液压缸的流量 q_1 为泵的流量 q_p 与节流阀溢走的流量 q_T 之差。由于在回路中泵的工作压力随负载变化,泄漏正比于压力,也是变量(前两种回路中为常量),对速度产生了附加影响,因而泵的流量中要计入泄漏流量 Δq_p,所以有

$$q_1 = q_p - q_T = (q_t - \Delta q_p) - KA_T \Delta p^m = q_t - k_1 \frac{F}{A_1} - KA_T \left(\frac{F}{A_1}\right)^m$$

式中,q_t 为泵的理论流量,k_1 为泵的泄漏系数,其他符号意义同前。

所以液压缸的速度负载特性为

$$v = \frac{q_1}{A_1} = \frac{q_t - k_1 \dfrac{F}{A_1} - KA_T \left(\dfrac{F}{A_1}\right)^m}{A_1} \tag{8-14}$$

根据式(8-14)选取不同的 A_T 值,可作出一组速度负载特性曲线,如图 8-15(b)所示。由曲线可知,当节流阀通流面积一定而负载增加时,速度显著下降,即速度负载特性很软;但当节流阀通流面积一定时,负载越大,速度刚度越大;当负载一定时,节流阀通流面积 A_T 越小(即活塞运动速度越大),速度刚度越大。因而该回路适用于高速重载的场合。

② 最大承载能力。由图 8-15(b)可知,速度负载特性曲线在横坐标上并不汇交,其最大承载能力随节流阀通流面积 A_T 的增加而减小,即旁路节流调速回路的低速承载能力很差,调速范围小。

③ 功率和效率。旁路节流调速回路只有节流损失,而无溢流损失,泵的输出压力随负

载变化,即节流损失和输入功率随负载变化。所以,旁路节流调速回路比前两种调速回路的效率高。

旁路节流调速回路的速度负载特性很软,低速承载能力又差,故其应用比前两种回路的少,只用于高速、重载、对速度平稳性要求不高的较大功率系统中,如牛头刨床主运动系统、输送机械液压系统等。

(4) 采用调速阀的节流调速回路。

采用节流阀的节流调速回路的速度负载特性都比较"软",变载荷下的运动平稳性都比较差。为了克服这个缺点,回路中的节流阀可用调速阀来代替。由于调速阀本身能在负载变化的条件下保证节流阀进、出油口间的压差基本不变,因而使用调速阀后,节流调速回路的速度负载特性将得到改善,如图 8-13(b)和图 8-15(b)所示。旁路节流调速回路的承载能力也不因活塞速度的降低而减小,但所有性能上的改进都是以增大整个流量控制阀的工作压差为代价的。一般调速阀的工作压差最小为 0.5 MPa,高压调速阀的工作压差最小为 1.0 MPa 左右。

2)容积调速回路

容积调速回路是通过改变液压泵或液压马达的排量来实现调速的,其主要优点是没有节流损失和溢流损失,因而效率高,油液温升小,适用于高速、大功率的调速系统;其缺点是变量泵和变量马达的结构较复杂,成本较高。

根据油路的循环方式,容积调速回路可以分为开式回路和闭式回路。在开式回路中,液压泵从油箱吸油,液压执行元件的回油直接流回油箱。这种回路结构简单,油液在油箱中能得到充分冷却,但油箱体积较大,空气和脏物易进入回路。在闭式回路中,执行元件的回油直接流入泵的吸油腔。这种回路结构紧凑,只需很小的补油箱,空气和脏物不易进入回路,但油液的冷却条件差,需附设辅助泵补油、冷却和换油。补油泵的流量一般为主泵流量的 10% ~15%,压力通常为 0.3~1.0 MPa。

容积调速回路通常有三种基本形式:变量泵和定量液压执行元件组成的容积调速回路、定量泵和变量马达组成的容积调速回路及变量泵和变量马达组成的容积调速回路。

(1) 变量泵和定量液压执行元件组成的容积调速回路。

图 8-16 所示为变量泵和定量液压执行元件组成的容积调速回路。其中,图 8-16(a)中的液压执行元件为液压缸,图 8-16(b)中的液压执行元件为液压马达。该回路是闭式回路,溢流阀 3 起安全阀作用,用以防止系统过载。为了补充泵和液压马达的泄漏,增加了补油泵 2 和溢流阀 4。溢流阀 4 用来调节补油泵的补油压力,同时置换部分已发热的油液,降低系统的温升。

在图 8-16(a)中,改变变量泵的排量,即可调节活塞的运动速度 v。2 为安全阀,用以限制回路中的最大压力。当不考虑液压泵以外的元件和管道的泄漏时,这种回路的活塞运动速度为

$$v = \frac{q_p}{A_1} = \frac{q_t - k_1 \dfrac{F}{A_1}}{A_1} \tag{8-15}$$

式中,q_t 为变量泵的理论流量,k_1 为变量泵的泄漏系数,其余符号意义同前。

将式(8-15)按不同的 q_t 值作图,可得到一组平行直线,如图 8-17(a)所示。由于变量泵有泄漏,活塞运动速度会随负载的增大而减小。当负载增大至某值时,在低速下会出现活塞停止运动的现象(图 8-17(a)中的 F' 点),这时变量泵的理论流量等于泄漏量。可见,这种回

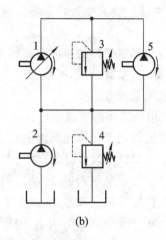

(a)　　　　　　　　　　(b)

图 8-16　变量泵和定量液压执行元件组成的容积调速回路

路在低速下的承载能力很差。

在图 8-16(b)所示的变量泵和定量液压马达组成的容积调速回路中,若不计损失,液压马达的转速 $n_M=q_p/V_M$。因液压马达的排量为定值,故调节变量泵的流量 q_p,即可对液压马达的转速 n_M 进行调节。同样,当负载转矩恒定时,液压马达的输出转矩 $T=\Delta p_M V_M/(2\pi)$ 和回路工作压力 p 都恒定不变,所以液压马达的输出功率 $P=\Delta p_M V_M n_M/60$ 与转速 n_M 成正比,故该回路的调速方式又称为恒转矩调速。该回路的调速特性曲线如图 8-17 所示。

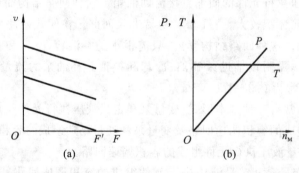

(a)　　　　　　　　　　(b)

图 8-17　变量泵和定量液压执行元件组成的容积调速回路的调速特性曲线

(2) 定量泵和变量马达组成的容积调速回路。

图 8-18(a)所示为定量泵和变量马达组成的容积调速回路。定量泵 1 输出流量不变,改变变量马达的排量 V_M,就可以改变变量马达的转速。2 是安全阀,3 是变量马达,4 是用以向系统补油的辅助泵,5 为调节补油压力的溢流阀。在这种调速回路中,由于液压泵的转速和排量均为常数,当负载功率恒定时,变量马达输出功率 P_M 和回路工作压力 p 都恒定不变。因为变量马达的输出转矩 $[T_M=\Delta p_M V_M/(2\pi)]$ 与变量马达的排量 V_M 成正比,变量马达的转速($n_M=q_p/V_M$)则与 V_M 成反比,所以这种回路称为恒功率回路,其调速特性曲线如图8-18(b)所示。

这种回路调速范围很小,且不能用来使变量马达实现平稳的反向。因为反向时,双向变量马达的偏心量(或倾角)必然要经历一个变小→为零→反向变大的过程,也就是变量马达的排量变小→为零→变大的过程,输出转矩就要经历转速变大→输出转矩太小而不能带动负载转矩,甚至不能克服摩擦转矩而使转速为零→反向高速的过程,调节很不方便,所以这种回路目前已很少单独使用。

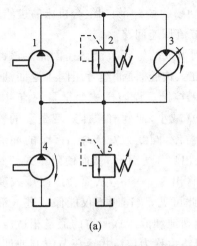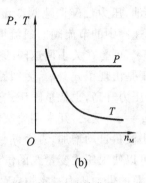

(a)

(b)

图 8-18　定量泵和变量马达组成的容积调速回路及其调速特性曲线

（3）变量泵和变量马达组成的容积调速回路。

图 8-19(a)所示为双向变量泵和双向变量马达组成的容积调速回路。变量泵 1 正向或反向供油，变量马达即正向或反向旋转。单向阀 6 和 8 用于使辅助泵 4 能双向补油，单向阀 7 和 9 使安全阀 3 在两个方向都能起过载保护作用。这种调速回路是上述两种调速回路的组合，由于液压泵和液压马达的排量均可改变，故扩大了调速范围，并扩大了液压马达转矩和功率输出的选择余地，其调速特性曲线如图 8-19(b)所示。

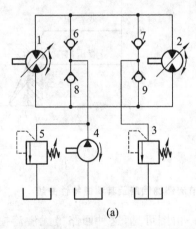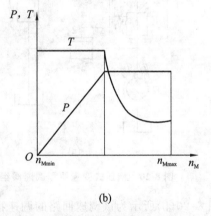

(a)

(b)

图 8-19　双向变量泵和双向变量马达组成的容积调速回路及其调速特性曲线

一般工作部件在低速时要求有较大的转矩，因此，这种调速回路在低速范围内调速时，先将液压马达的排量调为最大（使液压马达能获得最大输出转矩），然后改变变量泵的输油量。当变量泵的排量由小变大，直至达到最大输油量时，液压马达的转速也随之升高，输出功率随之线性增加，此时液压马达处于恒转矩状态；若要进一步增大液压马达的转速，可将液压马达的排量由大调小，此时输出转矩随之降低，而变量泵则处于最大功率输出状态不变，故液压马达也处于恒功率输出状态。

3）容积节流调速回路

容积节流调速回路的工作原理是采用压力补偿型变量泵供油，用流量控制阀调定流入液压缸或从液压缸流出的流量，从而调节液压缸的运动速度，并使变量泵的输油量自动地与液压缸所需的流量相适应。这种调速回路没有溢流损失，效率较高，速度稳定性也比单纯的容积调速回路的好,常用在调速范围大、中小功率的场合,例如组合机床的进给系统等。

（1）限压式变量泵和调速阀组成的容积节流调速回路。

图 8-20（a）所示为限压式变量泵和调速阀组成的容积节流调速回路。该回路由限压式变量泵 1 供油,压力油经调速阀 3 流入液压缸工作腔,回油经背压阀 4 返回油箱,液压缸运动速度由调速阀中的节流阀的通流面积 A_T 来控制。设限压式变量泵的流量为 q_p,则稳态工作时 $q_p = q_1$,可是在关小调速阀的一瞬间,q_1 减小,而此时限压式变量泵的输油量还未来得及改变,于是出现了 $q_p > q_1$,因回路中没有溢流（阀 2 为安全阀）,多余的油液使泵和调速阀间的油路压力升高,也就是限压式变量泵的出口压力升高,从而使限压式变量泵出口流量减小,直至 $q_p = q_1$;反之,开大调速阀的瞬间,将出现 $q_p < q_1$,从而会使限压式变量泵输出流量减小,输出流量自动增加,直至 $q_p = q_1$。由此可见,调速阀不仅能保证进入液压缸的流量稳定,而且可以使限压式变量泵的供油流量自动地和液压缸所需的流量相适应,因而也可使限压式变量泵的供油压力基本恒定（该调速回路也称为定压式容积节流调速回路）。这种回路中的调速阀也可装在回油路上,它的承载能力、运动平稳性、速度刚性等与对应的节流调速回路的相同。

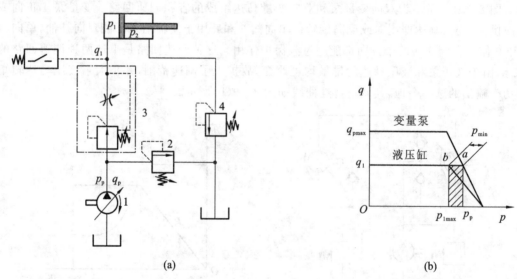

图 8-20　限压式变量泵和调速阀组成的容积节流调速回路及其调速特性曲线

图 8-20（b）所示为该调速回路的调速特性曲线。由图可见,这种回路虽无溢流损失,但仍有节流损失,其大小与液压缸工作腔压力 p_1 有关。当流入液压缸的工作流量为 q_1 时,液压泵的供油流量应为 $q_p = q_1$,供油压力为 p_p,此时液压缸工作腔压力 p_1 的正常工作范围是

$$p_2 \frac{A_2}{A_1} \leqslant p_1 \leqslant p_p - \Delta p \tag{8-16}$$

式中,Δp 为保持调速阀正常工作所需的压差,一般在 0.5 MPa 以上;其他符号意义同前。

当 $p_1 = p_{1\max}$ 时,回路中的节流损失最小（见图 8-20（b））,此时液压泵的工作点为 a,液压缸的工作点为 b。若 p_1 减小（b 点向左移动）,则节流损失增大。这种调速回路的效率为

$$\eta = \frac{\left(p_1 - p_2 \frac{A_2}{A_1}\right) q_1}{p_p q_p} = \frac{p_1 - p_2 \frac{A_2}{A_1}}{p_p} \tag{8-17}$$

上式没有考虑液压泵的泄漏损失,当液压泵达到最高压力时,其泄漏量为 8% 左右。液压泵的输出流量越小,液压泵的压力就越高;负载越小,则式（8-17）中的压力 p_1 便越小。因

而在速度小（q_p小）、负载小（p_1小）的场合下，这种调速回路的效率就很低。

（2）差压式变量泵和节流阀组成的容积节流调速回路。

图 8-21 所示为差压式变量泵和节流阀组成的容积节流调速回路。该回路的工作原理与上述回路的基本相似。节流阀控制流入液压缸的流量 q_1，并使变量泵输出流量 q_p 自动地和 q_1 相适应。当 $q_p > q_1$ 时，变量泵的供油压力增大，液压泵内左、右两个控制柱塞便进一步压缩弹簧，推动定子向右移动，减小变量泵的偏心距，使变量泵的供油量下降到 $q_p = q_1$；反之，当 $q_p < q_1$ 时，变量泵的供油压力减小，弹簧推动定子和左、右柱塞向左移动，增大变量泵的偏心距，使变量泵的供油量增大到 $q_p \approx q_1$。

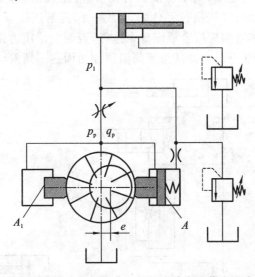

图 8-21 差压式变量泵和节流阀组成的容积节流调速回路

在这种调速回路中，作用在液压泵定子上的力的平衡方程为

$$p_p A_1 + p_p(A - A_1) = p_1 A + F_s$$

即

$$p_p - p_1 = \frac{F_s}{A} \tag{8-18}$$

式中，A、A_1 分别为控制缸无杆腔的有效工作面积和柱塞的面积，p_p、p_1 分别为液压泵供油压力和液压缸工作腔压力，F_s 为控制缸中的弹簧力。

由式（8-18）可知，节流阀前后压差 $\Delta p = p_p - p_1$ 基本上由作用在液压泵控制柱塞上的弹簧力来确定。由于弹簧刚度小，工作时的伸缩量也很小，所以 F_s 基本恒定，则 Δp 也近似为常数，所以通过节流阀的流量不会随负载变化，这和调速阀的工作原理相似。因此，这种调速回路的性能和上述回路的性能不相上下，它的调速范围只受节流阀调节范围的限制。此外，这种回路因能补偿由负载变化引起的液压泵的泄漏变化，因此它在低速小流量场合的使用性能尤佳。

在这种调速回路中，不但没有溢流损失，而且液压泵的供油压力随负载变化，回路中的功率损失也只有节流处压降 Δp 所造成的节流损失这一项，因而它的效率较限压式变量泵和调速阀组成的容积节流调速回路的要高，且发热少。这种回路的效率为

$$\eta = \frac{p_1 q_1}{p_p q_p} = \frac{p_1}{p_1 + \Delta p} \tag{8-19}$$

由式（8-19）可知，只要适当控制 Δp（一般 $\Delta p \approx 0.3$ MPa），就可以获得较高的效率。这种回路宜用在负载变化大、速度较低的中小功率场合，如某些组合机床的进给系统。

2. 快速运动回路

快速运动回路又称增速回路,其功用在于使液压执行元件获得所需的高速,以提高系统的工作效率或充分利用功率。实现快速运动根据方法的不同有多种结构方案。下面介绍几种常用的快速运动回路。

1) 液压缸差动连接回路

图 8-22(a)所示为利用二位三通换向阀的液压缸差动连接回路。在这种回路中,当阀 1 和阀 3 的左位工作时,液压缸为差动连接,作快进运动;当阀 3 通电,差动连接即被切断,液压缸回油,通过调速阀实现工进,阀 1 切换至右位后,液压缸快退。这种连接方式可在不增加液压泵流量的情况下提高液压执行元件的运动速度,但是液压泵的流量和有杆腔排出的流量合在一起流过的阀和管路应按合成流量来选择,否则会使压力损失过大,液压泵的供油压力过大,致使液压泵的部分压力油从溢流阀溢回油箱而达不到差动快进的目的。

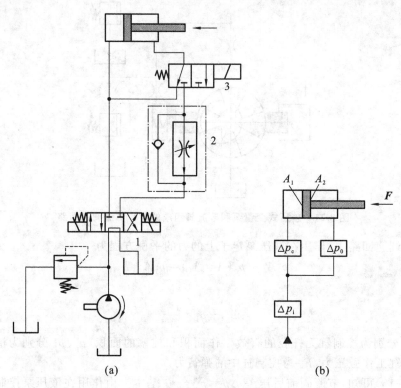

(a)   (b)

图 8-22 液压缸差动连接回路

若设液压缸无杆腔的面积为 A_1,有杆腔的面积为 A_2,液压泵出口至合成管路前的压力损失为 Δp_i,液压缸出口至合成管路前的压力损失为 Δp_0,合成管路的压力损失为 Δp_c,如图 8-22(b)所示,则液压泵差动快进时的供油压力 p_p 可由力的平衡方程求得,即

$$(p_p - \Delta p_i - \Delta p_c)A_1 = F + (p_p - \Delta p_i + \Delta p_0)A_2 \tag{8-20}$$

所以

$$p_p = \frac{F}{A_1 - A_2} + \frac{A_2}{A_1 - A_2}\Delta p_0 + \frac{A_1}{A_1 - A_2}\Delta p_c + \Delta p_i \tag{8-21}$$

若 $A_1 = 2A_2$,则有

$$p_p = \frac{F}{A_2} + \Delta p_0 + 2\Delta p_c + \Delta p_i \tag{8-22}$$

式中,F 为差动快进时的负载。由上式可知,液压缸差动连接时供油压力 p_p 的计算与一般

回路中压力损失的计算是不同的。

液压缸的差动连接也可用 P 型中位机能的三位换向阀来实现。

2）采用蓄能器的快速运动回路

图 8-23 所示为采用蓄能器的快速运动回路。采用蓄能器的目的是可以用流量较小的液压泵。当系统中短期需要大流量时，这时换向阀 5 的阀芯处于左端或右端位置，由液压泵 1 和蓄能器 4 共同向液压缸 6 供油；当系统停止工作时，换向阀 5 处于中间位置，这时液压泵便经单向阀 3 向蓄能器供油，蓄能器压力升高后，控制卸荷阀 2 打开阀口，使液压泵卸荷。

3）双泵供油的快速运动回路

图 8-24 所示为双泵供油的快速运动回路。图中 1 为大流量泵，用以实现快速运动；2 为小流量泵，用以实现工作进给。快速运动时，大流量泵 1 输出的油液经单向阀 4 与小流量泵 2 输出的油液共同向系统供油；工作行程时，系统压力升高，打开卸荷阀 3，使大流量泵 1 卸荷，由小流量泵 2 向系统单独供油。这种回路的压力由溢流阀 5 调节，单向阀 4 在压力油的作用下关闭。双泵供油的快速运动回路的优点是功率损耗小，系统效率高，应用较为普遍，但系统也稍复杂一些。

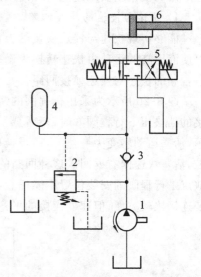

图 8-23　采用蓄能器的快速运动回路

4）采用增速缸的快速运动回路

图 8-25 所示为采用增速缸的快速运动回路。在这种回路中，当三位四通换向阀的左位通电而工作时，压力油经增速缸中的柱塞 1 的孔进入 B 腔，使活塞 2 伸出，获得较快速度 $[v=4q_p/(\pi d^2)]$，A 腔所需油液经液控单向阀 3 从辅助油箱吸入。活塞 2 伸出到工作位置时，由于负载增大，压力升高，顺序阀 4 打开，高压油进入 A 腔，同时关闭单向阀。此时活塞杆 B 在压力油的作用下继续外伸，但因其有效工作面积增大，因此速度变慢而使推力增大。这种回路常被用于液压机的系统中。

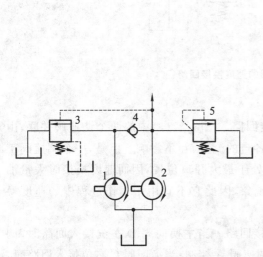

图 8-24　双泵供油的快速运动回路

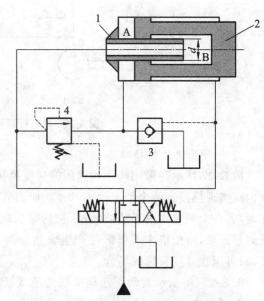

图 8-25　采用增速缸的快速运动回路

3. 速度换接回路

速度换接回路的功用是使液压执行元件在一个工作循环中从一种运动速度变换到另一种运动速度。因而这个转换不仅包括液压执行元件快速到慢速的换接,而且也包括两个慢速之间的换接。实现这些功能的回路应该具有较高的速度换接平稳性。

1) 快速与慢速的换接回路

能够实现快速与慢速换接的方法有很多,图 8-22 和图 8-25 所示的快速运动回路都可以使液压缸的运动由快速转换为慢速。下面再介绍一种在组合机床液压系统中常用的采用行程阀的快速与慢速换接回路。

图 8-26 所示为采用行程阀的速度换接回路。在图示状态下,液压缸快进。当活塞所连接的挡块压下行程阀 6 时,行程阀关闭,液压缸右腔的油液必须通过节流阀 5 才能流回油箱,活塞运动转变为慢速工进;当换向阀左位接入回路时,压力油经单向阀 4 流入液压缸右腔,活塞快速向右返回。这种回路的快慢速换接过程比较平稳,换接点的位置比较准确。其缺点是行程阀的安装位置不能任意布置,管路连接较为复杂。若将行程阀改为电磁阀,则安装连接比较方便,但速度换接的平稳性、可靠性及换向精度都较差。

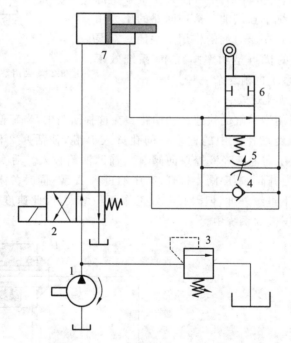

图 8-26 采用行程阀的速度换接回路

2) 两种慢速的换接回路

图 8-27 所示为采用两个调速阀的速度换接回路。图 8-27(a)中的两个调速阀并联,由换向阀实现换接。两个调速阀可以独立地调节各自的流量,互不影响。但是,一个调速阀工作时,另一个调速阀内无油液通过,它的减压阀处于最大开口位置,因而速度换接时大量油液通过该处,将使机床工作部件产生突然前冲现象,因此它不宜用于工作过程中的速度换接,只可用在速度预选的场合。

图 8-27(b)所示为两调速阀串联的速度换接回路。当主换向阀 D 左位接入回路时,调速阀 B 被换向阀 C 短接,输入液压缸的流量由调速阀 A 控制;当换向阀 C 右位接入回路时,由于通过调速阀 B 的流量调得比通过调速阀 A 的流量小,所以输入液压缸的流量由调速阀

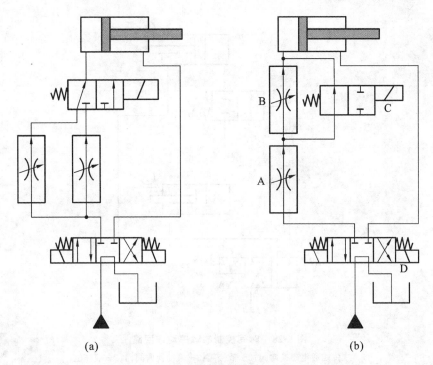

图 8-27　采用两个调速阀的速度换接回路

B 控制。这种回路中的调速阀 A 一直处于工作状态,它在速度换接时限制流入调速阀 B 的流量,因此它的速度换接平稳性较好,但由于油液经过两个调速阀,所以能量损失较大。

 ## 8.4　多缸工作控制回路

在液压系统中,使用一个油源向多个液压缸供油。按照各液压缸的动作要求,完成预定功能的控制回路,称为多缸工作控制回路。多缸工作控制回路分为顺序动作回路、同步回路和多缸快慢速互不干扰回路。

8.4.1　顺序动作回路

使多个液压缸严格地按照规定顺序依次动作的回路称为顺序动作回路。按控制方式的不同,顺序动作回路分为时间控制、行程控制和压力控制三大类。

1. 时间控制的顺序动作回路

时间控制的顺序动作回路指某一执行元件先发生动作,经过预先设定的时间后,另一执行元件再开始动作的回路,其功能多采用时间继电器、延时继电器和延时阀等来实现。

图 8-28 所示为时间控制的顺序动作回路。当电磁铁 1YA 断电时,二位四通电磁换向阀 1 的左位接入回路,液压泵输出的油液一部分直接流入液压缸 5 的左腔,使活塞右移,完成动作①;另一部分流经节流阀 2,在节流阀 2 的作用下,液动换向阀 3 经过一定时间后才开始换向,使油液流入液压缸 4 的左腔,完成动作②。液压缸 4 的动作时间比液压缸 5 的动作时间晚,其滞后时间的长短通过节流阀 2 进行调节。这种控制方式简单易行,但可靠性较差,常与行程控制方式配合使用。

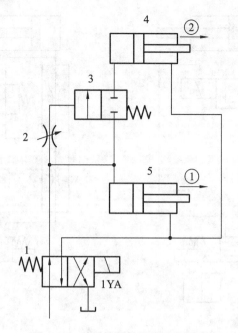

图 8-28　时间控制的顺序动作回路

1—二位四通电磁换向阀；2—节流阀；3—液动换向阀；4，5—液压缸

2. 行程控制的顺序动作回路

　　行程控制的顺序动作回路指工作部件到达一定位置时，由机械机构或电气元件发出信号来控制液压缸先后动作顺序的回路，其功能多采用行程开关、行程换向阀和顺序缸等来实现。

　　图 8-29 所示为行程开关控制的顺序动作回路。按下启动按钮，使电磁铁 1YA 通电，三位四通电磁换向阀 1 的左位接入回路，液压泵输出的液压油经过三位四通电磁换向阀 1 流入液压缸 2 的左腔，使活塞右移，完成动作①；当挡块运动到某一位置，压下行程开关 6S 后，电磁铁 1YA 断电，3YA 通电，三位四通电磁换向阀 4 的左位接入回路，液压泵输出的液压油经过三位四通电磁换向阀 4 流入液压缸 3 的左腔，使活塞右移，完成动作②；同理，当挡块运动到某一位置，压下行程开关 8S 后，电磁铁 3YA 断电，2YA 通电，液压缸 2 完成动作③；当挡块运动到某一位置，压下行程开关 5S 后，电磁铁 2YA 断电，4YA 通电，液压缸 3 完成动作④；当挡块运动到某一位置，压下行程开关 7S 后，电磁铁 4YA 断电，液压缸 3 停止运动，至此完成一个工作循环。利用电气元件发出信号来控制电磁换向阀，进而控制液压缸先后动作顺序的回路，其控制方法灵活，但其可靠度取决于电气元件的质量。

　　图 8-30 所示为行程换向阀控制的顺序动作回路。当电磁铁 1YA 通电时，三位四通电磁换向阀 1 的左位接入回路，液压缸 2 的活塞右移，完成动作①；当活塞运动到某一位置，压下行程换向阀 3，使其上位接入回路时，此时液控单向阀 4 导通，液压缸 5 的活塞右移，完成动作②；当电磁铁 2YA 通电，1YA 断电时，三位四通电磁换向阀 1 的右位接入回路，两个液压缸同时退回，完成动作③。这种回路可靠性较高，不易产生错误动作，但改变动作顺序困难，适用于冶金及机械加工设备的液压系统。

3. 压力控制的顺序动作回路

　　压力控制的顺序动作回路指用油路中的压力变化来自动控制多个执行元件先后动作顺序的回路，其功能多采用压力继电器、顺序阀等来实现。

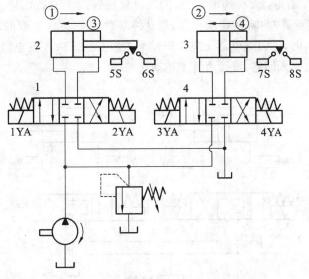

图 8-29　行程开关控制的顺序动作回路

1,4—三位四通电磁换向阀;2,3—液压缸

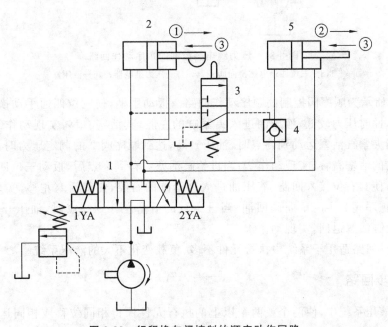

图 8-30　行程换向阀控制的顺序动作回路

1—三位四通电磁换向阀;2,5—液压缸;3—行程换向阀;4—液控单向阀

图 8-31 所示为压力继电器控制的顺序动作回路。按下启动按钮,使电磁铁 1YA 通电,三位四通电磁换向阀 1 的左位接入回路,液压油进入液压缸 3 的左腔,其活塞右移,实现动作①;活塞运动到右端后,液压缸 3 的压力上升,达到压力继电器 2 的调定压力时,压力继电器 2 发出电信号,使电磁铁 1YA 断电,3YA 通电,三位四通电磁换向阀 8 的左位接入回路,液压油进入液压缸 6 的左腔,其活塞右移,实现动作②;到达终端后,液压缸 6 的压力上升,达到压力继电器 5 的调定压力时,压力继电器 5 发出电信号,使电磁铁 3YA 断电,4YA 通电,三位四通电磁换向阀 8 的右位接入回路,液压油进入液压缸 6 的右腔,实现动作③;到达终端后,液压缸 6 右腔的压力上升,达到压力继电器 7 的调定压力时,压力继电器 7 发出电

信号,使电磁铁 4YA 断电,2YA 通电,三位四通电磁换向阀 1 的右位接入系统,液压油进入液压缸 3 的右腔,其活塞左移,实现动作④;到达终端后,液压缸 3 右腔的压力上升,达到压力继电器 4 的调定压力时,压力继电器 4 发出电信号,使电磁铁 2YA 断电,1YA 通电,三位四通电磁换向阀 1 的左位接入回路,继续重复上述动作循环。

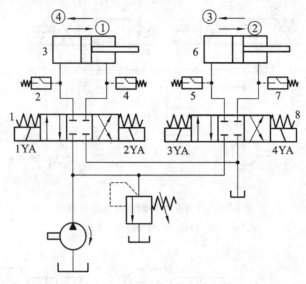

图 8-31　压力继电器控制的顺序动作回路

1,8—三位四通电磁换向阀;2,4,5,7—压力继电器;3,6—液压缸

图 8-32 所示为顺序阀控制的顺序动作回路。扳动手柄,使三位四通手动换向阀 1 的左位接入回路,此时压力较低,液压油进入夹紧缸的左腔,其活塞右移,实现动作①,此时顺序阀 2 关闭;当夹紧缸活塞运动到终点时,油压升高,达到顺序阀 2 的调定压力时,顺序阀 2 开启,使进给缸的活塞右移,实现动作②;当进给缸活塞右移到终点后,扳动三位四通手动换向阀 1 的手柄,使其右位接入回路,液压油进入进给缸的右腔,使其活塞左移,实现动作③,左腔液压油经顺序阀 2 中的单向阀回油;当进给缸的活塞左移到终点时,油压升高,顺序阀 3 打开,使夹紧缸活塞退回,实现动作④。

上述两种回路适用于系统中执行元件不多、负载变化不大的液压系统。

8.4.2　同步回路

在多缸液压系统中,使两个或两个以上的执行元件保持相同位移或相同运动速度的回路,称为同步回路。液压缸在实际运动过程中受到负载变化、摩擦阻力不等、泄漏量不同等的影响而不能维持同步运动状态。因此,需要采用同步回路在一定程度上来补偿上述因素的影响,使液压缸实现同步运动。

1. 流量控制的同步回路

图 8-33(a)所示为调速阀控制的同步回路。当电磁铁 1YA 通电时,液压泵输出的液压油经过电磁换向阀 2 进入并联液压缸 4 和 5 中,通过调节各自回油路上调速阀的开口大小来调节两个液压缸的进、出流量,使其在相同方向上同步运动。这种回路由于调速阀存在泄漏等,故同步精度不高,一般为 5%～7%,适用于同步精度要求不高的场合。图 8-33(b)所示为分流阀控制的同步回路。当电磁铁 1YA 和 3YA 通电时,液压泵输出的液压油经分流阀 1 后分成两股相等的流量,经过电磁换向阀 2 和 5 进入有效工作面积相等的两个液压缸 3

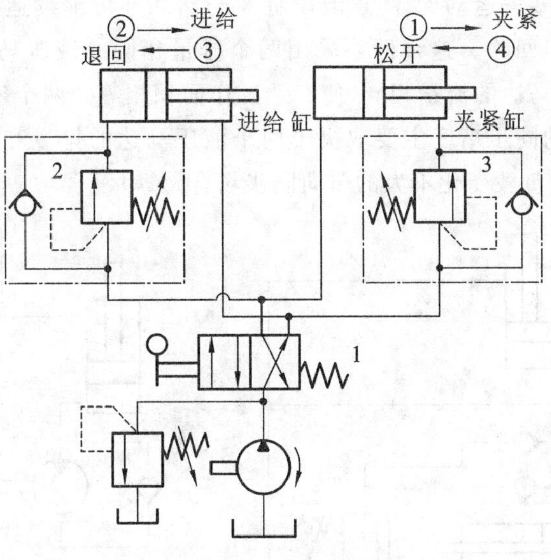

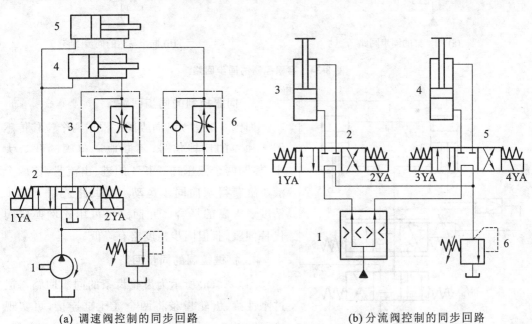

图 8-32　顺序阀控制的顺序动作回路

1—三位四通手动换向阀；2,3—顺序阀

和 4 中,使其活塞同步上升;当电磁铁 2YA 和 4YA 通电时,两个液压缸的活塞同步下降。分流阀控制的同步回路不会受负载变化的影响,但阀内压降较大,不宜在低压系统中使用。

(a) 调速阀控制的同步回路　　　　　　　　(b) 分流阀控制的同步回路

图 8-33　流量控制的同步回路

2. 容积控制的同步回路

图 8-34(a)所示为同步缸的同步回路。当同步缸工作,其活塞向左或向右运动时,进、出同步缸的油液量相等,实现位移同步。单向阀 3 和 4 起消除误差的作用。若液压缸 6 的活塞先运动到终点,而液压缸 5 的活塞尚未到达终点,则油腔 2 中的多余油液可通过单向阀 4 和溢流阀 7 流回油箱,油腔 1 中的油液可继续流入液压缸 5 的下腔,使其活塞运动到终点。

同理,若液压缸 5 的活塞先运动到终点,液压缸 6 的活塞亦可继续运动到终点。图 8-34(b)所示为同步马达的同步回路。这种回路采用两个排量相同的液压马达 1 和 4,其轴刚性连接,以保证通过两液压马达的流量相同,使有效工作面积相等的两个液压缸 2 和 3 实现单向同步运动。这种回路的同步精度主要取决于两个液压马达的排量和容积效率,同步精度误差为 2‰~5‰,适用于负载变化不大的单向同步场合。

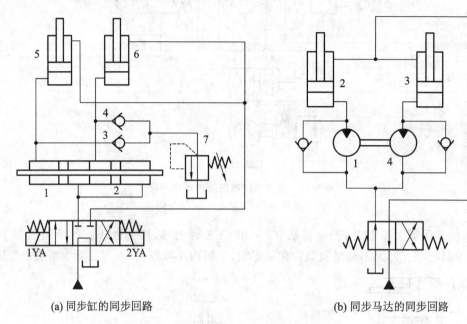

| (a) 同步缸的同步回路 | (b) 同步马达的同步回路 |

图 8-34　容积控制的同步回路

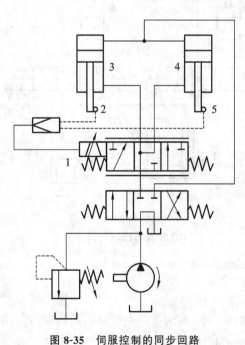

图 8-35　伺服控制的同步回路

1—伺服阀;2,5—位移传感器;3,4—液压缸

3. 伺服控制的同步回路

如图 8-35 所示,伺服阀 1 根据两个位移传感器 2 和 5 的反馈信号,不断地调整阀的开口大小,控制两个液压缸 3 和 4 的进、出流量,使两个液压缸获得双向同步运动。此回路适用于同步精度要求高的场合。此回路也可用比例换向阀代替伺服阀,但同步精度略有降低。

4. 机械控制的同步回路

图 8-36(a)所示为齿轮齿条的同步回路。通过刚性梁、齿轮齿条将两个液压缸连接,可实现液压缸 1、2 的同步运动。这种回路简单、方便、可靠,但同步精度较低,适用于同步精度要求不高、负载小的场合。图 8-36(b)所示为滑道式同步回路。采用刚性梁将两个液压缸相连,使两个液压缸在光滑的具有较小间隙的刚性滑道中运动,实现液压缸 1、2 的位移同步。这种回路简单,同步精度高,但对梁和滑道的结构及精度有一定的要求,适用于负载较大、同步要求高的场合,如金属打包机。

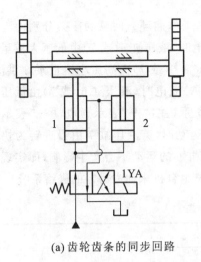 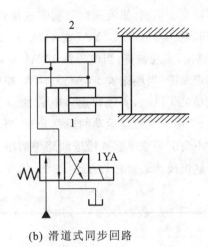

(a) 齿轮齿条的同步回路   (b) 滑道式同步回路

图 8-36 机械控制的同步回路

1,2—液压缸

8.4.3 多缸快慢速互不干扰回路

当用一个液压泵或多个液压泵同时驱动多个液压缸时,通常情况下一个液压缸快速运动会造成系统压力下降,影响其他液压缸工作的稳定性。为了使系统中多个执行元件完成各自工作循环时彼此互不影响,必须采用多缸快慢速互不干扰回路。

图 8-37 所示为双泵供油的多缸快慢速互不干扰回路。采用低压大流量泵 1 和高压小

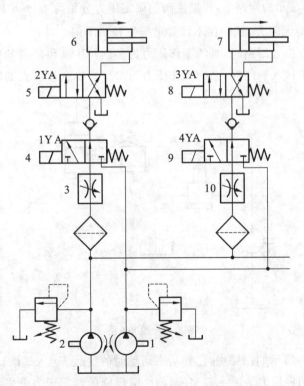

图 8-37 双泵供油的多缸快慢速互不干扰回路

1—低压大流量泵;2—高压小流量泵;3,10—调速阀;4,9—二位三通电磁换向阀;

5,8—二位四通电磁换向阀;6,7—液压缸

流量泵 2 供油,使液压缸分别完成快进→慢进→快退的工作循环。两泵的压力分别由溢流阀调定。当电磁铁 1YA(或 4YA)和 2YA(或 3YA)通电时,液压缸 6(或 7)由低压大流量泵 1 供油,实现快进;当电磁铁 1YA(或 4YA)断电时,液压缸 6(或 7)由高压小流量泵 2 供油,实现慢进;当电磁铁 1YA(或 4YA)通电且 2YA(或 3YA)断电时,液压缸 6(或 7)由低压大流量泵 1 供油,实现快退。电磁铁动作顺序如表 8-1 所示(注:"＋"表示通电,"－"表示断电)。由于快慢速运动的油路分开,当液压缸 6 作慢进运动时,若液压缸 7 由慢进转为快退时不会引起液压缸 6 慢进油路中的压力下降,则对液压缸 6 的运动不会产生影响,即实现了多缸快慢速运动时的互不干扰。这种回路适用于多工位组合机床动力滑台的进给系统。

表 8-1　电磁铁动作顺序表

	1YA	2YA	3YA	4YA
快进	＋	＋	＋	＋
慢进	－	＋	＋	＋
快退	＋	－	－	＋
停止	－	－	－	－

习　题

8-1　在图 8-38 所示的回路中,若溢流阀的调定压力分别为 $p_{y1}=6$ MPa,$p_{y2}=4.5$ MPa,泵出口处负载阻力为无限大,试问在不计管道损失和调压偏差时:

(1) 换向阀下位接入回路时,泵的工作压力为多少? B 点和 C 点的压力各为多少?

(2) 换向阀上位接入回路时,泵的工作压力为多少? B 点和 C 点的压力又是多少?

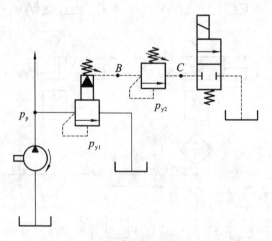

图 8-38　题 8-1 图

8-2　在图 8-39 所示的回路中,已知活塞运动时的负载 $F=1.2$ kN,活塞面积 $A=15\times10^{-4}$ m²,溢流阀的调定压力 $p_{p}=4.5$ MPa,两个减压阀的调定压力分别为 $p_{j1}=3.5$ MPa 和 $p_{j2}=2$ MPa,如油液流过减压阀及管路时的损失可忽略不计,试确定活塞运动时和停在终端位置时 A、B、C 三点的压力值。

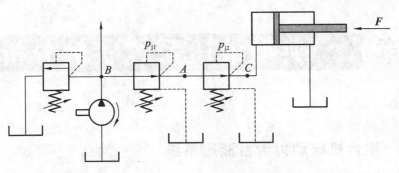

图 8-39 题 8-2 图

8-3 在图 8-40 所示的采用调速阀的节流调速回路中,已知 $q_p = 25$ L/min,$A_1 = 100 \times 10^{-4}$ m^2,$A_2 = 50 \times 10^{-4}$ m^2,F 由零增至 30 000 N 时活塞向右移动速度基本无变化,$v = 0.2$ m/min。若调速阀要求的最小压差 $\Delta p_{min} = 0.5$ MPa,试求:

(1) 不计调压偏差时溢流阀的调定压力 p_y 是多少?泵的工作压力是多少?

(2) 液压缸可能达到的最高工作压力是多少?

(3) 回路的最高效率为多少?

8-4 有一液压传动系统,快进时所需的最大流量为 25 L/min,工进时液压缸的工作压力 $p_1 = 5.5$ MPa,流量为 2 L/min。若采用 YB1-25 和 YB1-25/4 两种泵对系统供油,设泵的总效率 $\eta = 0.8$,溢流阀的调定压力 $p_p = 6.0$ MPa,双联泵中低压泵的卸荷压力 $p_2 = 0.12$ MPa,不计其他损失,分别计算采用这两种泵供油时系统的效率(液压缸效率为 1.0)。

8-5 如图 8-41 所示,已知两液压缸的活塞面积相同,液压缸无杆腔面积 $A_1 = 20 \times 10^{-4}$ m^2,但负载分别为 $F_1 = 8000$ N,$F_2 = 4000$ N。如溢流阀的调定压力为 $p_y = 4.5$ MPa,试分析减压阀的压力分别调整为 1 MPa、2 MPa、4 MPa 时,两液压缸的动作情况。

8-6 图 8-42 所示为等量分流阀的原理图,试分析当 p_3、p_4 不等时,其流量 q_A、q_B 有没有变化?它可应用于何种场合?

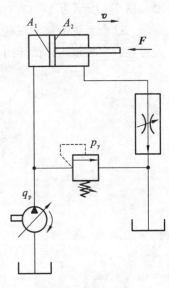

图 8-40 题 8-3 图

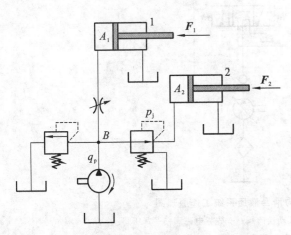

图 8-41 题 8-5 图

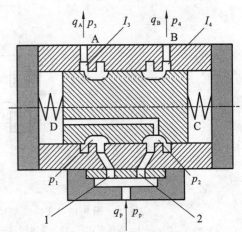

图 8-42 题 8-6 图

第9章 典型液压系统实例分析

9.1 组合机床动力滑台液压系统

组合机床是由通用部件和部分专用部件组成的高效、专用、自动化程度较高的机床。它能完成钻、扩、铰、镗、铣、攻螺纹等工序和工作台转位、定位、夹紧、输送等辅助动作,可用来组成自动线。

9.1.1 YT4543型动力滑台液压系统工作原理

图 9-1 所示为 YT4543 型动力滑台液压系统工作原理图。该系统的动作循环如表 9-1 所示。这个系统能够实现的工作循环是:快进→一工进→二工进→死挡铁停留→快退→原位停止。实现该工作循环的工作原理如下。

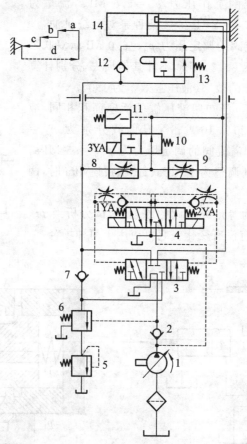

图 9-1 YT4543 型动力滑台液压系统工作原理图
1—液压泵;2,7,12—单向阀;3—液动换向阀;4—先导电磁阀;5—背压阀;
6—顺序阀;8,9—调速阀;10—电磁阀;11—压力继电器;13—行程阀;14—液压缸;
a—快进;b——工进;c—二工进;d—返回停止

表 9-1　YT4543 型动力滑台液压系统的动作循环表

动作 ＼ 元件	1YA	2YA	3YA	压力继电器 11	行程阀 13
快进(差动)	+	−	−	−	导通
一工进	+	−	−		切断
二工进	+	−	+		切断
死挡铁停留	+	−	+	+	切断
快退	−	+	±		切断→导通
原位停止					导通

1. 快进

按下启动按钮,电磁铁 1YA 通电,先导电磁阀 4 处于左位,使液动换向阀 3 的阀芯右移,左位接入系统,其主油路为:

进油路:液压泵 1→单向阀 2→液动换向阀 3 左位→行程阀 13(常态位)→液压缸 14 左腔。

回油路:液压缸 14 右腔→液动换向阀 3 左位→单向阀 7→行程阀 13(常态位)→液压缸 14 左腔。

动力滑台空载时系统压力低,顺序阀 6 关闭,液压缸 14 成差动连接,且液压泵 1 有最大输出流量,滑台向左快进。

2. 一工进

快进到预定位置时,滑台上的行程挡块压下行程阀 13,使原来通过行程阀 13 进入液压缸 14 无杆腔的油路切断。此时电磁阀 10 的电磁铁 3YA 处于断电状态,调速阀 8 接入系统进油路,系统压力升高。压力的升高一方面使顺序阀 6 打开,另一方面使液压泵 1 的流量减小,直到与经过调速阀 8 后的流量相同为止。

这时进入液压缸 14 无杆腔的流量由调速阀 8 的开口大小决定,液压缸 14 有杆腔的油液则通过液动换向阀 3 后经顺序阀 6 和背压阀 5 流回油箱(两侧的压差使单向阀 7 关闭),滑台以第一种工进速度向左运动。

3. 二工进

一工进结束时,行程挡块压下行程开关,使电磁铁 3YA 通电,经过电磁阀 10 的通路被切断,此时油液需经调速阀 8 和 9 才能进入液压缸 14 的无杆腔。由于调速阀 9 的开口比调速阀 8 的小,滑台的速度减小,因此速度大小由调速阀 9 的开口大小决定。

4. 死挡铁停留

当滑台二工进终了,碰上死挡铁后,滑台停止运动。液压缸 14 无杆腔的压力升高,达到压力继电器 11 的调定压力,压力继电器 11 动作,经过时间继电器的延时,再发出电信号,使滑台退回。滑台的停留时间可由时间继电器调定。

5. 快退

当时间继电器经延时发出信号后,电磁铁 2YA 通电,1YA、3YA 断电,先导电磁阀 4 和液动换向阀 3 处于右位。主油路为:

进油路:液压泵 1→单向阀 2→液动换向阀 3 右位→液压缸 14 右腔。

回油路:液压缸 14 左腔→单向阀 12→液动换向阀 3 右位→油箱。

由于此时动力滑台为空载,系统压力低,因此液压泵 1 输出的流量最大,滑台向右快退。

6. 原位停止

当滑台快退到原位时,行程挡块压下原位行程开关,使电磁铁 1YA、2YA 和 3YA 都断电,先导电磁阀 4 和液动换向阀 3 处于中位,滑台停止运动,液压泵 1 通过液动换向阀 3 中位(M 型)卸荷。

9.1.2　YT4543 型动力滑台液压系统特点

YT4543 型动力滑台液压系统包括以下一些基本回路:由限压式变量泵和进油路调速阀组成的容积节流调速回路、差动连接快速运动回路、采用电液换向阀的换向回路、由行程阀、电磁阀和液控顺序阀等联合控制的速度换接回路及采用中位机能为 M 型的电液换向阀的卸荷回路等。液压系统的性能就由这些基本回路所决定。该系统有以下几个特点。

(1)采用了由限压式变量泵和调速阀组成的容积节流调速回路。这种回路既满足了系统调速范围大、低速稳定性好的要求,又提高了系统的效率。进给时,在回油路上增设一个背压阀,这样做一方面是为了改善速度稳定性(避免空气渗入系统,提高传动刚度),另一方面是为了使滑台能承受一定的与运动方向一致的切削力。

(2)采用了限压式变量泵和差动连接两个措施来实现快进,这样既能得到较高的快进速度,又不至于使系统效率过低。动力滑台快进和快退速度均为最大进给速度的 10 倍;泵的流量自动变化,即在快速行程时输出最大流量,工进时只输出与液压缸所需相适应的流量,死挡铁停留时只输出补偿系统泄漏所需的流量。系统无溢流损失,效率高。

(3)采用了行程阀和液控顺序阀使快进转换为工进,动作平稳可靠,转换的位置精度比较高。至于两个工进之间的换接,由于两者速度都较低,故采用电磁阀完全能保证换接精度。

9.2　液压机液压系统

9.2.1　概述

液压机是一种广泛应用的压力加工设备,常用于可塑性材料的压制工艺,如锻压、冲压、冷挤、弯曲、校直、打包、翻边、粉末冶金及塑料成型等,是最早应用液压传动的机械设备之一。液压机的类型很多,其中以四柱式液压机最为典型。上滑块由四柱导向,由上液压缸驱动,下液压缸布置在工作台中间孔内,驱动下滑块,如图 9-2 所示。液压机对液压系统的基本要求如下。

(1)压制工艺一般要求主缸(上液压缸)驱动上滑块,实现"快速下行→慢速加压→保压延时→快速返回→原位停止"的动作循环;要求顶出缸(下液压缸)驱动下滑块,实现"向上顶出→停留→向下返回或浮动压边下行→原位停止"的动作循环,如图 9-3 所示。

(2)系统流量大、功率大、空行程和加压行程的速度差异大,因此要求功率利用合理,工作平稳性和安全可靠性要高。

(3)系统中的压力要能经常变化和调节,并能产生较大的压制力,以满足工作要求。

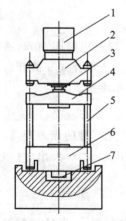

图 9-2　液压机外形图

1—充气筒;2—上横梁;3—上液压缸;
4—上滑块;5—立柱;
6—下滑块;7—下液压缸

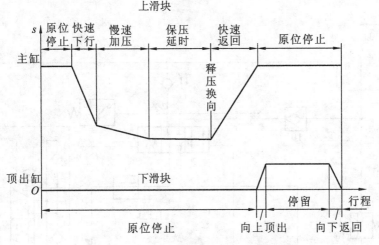

上滑块

图 9-3　YB32-200 型液压机动作循环图

9.2.2　YB32-200 型液压机液压系统工作原理

图 9-4 为 YB32-200 型四柱万能液压机的液压系统图,该系统由一高压泵供油。现以一般的定压成型压制工艺为例,分析该液压机液压系统的工作原理。

1. 主缸运动

1) 快速下行

按下启动按钮,电磁铁 1YA 通电,先导换向阀 5 和上液压缸换向阀(液控)7 左位接入系统,液控单向阀 10 打开,系统中的油液进入上液压缸的上腔。由于上滑块在自重的作用下迅速下行,这时液压泵的流量又比较小,不足以补充上液压缸上腔迅速增大的容积,因此上腔形成局部真空,液压缸顶部的充液筒内的油液在大气压的作用下,经液控单向阀 13 进入上液压缸上腔进行补油。其油路为:

① 进油路:液压泵 1→顺序阀 6→上液压缸换向阀 7(左位)→单向阀 11→
充液筒→液控单向阀 13→ $\Big\}$ →上液压缸上腔。

② 回油路:上液压缸下腔→液控单向阀 10→上液压缸换向阀 7(左位)→下液压缸换向阀 14(中位)→油箱。

2) 慢速加压

当上滑块运行至接触到工件时,上滑块因受阻力而减速,上液压缸上腔压力升高,液控单向阀 13 关闭,加压速度由液压泵的流量来决定,这时油液流动情况与快速下行时的相同。

3) 保压延时

当上液压缸上腔的压力上升到预定值时,压力继电器 8 发出信号,使电磁铁 1YA 断电,先导换向阀 5 和上液压缸换向阀 7 都处于中位,实现保压。保压时间由时间继电器(图中未画出)控制,可在 0~0.24 min 内调节。保压时液压泵卸荷,系统中没有油液流动,其卸荷油路为:液压泵 1→顺序阀 6→上液压缸换向阀 7(中位)→下液压缸换向阀 14(中位)→油箱。

4) 快速返回

保压延时结束后,时间继电器发出信号,使电磁铁 2YA 通电。为了防止保压状态向快速返回状态转换过快而引起压力冲击和上滑块动作不平稳,设置了预泄换向阀组 9,它的作用是在电磁铁 2YA 通电后,其控制压力油必须在上液压缸上腔泄压后才能进入上液压缸换向阀 7 的右端,使其换向。预泄换向阀组 9 的工作原理是:在保压阶段,这个阀以上位接入

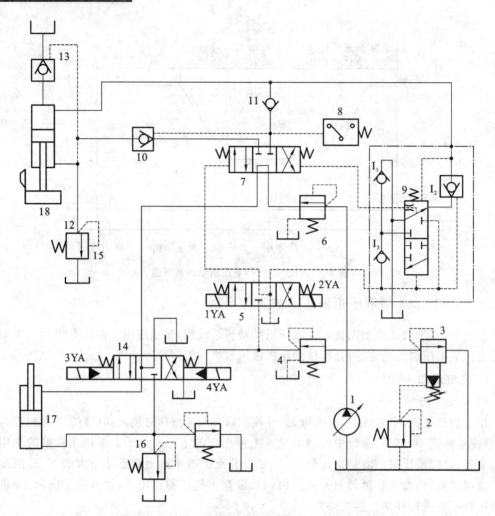

图 9-4　YB32-200 型四柱万能液压机的液压系统图

1—液压泵；2—调压阀；3,12,15,16—溢流阀；4—减压阀；5—先导换向阀；6—顺序阀；
7—上液压缸换向阀；8—压力继电器；9—预泄换向阀组；10,13,I_2——液控单向阀；11,I_1,I_3—单向阀；
14—下液压缸换向阀；15—下液压缸溢流阀；16—下液压缸安全阀；17—下液压缸；18—上液压缸

系统，当电磁铁 2YA 通电后，先导换向阀 5 的右位接入系统时，控制油路中的压力油虽到达预泄换向阀组 9 的阀芯下端，但其上端的高压油未曾卸掉，故阀芯不动。由于液控单向阀 I_2 可在控制压力低于其主油路压力的情况下打开，于是上液压缸上腔的高压油通过液控单向阀 I_2→预泄换向阀组 9（上位）→油箱而被卸掉。预泄换向阀组 9 的阀芯在压力油的作用下向上移动，其下位接入系统，它一方面切断上液压缸上腔通向油箱的通道，另一方面使控制油路中的压力油输入到上液压缸换向阀 7 阀芯的右端，使该阀的右位接入系统。液控单向阀 10 被打开，油液流动情况为：

① 进油路：液压泵 1→顺序阀 6→上液压缸换向阀 7（右位）→液控单向阀 10→上液压缸下腔。

② 回油路：上液压缸上腔→液控单向阀 13→充液筒。

上滑块快速返回时，从回油路进入充液筒中的油液若超过预定位置，可从充液筒中的溢流管流回油箱。由图 9-4 可见，上液压缸换向阀 7 由左位切换至中位时，阀芯右端由油箱经单向阀 I_3 补油；由右位切换至中位时，阀芯右端的油液经单向阀 I_1 流回油箱。

5）原位停止

当上滑块返回，上升至挡块压下行程开关时，行程开关发出信号，使电磁铁 2YA 断电，先导换向阀 5 和上液压缸换向阀 7 都处于中位，上滑块停止运动，这时液压泵在低压下卸荷。由于液控单向阀 10 和溢流阀 12 的支承作用，上滑块悬空停止。

2. 下滑块工作循环

1）向上顶出

电磁铁 4YA 通电，使下液压缸换向阀 14 的右位接入系统，下液压缸带动下滑块向上顶出，其油路为：

① 进油路：液压泵 1→顺序阀 6→上液压缸换向阀 7（中位）→下液压缸换向阀 14（右位）→下液压缸下腔。

② 回油路：下液压缸上腔→下液压缸换向阀 14（右位）→油箱。

2）停留

当下滑块上移至下液压缸活塞碰到上缸盖时，便停留在这个位置上。阀 15 为下液压缸溢流阀，由它调节顶出压力。

3）向下返回

电磁铁 4YA 断电，3YA 通电，液压缸快速退回。其油路为：

① 进油路：液压泵 1→顺序阀 6→上液压缸换向阀 7（中位）→下液压缸换向阀 14（左位）→下液压缸上腔。

② 回油路：下液压缸下腔→下液压缸换向阀 14（右位）→油箱。

4）原位停止

当电磁铁 3YA、4YA 都断电，下液压缸换向阀 14 处于中位时实现原位停止。阀 16 为下液压缸安全阀。

9.2.3 YB32-200 型液压机液压系统特点

（1）系统采用高压轴向柱塞变量泵供油，充液筒补充快速下行时液压泵供油的不足，这使系统功率利用合理。

（2）系统保压时，采用单向阀 I_1、I_3 和液控单向阀 I_2 的密封性及管道和油液的弹性来保证，方法简单，造价低，但对液压缸等元件的密封性要求较高。

（3）系统采用了专用的预泄换向阀组来实现上滑块快速返回前的泄压，保证了动作的平稳，防止换向时产生液压冲击和噪声。

（4）系统中的上、下两液压缸动作的协调由两换向阀 7 和 14 的互锁来保证，一个油缸必须在另一个油缸停止时才能动作。但是，在拉深操作中，为了实现"压边"这个工步，上液压缸的活塞必须推着下液压缸的活塞移动，这时上液压缸下腔的油液进入下液压缸的上腔，而下液压缸下腔的油液则经下液压缸溢流阀排回油箱，不存在动作不协调的问题。

（5）系统中的两液压缸各有一个安全阀来实现过载保护。

9.3 万能外圆磨床液压系统

9.3.1 概述

万能外圆磨床是一种可以磨削外圆，加上附件又可磨削内圆的机床。这种磨床具有砂轮旋转、工件旋转、工作台带动工件往复运动和砂轮架周期切入等运动,此外砂轮架还可快速进退,尾架顶尖可以伸缩。在这些运动中,除了砂轮与工件的旋转由电动机驱动外,其余的运动均由液压传动来实现。在所有的运动中,以工作台往复运动的要求最高,它不仅要保证机床有尽可能高的生产率,还应保证换向过程平稳、换向精度高。一般工作台的往复运动应满足以下要求。

(1) 较宽的调速范围。能在 0.05~4 m/min 的范围内无级调速,高精度的外圆磨床在修整砂轮时要达到 10~30 mm/min 的最低稳定速度。

(2) 自动换向。在以上速度范围内应能进行频繁换向,并且过程平稳,制动和反向启动迅速。

(3) 换向精度高。在同一速度下,换向点的变动量(同速换向精度)应小于 0.02 mm;在不同速度下,换向点的变动量(异速换向精度)应小于 0.2 mm。

(4) 端点停留。外圆磨削时砂轮一般不超越工件。为了避免工件两端由于磨削时间短而出现尺寸偏大的情况,要求工作台在换向点处能做短暂停留,停留时间应在 0~5 s 范围内可调。

(5) 工作台抖动。切入磨削或砂轮磨削宽度与工件长度相近时,为了提高生产率和减小加工表面粗糙度,工作台需作短行程(1~3 mm)、频率为 100~150 次/min 的往复运动(又称抖动)。

由以上分析可知,在外圆磨床液压系统中,如何合理地选择换向回路的形式,是液压系统的核心问题。

9.3.2　外圆磨床工作台转向回路

由于外圆磨床工作台的换向性能要求较高,一般的手动换向(不能实现自动往复运动)、机动换向(低速时会出现死点)和电磁铁换向(换向时间短、冲击大)均不符合其换向性能的要求,它常采用机液联合换向的方式来满足其换向要求。这种回路可按制动原理分成时间控制式和行程控制式两种。

在时间控制式换向回路中,主换向阀切换油口,使工作台制动的时间为一调定值,因此工作台速度大时,其制动过程的冲击量就大,换向点的位置精度较低。因而,它只适用于对换向精度要求不高的机床,如平面磨床等。对于外圆和内圆磨床,为了使工作台的运动获得较高的换向精度,通常采用行程控制式换向回路。

图 9-5 所示为行程控制式换向回路。它主要由起先导作用的机动阀和主液动阀组成,其特点是先导阀不仅对操纵主阀的控制压力油起控制作用,还直接参与工作台换向制动过程的控制。当图示位置的先导阀在换向过程中向左移动时,先导阀阀芯的右制动锥 T 将液压缸右腔的回油通道逐渐关小,使活塞速度逐渐减慢,这是对活塞进行预制动;当回油通道被关得很小,活塞速度变得很慢时,换向阀的控制油路才开始切换,换向阀阀芯向左移动,切断主油路通道,使活塞停止运动,并随即使它在相反的方向启动。这里,无论工作台原来的速度快慢如何,先导阀总是要先移动一段固定的行程 l,将工作部件先进行预制动,再由换向阀来使它换向,所以称这种制动方式为行程控制式制动。由于在制动过程中有预制动和终制动两步,所以工作台换向平稳,冲击小。工作台制动完成以后,在一段时间内,主换向阀使液压缸两腔互通压力油,工作台处于停止不动的状态,直至主阀芯移动到使液压缸两腔油路隔开,工作台才开始反向启动,这个阶段称为端点停留阶段,其时间可由主阀芯两端的节流阀 L_1 或 L_2 来调节。但是,由于先导阀的制动行程 l 恒定不变,制动时间的长短和换向冲击的大小就会受到运动部件速度快慢的影响,所以这种换向回路宜用在机床工作部件运动速度不大,但换向精度要求较高的场合。

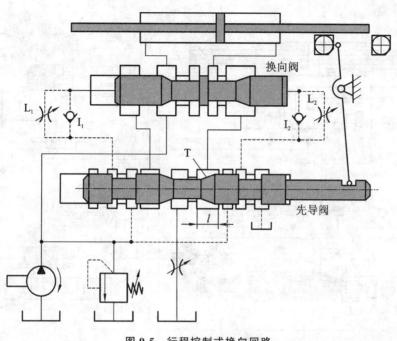

图 9-5 行程控制式换向回路

9.3.3 M1432A 型万能外圆磨床液压系统工作原理

图 9-6 所示为 M1432A 型万能外圆磨床液压系统的工作原理图。由图可见,这个系统利用工作台挡块和先导阀拨杆可以连续地实现工作台的往复运动和砂轮架的间隙自动进给运动,其工作情况如下。

1. 工作台往复运动

在图 9-6 所示的状态下,当开停阀处于右位时,先导阀都处于右端位置,工作台向右运动,主油路的油液流动情况为:

进油路:液压泵→换向阀(右位)→工作台液压缸右腔。

回油路:工作台液压缸左腔→换向阀(右位)→先导阀(右位)→开停阀(右位)→节流阀→油箱。

当工作台向右移动到预定位置时,工作台上的左挡块拨动先导阀阀芯,并使它最终处于左端位置上。这时控制回路上 a_2 点接通高压油,a_1 点接通油箱,使换向阀也处于其左端位置,于是主油路的油液流动变为:

进油路:液压泵→换向阀(左位)→工作台液压缸左腔。

回油路:工作台液压缸右腔→换向阀(左位)→先导阀(左位)→开停阀(右位)→节流阀→油箱。

这时工作台向左运动,并在其右挡块碰上拨杆后发生与上述情况相反的变换,使工作台改变方向而向右运动,如此不停地反复进行下去,直到开停阀拨向左位时才使运动停下来。

2. 工作台转换过程

工作台换向时,先导阀先受到挡块的操纵而移动,接着又受到抖动缸的操纵而产生快跳;换向阀的操纵油路则先后三次变换通流情况,使其阀芯产生第一次快跳、慢速移动和第二次快跳。这样就使工作台的换向经历了迅速制动、停留和迅速反向启动三个阶段。当图9-6中的先导阀被拨杆推着向左移动时,它的右制动锥逐渐将通向节流阀的通道关小,使工

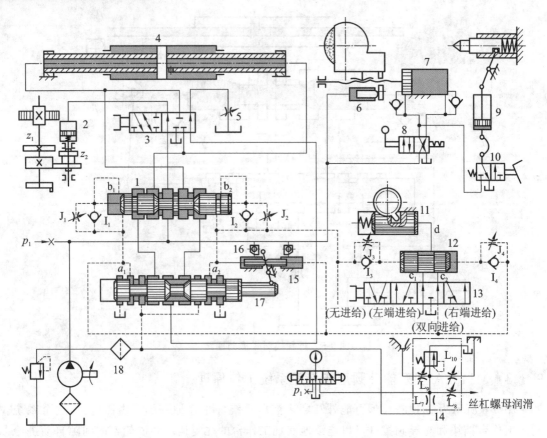

图 9-6 M1432A 型万能外圆磨床液压系统的工作原理图

作台逐渐减速,实现预制动。当工作台挡块推动先导阀,直到先导阀阀芯右部环形槽使 a_2 点接通高压油,左部环形槽使 a_1 点接通油箱时,控制油路被切换。这时左、右抖动缸便推动先导阀向左快跳,因为此时左、右抖动缸的进、回油路为:

进油路:液压泵→精过滤器→先导阀(左位)→左抖动缸。

回油路:右抖动缸→先导阀(左位)→油箱。

由此可见,由于抖动缸的作用而引起先导阀快跳,使换向阀两端的控制油路一旦切换就迅速打开,为换向阀阀芯快速移动创造了液流流动条件。由于阀芯右端接通高压油,因此液动换向阀阀芯开始向左移动,即进油路为:液压泵→精过滤器→先导阀(左位)→单向阀 I_2 →流动换向阀阀芯右端。而液动换向阀阀芯左端通向油箱的油路先后有三种接通情况,开始阶段的情况如图 9-6 所示,回油流动路线为:

回油路(变换之一):液动换向阀阀芯左端→先导阀(左位)→油箱。

由于回油路畅通无阻,阀芯移动速度很大,主阀芯出现第一次快跳,其右部制动锥很快地关小主回油路的通道,使工作台迅速制动。当换向阀阀芯快速移动一小段距离后,它的中部台肩移到阀体中间的沉割槽处,使液压缸两腔油路相通,工作台停止运动。此后,换向阀阀芯在压力油的作用下继续左移时,直通先导阀的通道被切断,回油流动路线改为:

回油路(变换之二):液动换向阀阀芯左端→节流阀 J_1 →先导阀(左位)→油箱。

这时阀芯按节流阀(也叫停留阀)J_1 调定的速度慢速移动。由于阀体上的沉割槽宽度大于阀芯中部台肩的宽度,因此液压缸两腔油路在阀芯慢速移动期间继续保持相通,使工作台的停止持续一段时间(可在 0~5 s 内调整),这就是工作台在反向前的端点停留。最后,当阀芯慢速移动到其左部环形槽和先导阀相连的通道接通时,回油流动路线又变为:

回油路(变换之三):液动换向阀阀芯左端→通道 b_1 →换向阀左部环形槽→先导阀(左位)→油箱。

这时回油路又畅通无阻,阀芯出现第二次快跳,主油路被迅速切换,工作台迅速反向启动,最终完成了全部换向过程。

在反向时,先导阀和换向阀自左向右移动的换向过程与上述过程相同,但这时 a_2 点接通油箱,而 a_1 点接通高压油。

3. 砂轮架的快进快退运动

砂轮架的快进快退运动由快动阀操纵,由快动缸来实现。在图 9-6 所示的状态下,快动阀右位接入系统,砂轮架快速前进到其最前端位置,快进的终点位置是靠活塞与缸盖接触来保证的。为了防止砂轮架在快速运动终点处引起冲突和提高快进运动的重复位置精度,快动缸的两端设有缓冲装置(图中未画出),并设有抵住砂轮架的闸缸,用以消除丝杠和螺母间的间隙。快动阀左位接入系统时,砂轮架快速后退到其最后端位置。

4. 砂轮架的周期进给运动

砂轮架的周期进给由进给阀操纵,由砂轮架的进给缸通过其活塞上的拨爪棘轮、齿轮、丝杠螺母等传动副来实现。砂轮架的周期进给运动可以在工件左端停留时进行(左进给),可以在工件右端停留时进行(右进给),也可以在工件两端停留时进行(双向进给),还可以不进行进给(无进给),这些均由选择阀的位置决定。在图 9-6 所示的状态下,选择阀选定的是"双向进给",进给阀在操纵油路的 a_1 和 a_2 点每次相互变换压力时,向左或向右移动一次(因为油路 d 与油路 c_1 和 c_2 各接通一次),于是砂轮架便作一次间歇进给。进给量的大小由拨爪棘轮机构调节,进给快慢及平稳性则通过调节节流阀 J_3、J_4 来保证。

5. 工作台液动和手动的互锁

工作台液动和手动的互锁由互锁缸来实现。当开停阀处于图 9-6 所示的位置时,互锁缸内通入压力油,推动活塞使齿轮 z_1 和 z_2 脱开,工作台运动时手轮就不会转动;当开停阀左位接入系统时,互锁缸接通油箱,活塞在弹簧作用下移动,使齿轮 z_1 和 z_2 啮合,工作台就可以通过摇动手轮来移动,以调整工作。

6. 尾架顶尖的退出

尾架顶尖的退出由一个脚踏式的尾架阀操纵,由尾架缸来实现。尾架顶尖只在砂轮架快速退出时才能后退,以确保安全,因为这时系统中的压力油须在快动阀左位接入时才能通向尾架阀处。

7. 机床的润滑

液压泵输出的油液有一部分经精过滤器到达润滑稳定器,经润滑稳定器进行压力调节及分流后,送至导轨、丝杠螺母、轴承等处进行润滑。

8. 压力的测量

系统中的压力可通过压力表开关由压力表测定。如在压力表开关处于左位时,测出的是系统的工作压力;而在压力表开关处于右位时,测出的是润滑系统的压力。

9.3.4 M1432A 型万能外圆磨床液压系统特点

(1)系统采用了活塞杆固定式双杆液压缸,既保证了左、右两个方向的运动速度一致,又减小了机床的占地面积。

(2)系统采用了结构简单的节流阀式调速回路,功率损失小,这对于调速范围不大、负载较小且基本恒定的磨床来说是合适的。此外,由于采用了回油节流调速回路,液压缸回油中有背压,可以防止空气渗入液压系统,且有助于稳定工作和加速工作台的制动。

(3)系统采用了 HYY21/3P-25T 型快跳操纵箱,结构紧凑,操纵方便,换向精度和换向平稳性都较高。此外,这种操纵箱使工作台能作很短距离的高频抖动,有利于提高切入式磨削和阶梯轴(孔)磨削的加工质量。

9.4 汽车起重机液压系统

9.4.1 概述

汽车起重机广泛应用于国民经济的各个部门,主要用于对物料进行起吊、运输、装卸及安装等。汽车起重机由于有较高的行走速度,因此调动、使用灵活,机动性能较好,可和车队编队行驶,用途广泛,并可在有冲击、振动及温差变化较大的不利环境下作业,但它只适用于执行动作简单与位置精度要求较低的场合。作为起重用的汽车起重机,无论是在机械方面或是液压方面,对工作系统的安全性和可靠性的要求都是特别严格的。图 9-7 所示为 Q2-8 型汽车起重机外形图。下面以 Q2-8 型汽车起重机为例介绍其液压系统。

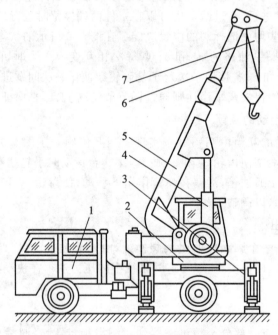

图 9-7　Q2-8 型汽车起重机外形图
1—汽车;2—转台;3—支腿;4—吊臂交幅液压缸;5—基本臂;6—伸缩臂;7—起升机构

9.4.2　Q2-8 型汽车起重机液压系统工作原理

Q2-8 型汽车起重机的液压系统如图 9-8 所示。该系统属于中高压系统,用一个轴向柱塞泵作动力源,由汽车发动机通过传动装置(取力箱)驱动工作。整个系统由支腿收放、转台回转、吊臂伸缩、吊臂变幅和吊重起升五个工作支路组成。其中,前、后支腿收放支路的手动换向阀 A、B 组成一个阀组(双联多路阀,如图 9-8 中 1 所示),其余四个支路的手动换向阀 C、D、E、F 组成另一个阀组(四联多路阀,如图 9-8 中 2 所示)。各手动换向阀均为 M 型中位机能的三位四通手动换向阀,它们相互串联组合,可实现多缸卸荷。

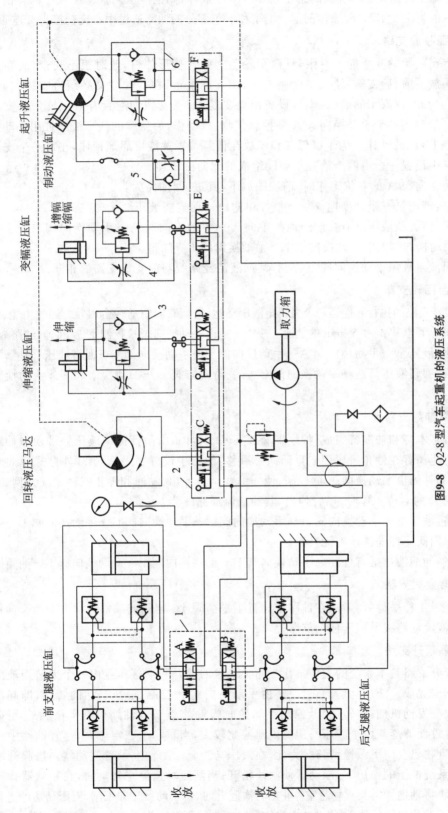

图9-8 Q2-8型汽车起重机的液压系统

1、2—阀组；3、4、6—平衡阀；5—单向节流阀；7—旋转接头系统中除了液压泵、安全阀、阀组 1 及支腿液压缸外,其他液压元件都装在可回转的上车部分。油箱也装在上车部分,兼作配重。上车和下车部分的油路通过中心旋转接头 7 连通。

1. 支腿收放支路

由于汽车轮胎的支承能力有限,且汽车轮胎为弹性变形体,作业时很不安全,故在起重作业前必须放下前、后支腿,使汽车轮胎架空,用支腿承重;在行驶时又必须将支腿收起,使轮胎着地。为此,在汽车的前、后端各设置两条支腿,每条支腿均配置有液压缸。前支腿的两个液压缸同时用一个手动换向阀 A 来控制其收、放动作,后支腿的两个液压缸用手动换向阀 B 来控制其收、放动作。为了确保支腿停放在任意位置并能可靠地锁住,在每一个支腿液压缸的油路中设置一个由两个液控单向阀组成的双向液压锁。

当手动换向阀 A 的左位工作时,前支腿放下,其进、回油路为:

进油路:液压泵→手动换向阀 A→液控单向阀→前支腿液压缸无杆腔。

回油路:前支腿液压缸有杆腔→液控单向阀→手动换向阀 A→手动换向阀 B→手动换向阀 C→手动换向阀 D→手动换向阀 E→手动换向阀 F→油箱。

后支腿液压缸用手动换向阀 B 控制,其油液流经路线与前支腿支路的相同。

2. 转台回转支路

转台回转支路的执行元件是一个大转矩液压马达,它能双向驱动转台回转。通过齿轮、蜗杆机构减速,转台可获得 $1 \sim 3$ r/min 的低速。液压马达由手动换向阀 C 控制正、反转,其油路为:

进油路:液压泵→手动换向阀 A→手动换向阀 B→手动换向阀 C→回转液压马达。

回油路:回转液压马达→手动换向阀 C→手动换向阀 D→手动换向阀 E→手动换向阀 F→油箱。

3. 吊臂伸缩支路

吊臂由基本臂和伸缩臂组成,伸缩臂套装在基本臂内,由吊臂伸缩液压缸带动作伸缩运动。为了防止吊臂在停止阶段因自重而向下滑移,油路中设置了平衡阀 3(外控式单向顺序阀)。吊臂的伸缩由手动换向阀 D 控制,使伸缩臂具有伸出、缩回和停止三种工况。例如,当手动换向阀 D 的右位工作时,吊臂伸出,其油液流经路线为:

进油路:液压泵→手动换向阀 A→手动换向阀 B→手动换向阀 C→手动换向阀 D→平衡阀 3 中的单向阀→伸缩液压缸无杆腔。

回油路:伸缩液压缸有杆腔→手动换向阀 D→手动换向阀 E→手动换向阀 F→油箱。

4. 吊臂变幅支路

变幅要求工作平稳可靠,故在油路中设置了平衡阀 4。增幅或减幅运动由手动换向阀 E 控制,其油液流动路线类似于伸缩支路。

5. 吊重起升支路

吊重起升支路是本系统的主要工作支路。吊重的提升和下落作业由一个大转矩液压马达带动绞车来完成。液压马达的正、反转由手动换向阀 F 控制,液压马达的转速,即起吊速度可通过改变发动机油门(转速)及控制手动换向阀 F 来调节。油路设有平衡阀 6,用以防止重物因自重而下落。由于液压马达的内泄漏比较大,当重物吊在空中时,尽管油路中设有平衡阀,但重物仍会向下缓慢滑移。为此,在液压马达驱动的轴上设置制动器。当起升机构工作时,在系统油压的作用下,制动器使闸块松开;当液压马达停止转动时,在制动器弹簧的作用下,闸块将轴抱紧。当重物悬空停止后再次起升时,若制动器立即松闸,液压马达的进油路可能未来得及建立足够的油压,将会造成重物短时间失控下滑。为了避免这种现象产生,在制动器油路中设置了单向节流阀 5,使制动器抱闸迅速,松闸却能缓慢进行(松闸时间由节流阀调节)。

9.4.3 Q2-8 型汽车起重机液压系统特点

Q2-8 型汽车起重机液压系统的特点如下。

（1）系统中采用了平衡回路、锁紧回路和制动回路，能保证起重机工作可靠、操作安全。

（2）采用三位四通手动换向阀，不仅可以灵活、方便地控制换向动作，还可通过手柄操纵来控制流量，以实现节流调速。在起升工作中，将此节流调速方法与控制发动机转速的方法结合使用，可以实现各工作部件的微速动作。

（3）换向阀串联组合，不仅各机构的动作可以独立进行，而且在轻载作业时，可实现起升和回转复合动作，以提高工作效率。

（4）各换向阀的中位机能均为 M 型，处于中位时系统即卸荷，能减少功率损耗，适用于间歇性工作。

习　　题

9-1　如图 9-9 所示，回答下列问题：

（1）找出该系统由哪些基本回路组成，各元件在系统中的作用是什么？

（2）该系统采用什么方法来实现液压缸的快进？

（3）采用行程阀实现快慢速转换有何特点？

（4）采用死挡铁停留有何作用？

9-2　试写出图 9-9 所示的液压系统的动作循环表，并讨论该系统的特点。

9-3　液压系统如图 9-10 所示，试写出其动作循环表，并分析该系统的特点。

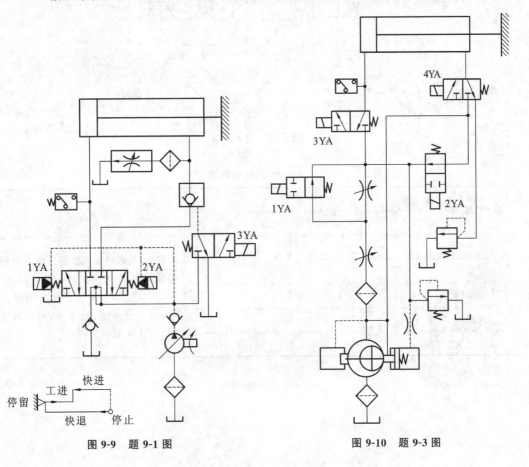

图 9-9　题 9-1 图　　　　　　　图 9-10　题 9-3 图

9-4 按提示说明图 9-11 所示的液压系统的工作原理,并将动作循环表表 9-2 填写完整。

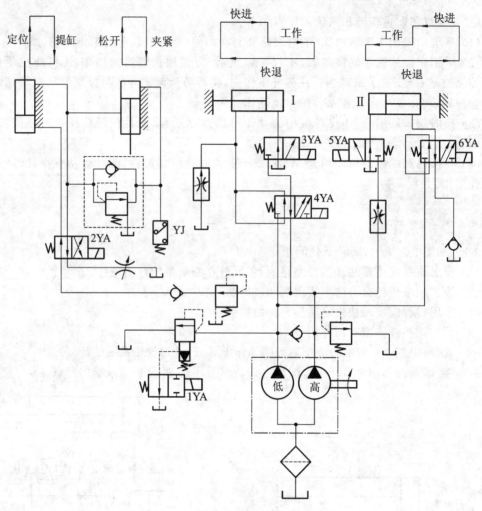

图 9-11 题 9-4 图

表 9-2 动作循环表

动作名称	电气元件							备　注
	1YA	2YA	3YA	4YA	5YA	6YA	YJ	
定位夹紧								(1) Ⅰ、Ⅱ两液压缸各自独立进行循环动作,互不约束;
快进								
工进卸荷(低)								(2) 4YA、6YA 中任何一个通电时,1YA 便通电;4YA、6YA 均断电时,1YA 才断电快进
快退								
松开拨销								

第⑩章 液压系统设计与计算

 10.1 明确设计要求,进行工况分析

10.1.1 液压系统的使用要求

主机对液压系统的使用要求是设计液压系统的依据。因此设计开始前,必须首先搞清下列问题。

1. 主机概况

(1)主机的用途、总体布局、主要结构、技术参数与性能要求。

(2)主机对液压装置在位置布置和空间尺寸以及质量上的限制。

(3)主机的工艺流程或工作循环、作业环境等。

2. 液压系统的任务与要求

(1)液压系统应完成的动作、液压执行元件的运动方式(移动、转动或摆动)及其工作范围。

(2)液压执行元件的负载大小及负载性质、运动速度的大小及其变化范围。

(3)液压执行元件的动作顺序及联锁关系、各动作的同步要求及同步精度。

(4)对液压系统工作性能的要求,如运动平稳性、定位精度、转换精度、自动化程度、工作效率、温升、振动、冲击与噪声、安全性与可靠性等。

(5)对液压系统的工作方式及控制方式的要求。

3. 液压系统的工作环境与条件

(1)周围介质、环境温度、湿度大小、风砂与尘埃情况、外界冲击振动等。

(2)防火与防爆要求。

4. 经济性与成本等方面的要求

10.1.2 负载特性分析

负载特性分析是拟订液压系统方案、选择或设计液压元件的依据。负载特性分析包括动力参数分析和运动参数分析两部分。液压系统承受的负载可由主机的规格规定,可由样机通过实验测定,也可以由理论分析确定。当用理论分析确定系统的实际负载时,必须仔细考虑它所有的组成项目,例如工作负载(切削力、挤压力、弹性塑性变形抗力、质量等)、惯性负载和阻力负载(摩擦力、背压力)等。此外必须注意负载的性质:是单向负载还是双向负载,是恒定负载还是变化负载,是否存在负值负载,是否有与液压缸轴线不重合的负载。对于复杂的液压系统,尤其是有多个液压执行元件同时动作的系统,通过动力参数分析,绘制出图 10-1(a)所示的负载图,以确定系统的工作压力;通过运动参数分析,绘制出图 10-1(b)所示的速度图,以选定系统所需流量。同时,根据系统负载图和速度图,可以绘制出液压系统的功率图,从而确定液压系统所需的功率。设计简单的液压系统时,负载图和速度图均可省略不画。

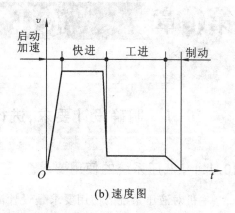

(a) 负载图   (b) 速度图

图 10-1   液压执行元件的负载图和速度图

1. 动力参数分析

动力参数分析就是通过计算确定各液压执行元件的载荷大小和方向,并分析各液压执行元件在工作过程中可能产生的冲击、振动及过载等情况。

液压缸的外负载力 F 和液压马达的外负载转矩 T 可按表 10-1 计算。根据计算所得的外负载就可绘制出上述负载图。

表 10-1   不同工况下液压缸的外负载力 F 和液压马达的外负载转矩 T 的计算

工况	F/N、$T/(\text{N}\cdot\text{m})$	备 注
启动	$\pm F_g + F_n f_a + B'v + ks$	F_g、T_g—外负载,其前负号指负值负载; F_n—法向力; r—回转半径; f_a、f_d—分别为外负载与支承面间的静、动摩擦因数; m、I—分别为运动部件的质量及转动惯量;
	$\pm T_g \pm F_n f_a r + B\omega \pm k_g\theta$	
加速	$\pm F_g \pm F_n f_d + m\dfrac{\Delta v}{\Delta t} + B'v + ks + F_b$	Δv、$\Delta\omega$—分别为运动部件的速度、角速度的变化量; Δt—加速或减速时间,对于一般机械,$\Delta t = 0.1\sim0.5$ s,对于磨床,$\Delta t = 0.01\sim0.05$ s,对于行走机械,$\Delta v/\Delta t = 0.5\sim1.5$ m/s²;
	$\pm T_g \pm F_n f_d r + I\dfrac{\Delta\omega}{\Delta t} + B\omega + k_g\theta + T_b$	B'、B—黏性阻尼系数; v、ω—分别为运动部件的速度及角速度;
匀速	$\pm F_g \pm F_n f_d + B'v + ks + F_b$	k—弹性元件的刚度; k_g—弹性元件的扭转刚度; s—弹性元件的线位移;
	$\pm T_g \pm F_n f_d r + B\omega + k_g\theta + T_b$	θ—弹性元件的角位移; F_b—回油背压阻力,$F_b = p_2 A$,p_2 为背压力;
制动	$\pm F_g \pm F_n f_d - m\dfrac{\Delta v}{\Delta t} + B'v + ks + F_b$	T_b—排油腔的背压转矩,$T_b = \dfrac{p_b V}{2\pi}$,其中 V 为液压马达的排量,p_b 为背压力
	$\pm T_g \pm F_n f_d r - I\dfrac{\Delta\omega}{\Delta t} + B\omega + k_g\theta + T_b$	

2. 运动参数分析

运动参数分析就是研究主机依据工艺要求应以何种运动规律完成一个工作循环,即研究运动的形式(平移、回转或摆动)、运动的速度大小和变化范围、运动行程长短、运动变化规律(循环过程与周期)等。依据这些分析就可作出上述速度图。

10.2 拟订液压系统原理图

拟订液压系统原理图是整个液压系统设计中最重要的步骤,需要从工作原理和结构组成上体现设计任务中的各项要求,从而明确系统类型、选择回路和组成系统。

10.2.1 概述

拟订液压系统原理图应综合前面各章内容。一般是先选定执行元件、油源类型、调速方案、液压基本回路和辅助油路后,对回路进行归并和整理,组合成一个完整的液压系统。也可以选择一种与本设计类似的成熟系统图作为基础,对它进行适应性调整或改进。

10.2.2 拟订液压系统原理图时应注意的问题

拟订液压系统原理图时,要综合考虑执行元件的选定、基本回路的确定和液压回路的综合。

液压执行元件的选择应按照设备的运动要求来进行,在选择时应进行比较和分析,以求达到最优整体效果。例如,系统若需要输出往复摆动运动,则既可选用摆动马达,又可以使用齿条式液压缸等。因此,要根据实际要求进行比较分析,综合考虑后做出选择。

确定了液压执行元件的类型后,要根据主机的工作性能要求,首先选择主要回路,例如调速和调压回路,然后选择辅助回路,例如平衡回路、同步回路和防干扰回路等,同时要考虑节省能源、保证动作精度等问题。

液压回路的综合是把选出来的各种液压回路进行归并、整理,增加一些必要的元件或辅助回路,使之成为完整的液压系统。

拟订液压系统原理图时须注意以下几点。

(1) 去掉或合并多余的元件和回路。

(2) 确定液压回路之间无干扰。

(3) 在系统经济合理的基础上提高系统效率。

(4) 考虑系统是否需要辅助装置,例如加热装置、冷却装置或净化装置。

(5) 尽量采用标准元件。

 ## *10.3* 液压元件的计算和选择

所谓液压元件的计算,是指计算该元件在工作中承受的压力和通过的流量,以便确定元件的规格和型号。

10.3.1 液压泵的选择

先根据设计要求和系统工况确定液压泵的类型,然后根据液压泵的最高工作压力和最大供油量来选择液压泵的规格。

1. 确定液压泵的最高工作压力 p_p

液压泵的最高工作压力就是在系统正常工作时泵所能提供的最高压力。对于定量泵系统来说,这个压力是由溢流阀调定的;对于变量泵系统来说,这个压力是与泵的特性曲线上的流量相对应的。液压泵的最高工作压力是选择液压泵型号的重要依据。

液压泵的最高工作压力的确定要分两种情况:① 执行机构在运动行程终了,停止时才需最高工作压力的情况(如液压机和夹紧机构中的液压缸);② 最高工作压力是在执行机构的运动行程中出现的(如机床及提升机等)。对于第一种情况,液压泵的最高工作压力 p_p 就是执行机构所需的最大压力 p_1;而对于第二种情况,除了考虑执行机构的压力外,还要考虑油液在管路系统中流动时产生的总压力损失,即

$$p_p \geqslant p_1 + \sum \Delta p_1 \qquad (10\text{-}1)$$

式中,$\sum \Delta p_1$ 为液压泵出口至执行机构进口之间总的压力损失,它包括沿程压力损失和局部压力损失两部分,要准确地估算它,必须等管路系统及其安装形式完全确定后才能做到,在此只能进行估算,估算时可参考下述经验数据:对于一般节流调速和管路简单的系统,取 $\sum \Delta p_1 = 0.2 \sim 0.5$ MPa;对于有调速阀和管路较复杂的系统,取 $\sum \Delta p_1 = 0.5 \sim 1.5$ MPa。

2. 确定液压泵的最大供油量 q_p

液压泵的最大供油量 q_p 按执行元件工况图上的最大工作流量及回路中的泄漏量来确定,即

$$q_p \geqslant K \sum q_{max} \qquad (10\text{-}2)$$

式中,K 为考虑系统中有泄漏等因素的修正系数,一般 $K = 1.1 \sim 1.3$,小流量时取大值,大流量时取小值;$\sum q_{max}$ 为同时动作的各液压缸所需流量之和的最大值。

若系统中采用了蓄能器供油,则液压泵的流量按一个工作循环中的平均流量来选取,即

$$q_p \geqslant \frac{K}{T} \sum_{i=1}^{n} q_i \Delta t_i \qquad (10\text{-}3)$$

式中,T 为工作循环的周期时间,q_i 为工作循环中第 i 阶段所需的流量,Δt_i 为第 i 阶段持续的时间,n 为工作循环中的阶段数。

3. 选择液压泵的规格

根据前面计算的 p_p 和 q_p 值,即可从产品样本中选出合适的液压泵的型号和规格。为了使液压泵安全、可靠地工作,液压泵应有一定的压力储备量,通常液压泵的额定压力可比 p_p 高 $25\% \sim 60\%$。液压泵的额定流量则宜与 q_p 相当,不要超过太多,以免造成过大的功率损失。

4. 确定液压泵的驱动功率

当系统中使用定量泵时,视具体工况不同,其驱动功率的计算是不同的。

(1)当在整个工作循环中液压泵的功率变化较小时,可按下式计算液压泵所需的驱动功率,即

$$P = \frac{p_p q_p}{\eta_p} \qquad (10\text{-}4)$$

式中,p_p 为液压泵的最大工作压力,单位为 Pa;q_p 为液压泵的输出流量,单位为 m^2/s;η_p 为液压泵的总效率。

(2)当在整个工作循环中液压泵的功率变化较大,且在功率循环图中最高功率所持续的时间很短时,可按式(10-4)分别计算出工作循环中各阶段的功率 p_i,然后用下式计算其所需电动机的平均功率,即

$$P = \sqrt{\frac{\sum_{i=1}^{n} P_i^2 t_i}{\sum_{i=1}^{n} t_i}} \qquad (10\text{-}5)$$

式中,t_i 为一个工作循环中第 i 阶段持续的时间。

求出了平均功率后,还要验算每一个阶段电动机的超载量是否在允许范围内,一般电动

机允许的短期超载量为 25％。如果超载量在允许的超载范围内，即可根据平均功率 P 与液压泵的转速 n 从产品样本中选取电动机。

对于限压式变量系统来说，可按式(10-4)分别计算快速与慢速两种工况时所需驱动功率，计算后取两者较大值作为选择电动机规格的依据。由于限压式变量泵在快速与慢速的转换过程中必须经过其流量特性曲线的最大功率点（拐点），为了使所选择的电动机在经过 p_{max} 点时不致停转，需进行验算，即

$$p_{max} = \frac{p_B q_B}{\eta_p} \leqslant 2p_n \tag{10-6}$$

式中，p_B 为限压式变量泵调定的拐点压力，q_B 是压力为 p_B 时限压式变量泵的输出流量，p_n 为所选电动机的额定功率，η_p 为限压式变量泵的效率。在计算过程中要注意，对于限压式变量泵，当输出流量较小时，其效率 η_p 将急剧下降，一般当其输出流量为 $0.2 \sim 1$ L/min 时，$\eta_p = 0.03 \sim 0.14$，流量大时取较大值。

10.3.2　阀类元件的选择

阀类元件的选择是根据阀的最大工作压力和流经阀的最大流量来进行的，即所选用的阀类元件的额定压力和额定流量要大于系统的最高工作压力和实际通过阀的最大流量。当条件不允许时，可适当增大通过阀的流量，但不得超过阀额定流量的 20％，否则会导致压力损失过大。具体地讲，选择压力阀时应考虑调压范围，选择流量阀时应注意其最小稳定流量，选择换向阀时除了考虑压力、流量外，还应考虑其中位机能及操纵方式。

10.3.3　液压辅助元件的选择

油箱、过滤器、蓄能器、油管、管接头、冷却器等液压辅助元件可按有关原则选取。

10.4　液压系统的性能验算

10.4.1　液压系统压力损失的验算

在前面确定液压泵的最高工作压力时提及了压力损失，当时由于系统还没有完全设计完毕，管道的设置也没有确定，因此只能做粗略的估算。由于现在液压系统的元件、安装形式、油管和管接头均可确定下来了，所以需要验算一下管路系统总的压力损失，看其是否在前述的假设范围内，借此可以较准确地确定液压泵的工作压力，较准确地调节变量泵或溢流阀，保证系统的工作性能。若计算结果与前述假设的压力损失相差较大，则应对原设计进行修正。具体的方法是将计算所得的压力损失代替原假设值用以下公式重新计算系统的压力。

1）当液压执行元件为液压缸时

$$p_p \geqslant \frac{F}{A_1 \eta_{cm}} + \frac{A_2}{A_1} \Delta p_2 + \Delta p_1 \tag{10-7}$$

式中，F 为作用在液压缸上的外负载，A_1、A_2 分别为液压缸进、回油腔的有效工作面积，Δp_1、Δp_2 分别为进、回油管路总的压力损失，η_{cm} 为液压缸的机械效率。

计算时要注意，快速运动时液压缸上的外负载小，管路中的流量大，压力损失也大；慢速运动时液压缸上的外负载大，管路中的流量小，压力损失也小。所以应分别进行计算。

计算出的系统压力 p_p 应小于液压泵额定压力的 75％，因为这样可使液压泵有一定的压力储备，否则就应另选额定压力较高的液压泵，或者采用其他方法降低系统的压力，如增大液压缸直径等。

2）当液压执行元件为液压马达时

$$p_p \geqslant \frac{2\pi T}{V\eta_{Mm}} + \Delta p_2 + \Delta p_1 \qquad (10\text{-}8)$$

式中，V 为液压马达的排量，T 为液压马达的输出转矩，Δp_1、Δp_2 分别为进、回油管路总的压力损失，η_{Mm} 为液压马达的机械效率。

10.4.2 液压系统发热温升的验算

液压系统在工作时由于存在各种各样的机械损失、压力损失和流量损失，这些损失大都转变为热能，使系统发热、油温升高。油温升高过多会造成系统泄漏增加、运动部件动作失灵、油液变质、橡胶密封圈寿命缩短等不良后果。所以，为了使液压系统能够正常工作，应使油温保持在允许范围之内。

系统中产生热量的元件主要有液压缸、液压泵、溢流阀和节流阀，散热元件主要是油箱。系统工作一段时间后，发热与散热会相等，即达到热平衡。不同的设备在不同的情况下达到热平衡的温度也不一样，所以必须进行验算。

1. 系统发热量的计算

单位时间内液压系统的发热量可按下式计算，即

$$H = P(1-\eta) \qquad (10\text{-}9)$$

式中，P 为液压泵的输入功率，单位为 kW；η 为液压系统的总效率，它等于液压泵的效率 η_p、回路的效率 η_c 和液压执行元件的效率 η_m 的乘积，即 $\eta = \eta_p\eta_c\eta_m$。

如在工作循环中液压泵输出的功率不一样，则可按各阶段的发热量求出系统单位时间内的平均发热量，即

$$H = \frac{1}{T}\sum_{i=1}^{n} P_i(1-\eta_i)t_i \qquad (10\text{-}10)$$

式中，T 为工作循环的周期时间，单位为 s；t_i 为第 i 阶段所持续的时间，单位为 s；P_i 为第 i 阶段液压泵的输入功率，单位为 kW；η_i 为第 i 阶段液压系统的总效率。

2. 系统散热量的计算

单位时间内油箱的散热量可用下式计算，即

$$H_0 = hA\Delta t \qquad (10\text{-}11)$$

式中，A 为油箱的散热面积，单位为 m²；Δt 为系统的温升，单位为 ℃（$\Delta t = t_1 - t_2$，t_1 为系统达到热平衡时的温度，t_2 为环境温度）；h 为散热系数，单位为 kW/(m²·℃)，当周围通风较差时，$h = (8 \sim 9)\times 10^{-3}$ kW/(m²·℃)，当自然通风良好时，$h = 15 \times 10^{-3}$ kW/(m²·℃)，当用风扇冷却时，$h = 23 \times 10^{-3}$ kW/(m²·℃)，当用循环水冷却时，$h = (110 \sim 170)\times 10^{-3}$ kW/(m²·℃)。

3. 系统热平衡温度的验算

当液压系统达到热平衡时，有 $H = H_0$，即

$$\Delta t = \frac{H}{hA} \qquad (10\text{-}12)$$

当油箱的三个边长之比在 1:1:1 到 1:2:3 范围内，且油位是油箱高度的 80% 时，其散热面积可近似计算为

$$A = 0.065\sqrt[3]{V^2} \qquad (10\text{-}13)$$

式中，V 为油箱的有效容积，单位为 L；A 为油箱的散热面积，单位为 m²。

按式（10-12）计算出来的 Δt 应不超过油液的最高允许油温，否则必须采取进一步的散热措施。

10.5 绘制工作图和编制技术文件

所设计的液压系统经验算后,即可对初步拟订的液压系统进行修复,并绘制工作图和编制技术文件。

(1) 液压系统原理图:图上除了画出整个系统的回路以外,还要注明各元件的规格、型号、压力调定值,并给出各执行元件的工作循环图,列出电磁铁及压力继电器的动作顺序表。

(2) 集成油路装配图:若选用油路板,应将各元件画在油路板上,便于装配;若采用集成块或叠加阀,因有通用件,设计者只需选用规格,最后将选用的产品组合起来,绘制装配图即可。

(3) 泵站装配图:将集成油路装置、液压泵、电动机与油箱组合在一起画成装配图,表明它们之间的相互位置、安装尺寸及总体外形。

(4) 画出非标准专用件的装配图及零件图。

(5) 管路装配图:表示出油管的走向,注明管道的直径和长度、各种管接头的规格、管路的安装位置和装配技术要求等。

(6) 电气线路图:表示出电动机、电磁阀的控制线路,压力继电器和行程开关等。

10.6 液压系统的设计计算举例

本节以一台上料机的液压传动系统的设计为例,要求驱动它的液压传动系统完成快速上升→慢速上升→停留→快速下降的工作循环,其结构示意图如图 10-2 所示。垂直上升工件 1 的自重为 5000 N,滑台 2 的自重为 1000 N,快速上升行程为 350 mm,速度要求不低于 45 mm/s,慢速上升行程为 100 mm,其最小速度为 8 mm/s,快速下降行程为 450 mm,速度要求不低于 55 mm/s,滑台采用 V 形导轨,其导轨面的夹角为 90°,滑台与导轨的最大间隙为 2 mm,启动加速和减速时间均为 0.5 s,液压缸的机械效率(考虑密封阻力)为 0.91。

1. 负载分析

1) 工作负载

$$F_L = F_G = (5000 + 1000)\ N = 6000\ N$$

2) 摩擦阻力负载

$$F_f = \frac{fF_N}{\sin\dfrac{\alpha}{2}}$$

由于工件为垂直起升,所以垂直作用于导轨的载荷可由其间隙和结构尺寸求得,即 $F_N = 120$ N,取 $f_s = 0.2$,$f_d = 0.1$,则有

静摩擦阻力负载

$$F_{fs} = (0.2 \times 120/\sin 45°)\ N = 33.94\ N$$

动摩擦阻力负载

$$F_{fd} = (0.1 \times 120/\sin 45°)\ N = 16.97\ N$$

3) 惯性负载

加速 $\quad F_{a1} = \dfrac{G}{g}\dfrac{\Delta v_1}{\Delta t} = \dfrac{6000}{9.81} \times \dfrac{0.045}{0.5}\ N = 55.05\ N$

减速 $\quad F_{a2} = \dfrac{G}{g}\dfrac{\Delta v_2}{\Delta t} = \dfrac{6000}{9.81} \times \dfrac{0.045 - 0.008}{0.5}\ N = 45.26\ N$

制动 $\quad F_{a3} = \dfrac{G}{g}\dfrac{\Delta v_3}{\Delta t} = \dfrac{6000}{9.81} \times \dfrac{0.008}{0.5}\ N = 9.79\ N$

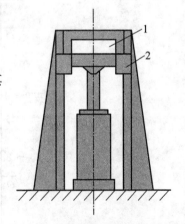

图 10-2 上料机的结构示意图
1—工件;2—滑台

反向加速 $F_{a4} = \dfrac{G}{g} \dfrac{\Delta v_4}{\Delta t} = \dfrac{6000}{9.81} \times \dfrac{0.055}{0.5}$ N $= 67.28$ N

反向制动 $F_{a5} = F_{a4} = 67.28$ N

根据以上计算,考虑到液压缸为垂直安放,其自重较大,为了防止其因自重而自行下滑,系统中应设置平衡回路。因此,在对快速向下运动的负载进行分析时,就不考虑滑台 2 的自重。液压缸各阶段的负载如表 10-2 所示($\eta_m = 0.91$)。

表 10-2　液压缸各阶段的负载

工　况	计 算 公 式	总负载 F/N	液压缸推力 F/N
启动	$F = F_{fs} + F_L$	6033.94	6630.70
加速	$F = F_L + F_{fd} + F_{a1}$	6072.02	6672.55
快上	$F = F_L + F_{fd}$	6016.97	6612.05
减速	$F = F_L + F_{fd} - F_{a2}$	5971.71	6562.32
慢上	$F = F_L + F_{fd}$	6016.97	6612.05
制动	$F = F_L + F_{fd} - F_{a3}$	6007.18	6601.30
反向加速	$F = F_{fd} + F_{a4}$	84.25	92.58
快下	$F = F_{fd}$	16.97	18.65
制动	$F = F_{fd} - F_{a5}$	-50.31	-55.29

2. 负载图和速度图的绘制

按照前面的负载分析结果及已知的速度要求、行程限制等,绘制出液压缸的负载图及速度图,如图 10-3 所示。

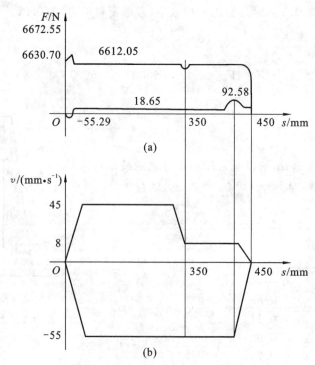

图 10-3　液压缸的负载图及速度图

3. 液压缸主要参数的确定

1）初选液压缸的工作压力

根据分析,此设备的负载不大,按类型属于机床类,所以初选液压缸的工作压力为 2.0 MPa。

2）计算液压缸的尺寸

$$A = \frac{F}{p} = 6672.55 \times \frac{1}{20 \times 10^5} \ \mathrm{m^2} = 33.36 \times 10^{-4} \ \mathrm{m^2}$$

$$D = \sqrt{\frac{4A}{\pi}} = \sqrt{\frac{4 \times 33.36 \times 10^{-4}}{3.141\,59}} \ \mathrm{m}$$
$$= 6.52 \times 10^{-2} \ \mathrm{m}$$

按标准取 $D = 63$ mm。

根据快上和快下的速度比值来确定活塞杆的直径,即

$$\frac{D^2}{D^2 - d^2} = \frac{55}{45}$$

解得

$$d = 26.86 \ \mathrm{mm}$$

按标准取 $d = 25$ mm。

则液压缸的有效工作面积为

无杆腔面积 $\quad A_1 = \frac{1}{4}\pi D^2 = \frac{\pi}{4} \times 6.3^2 \ \mathrm{cm^2} = 31.17 \ \mathrm{cm^2}$

有杆腔面积 $\quad A_2 = \frac{1}{4}\pi(D^2 - d^2) = \frac{\pi}{4} \times (6.3^2 - 2.5^2) \ \mathrm{cm^2} = 26.26 \ \mathrm{cm^2}$

由此可得出快上、慢上和快下时的压力分别为 1.93 MPa、1.93 MPa 和 0.0065 MPa。

3）校核活塞杆的稳定性

因为活塞杆总的行程为 450 mm,而活塞杆直径为 25 mm,$l/d = 450/25 = 18 > 10$,需进行稳定性校核。由材料力学中的有关公式,根据该液压缸一端支承、一端铰接,取末端系数 $\psi_2 = 2$,活塞杆材料用普通碳钢,则材料强度试验值 $f = 4.9 \times 10^8$ Pa,系数 $\alpha = 1/5000$,柔性系数 $\psi_1 = 85$,$r_k = \sqrt{\frac{J}{A}} = \frac{d}{4} = 6.25$ mm,因为 $\frac{l}{r_k} = 72 < \psi_1 \sqrt{\psi_2} = 85\sqrt{2} = 120$,所以有临界载荷 F_k,即当取安全系数 $n_k = 4$ 时,有

$$F_k = \frac{fA}{1 + \frac{\alpha}{\psi_2}\left(\frac{l}{r_k}\right)^2} = \frac{4.9 \times 10^8 \times \frac{\pi}{4} \times 25^2 \times 10^{-6}}{1 + \frac{1}{2 \times 5000} \times \left(\frac{450}{6.25}\right)^2} \ \mathrm{N} = 158\,408.84 \ \mathrm{N}$$

$$\frac{F_k}{n_k} = \frac{158\,408.84}{4} \ \mathrm{N} = 39\,602.21 \ \mathrm{N} > 6672.55 \ \mathrm{N}$$

所以满足稳定性要求。

4）求液压缸的最大流量

$q_{快上} = A_1 v_{快上} = 31.17 \times 10^{-4} \times 45 \times 10^{-3} \ \mathrm{m^3/s} = 140.27 \times 10^{-6} \ \mathrm{m^3/s} = 8.42 \ \mathrm{L/min}$

$q_{慢上} = A_1 v_{慢上} = 31.17 \times 10^{-4} \times 8 \times 10^{-3} \ \mathrm{m^3/s} = 24.94 \times 10^{-6} \ \mathrm{m^3/s} = 1.50 \ \mathrm{L/min}$

$q_{快下} = A_2 v_{快下} = 26.26 \times 10^{-4} \times 55 \times 10^{-3} \ \mathrm{m^3/s} = 144.43 \times 10^{-6} \ \mathrm{m^3/s} = 8.67 \ \mathrm{L/min}$

5）绘制工况图

工作循环中各个阶段液压缸的压力、流量和功率如表 10-3 所示。

表 10-3　工作循环中各个阶段液压缸的压力、流量和功率

工　况	压力 p/MPa	流量 q/(L/min)	功率 P/W
快上	1.93	8.42	270.72
慢上	1.93	1.50	48.13
快下	0.0065	8.67	0.94

由表 10-3 可绘制出液压缸的工况图,如图 10-4 所示。

4. 液压系统原理图的拟订

液压系统原理图的拟订主要应考虑以下几个方面的问题。

(1) 供油方式。由工况图可知,该系统在快上和快下时所需的流量较大,且比较接近,在慢上时所需的流量较小。因此,从提高系统效率、节省能源的角度考虑,采用单个定量泵的供油方式显然是不合适的,宜选用双联式定量叶片泵作为油源。

(2) 调速回路。由工况图可知,该系统在慢速时速度需要调节,考虑到系统功率小,滑台运动速度低,工作负载变化小,所以采用调速阀的回油节流调速回路。

(3) 速度换接回路。由于快上和慢上之间速度需要换接,但对换接的位置要求不高,所以采用由行程开关发出信号控制二位二通电磁阀来实现速度换接的方法。

(4) 平衡及锁紧。为了在上端停留时防止重物下落和在停留期间内保持重物的位置,特在液压缸的下腔(无杆腔)进油路上设置了液控单向阀;另外,为了克服滑台自重在快下过程中的影响,设置了一单向背压阀。

本液压系统的换向采用 Y 型中位机能的三位四通电磁换向阀。图 10-5 所示为拟订的液压系统原理图,图 10-6 所示为采用叠加式液压阀的该液压系统的原理图。

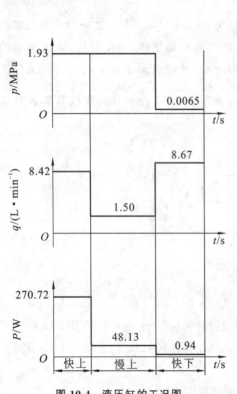

图 10-4　液压缸的工况图

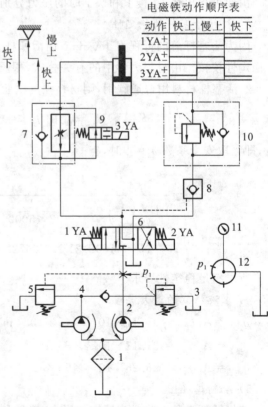

电磁铁动作顺序表

动作	快上	慢上	快下
1YA $\pm$			
2YA $\pm$			
3YA $\pm$			

图 10-5　拟订的液压系统原理图

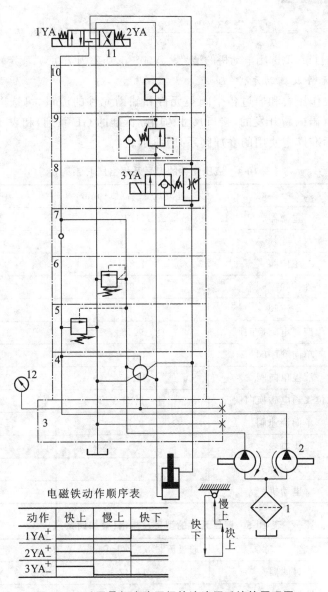

电磁铁动作顺序表

动作	快上	慢上	快下
$1YA^{+}$			
$2YA^{+}$			
$3YA^{+}$			

图 10-6 采用叠加式液压阀的该液压系统的原理图

5. 液压元件的选择

1) 确定液压泵的型号及电动机功率

液压缸在整个工作循环中的最大工作压力为 1.93 MPa。由于该系统比较简单,所以取其压力损失 $\sum \Delta p = 0.4$ MPa,则液压泵的工作压力为

$$p_{\text{p}} = p + \sum \Delta p = (1.93 + 0.4)\,\text{MPa} = 2.33\,\text{MPa}$$

两个液压泵同时向系统供油时,若回路中的泄漏按 10% 计算,则两个液压泵总的流量应为 $q_{\text{p}} = 1.1 \times 8.67$ L/min = 9.537 L/min,由于溢流阀的最小稳定流量为 3 L/min,而工进时液压缸所需流量为 1.5 L/min,所以高压泵输出的流量不得少于 4.5 L/min。

根据以上压力和流量的数值查产品目录,选用 YB1-6.3/6.3 型双联叶片泵,其额定压力为 6.3 MPa,容积效率 $\eta_{\text{pv}} = 0.85$,总效率 $\eta_{\text{p}} = 0.75$,所以驱动该泵的电动机的功率可由泵的工作压力(2.33 MPa)和输出流量(当电动机转速为 910 r/min 时)$q_{\text{p}} = 2 \times 6.3 \times 910 \times 0.85 \times 10^{-3}$ L/min = 9.75 L/min 求出,即

$$P_p = \frac{p_p q_p}{\eta_p} = \frac{2.33 \times 10^6 \times 9.75 \times 10^{-3}}{60 \times 0.75} \text{ W} = 504.83 \text{ W}$$

查电动机产品目录,拟选用电动机的型号为 Y90S-6,功率为 750 W,额定转速为 910 r/min。

2) 选择阀类元件及辅助元件

根据系统的工作压力和通过各个阀类元件和辅助元件的流量,可选出这些元件的型号及规格,如表 10-4(国内新开发的,接口尺寸为国际标准的 GE 系列)和表 10-5(国内开发的,接口尺寸为国际标准推广使用的叠加阀系列)所示。

表 10-4 液压元件的型号及规格(GE 系列)

序　　号	名　　称	通过流量 $q_{max}/(\text{L} \cdot \text{min}^{-1})$	型号及规格
1	过滤器	11.47	XLX-06-80
2	双联叶片泵	9.75	YB1-6.3/6.3
3	单向阀	4.875	AF3-Ea10B
4	外控顺序阀	4.875	XF3-10B
5	溢流阀	3.375	YF3-10B
6	三位四通电磁换向阀	9.75	34EF3Y-E10B
7	单向顺序阀	11.57	AXF3-10B
8	液控单向阀	11.57	YAF3-Ea10B
9	二位二通电磁换向阀	8.21	22EF3-E10B
10	单向调速阀	9.75	AQF3-E10B
11	压力表	—	Y-100T
12	压力表开关	—	KF3-E3B
13	电动机	—	Y90S-6

表 10-5 液压元件的型号及规格(叠加阀系列)

序　　号	名　　称	通过流量 $q_{max}/(\text{L} \cdot \text{min}^{-1})$	型号及规格
1	过滤器	11.47	XLX-06-80
2	双联叶片泵	9.75	YB1-6.3/6.3
3	底板块	9.75	EDKA-10
4	压力表开关	—	4K-F10D-1
5	外控顺序阀	4.875	XY-F10D-P/O(P₁)-1
6	溢流阀	3.375	Y₁-F10D-P/O-1
7	单向阀	4.875	A-F10D-P/PP₁
8	电动单向调速阀	9.75	QAE-F6/10D-AU
9	单向顺序阀	11.57	XA-Fa10D-B
10	液控单向阀	11.57	AY-F10D-B(A)
11	三位四通电磁换向阀	9.75	34EY-H10BT
12	压力表	—	Y-100T
13	电动机	—	Y90S-6

(1) 油管。油管内径一般可参照所接元件的接口尺寸确定,也可按管路中允许的流速进行计算。在本例中,出油口采用内径为 8 mm、外径为 10 mm 的纯铜管。

(2) 油箱。油箱体积 $V=(5\sim7)\,q_p$,即 $V=70$ L。

6. 液压系统的性能验算

1) 压力损失及调定压力的确定

根据计算,慢上时管道内油液的流动速度约为 0.50 m/s,通过的流量为 1.5 L/min,数值较小,主要压力损失为调速阀两端的压降,此时功率损失最大;而在快下时,滑台及活塞组件的自重由背压阀平衡,系统的工作压力很低,所以不必验算。因而必须以快进为依据来计算卸荷阀和溢流阀的调定压力。由于供油流量的变化,快上时液压缸的速度为

$$v_1=\frac{q_p}{A_1}=\frac{9.75\times10^{-3}}{60\times31.17\times10^{-4}}\ \text{m/s}=0.052\ \text{m/s}=52\ \text{mm/s}$$

此时油液在进油管中的流速为

$$v=\frac{q_p}{A}=\frac{9.75\times10^{-3}}{\frac{\pi}{4}\times8^2\times10^{-6}\times60}\text{m/s}=3.23\ \text{m/s}$$

(1) 沿程压力损失。首先要判别管中的流态。设系统采用 N32 液压油,室温为 20 ℃时,$\nu=1.0\times10^{-4}$ m²/s,所以有 $Re=vd/\nu=3.23\times8\times10^{-3}/(1.0\times10^{-4})=258.4<320$,管中液流为层流,则阻力损失系数 $\lambda=75/Re=75/258.4=0.29$。若取进、回油管长度均为 2 m,油液的密度 $\rho=890$ kg/m³,则进油路上的沿程压力损失为

$$\Delta p_{\lambda1}=\lambda\frac{l}{d}\frac{\rho}{2}v^2=0.29\times\frac{2}{8\times10^{-3}}\times\frac{890}{2}\times3.23^2\ \text{Pa}$$
$$=3.37\times10^5\ \text{Pa}=0.337\ \text{MPa}$$

(2) 局部压力损失。局部压力损失包括管道安装和管接头的压力损失和通过液压阀的局部压力损失。前者视管道具体安装结构而定,一般取沿程压力损失的 10%;而后者则与通过阀的流量大小有关。若阀的额定流量和额定压力损失分别为 q_n 和 Δp_n,则当通过阀的流量为 q 时,阀的压力损失 Δp_v 由式(1-45)可得

$$\Delta p_v=\Delta p_n\left(\frac{q}{q_n}\right)^2$$

因为 GE 系列 10 mm 通径的阀的额定流量为 63 L/min,叠加阀系列 10 mm 通径的阀的额定流量为 40 L/min,而在本例中通过每一个阀的最大流量仅为 9.75 L/min,所以通过整个阀的压力损失很小,且可以忽略不计。

同理,快上时回油路上的流量为

$$q_2=\frac{q_1A_2}{A_1}=\frac{9.75\times26.26}{31.17}\ \text{L/min}=8.21\ \text{L/min}$$

则回油路油管中的流速为

$$v=\frac{q_2}{A}=\frac{8.21\times10^{-3}}{60\times\frac{\pi}{4}\times8^2\times10^{-6}}\ \text{m/s}=2.72\ \text{m/s}$$

由此可计算出 $Re=vd/\nu=2.72\times8\times10^{-3}/(1.0\times10^{-4})=217.6$(层流),$\lambda=75/Re=0.345$,所以回油路上的沿程压力损失为

$$\Delta p_{\lambda2}=\lambda\frac{l}{d}\frac{\rho}{2}v^2=0.345\times\frac{2}{8\times10^{-3}}\times\frac{890}{2}\times2.72^2\ \text{Pa}=2.84\times10^5\ \text{Pa}=0.284\ \text{MPa}$$

(3) 总的压力损失。由上面的计算结果可求出总的压力损失为

$$\sum \Delta p = \Delta p_1 + \frac{A_2}{A_1} \Delta p_2 = \left[(0.337 + 0.0337) + \frac{26.26}{31.17} \times (0.284 + 0.0284) \right] \text{MPa} = 0.634 \text{ MPa}$$

原设 $\sum \Delta p = 0.4$ MPa，这与计算结果略有差异，应用计算出的结果来确定系统中阀的调定压力值。

（4）阀的调定压力值。双联泵系统中卸荷阀的调定压力值应该满足快进的要求，以保证双泵同时向系统供油，因而卸荷阀的调定压力值应略大于快进时泵的供油压力，即

$$p_p = \frac{F}{A_1} + \sum \Delta p = (1.93 + 0.634) \text{ MPa} = 2.564 \text{ MPa}$$

所以卸荷阀的调定压力应取 2.6 MPa 为宜。

溢流阀的调定压力应比卸荷阀的调定压力大 0.3～0.5 MPa，所以取溢流阀的调定压力为 3.0 MPa。背压阀的调定压力以平衡滑台自重为根据，即

$$p_{背} \geqslant \frac{1000}{31.17 \times 10^{-4}} \text{ Pa} = 3.2 \times 10^5 \text{ Pa} = 0.32 \text{ MPa}$$

取 $p_{背} = 0.4$ MPa。

2）系统的发热与温升

根据以上计算结果可知，快上时电动机的输入功率 $P_p = p_p q_p / \eta_p = 2.6 \times 10^6 \times 9.75 \times 10^{-3} / (60 \times 0.75)$ W = 563.33 W；慢上时电动机的输入功率 $P_{pl} = p_{pl} q_p / \eta_p = 3.0 \times 10^6 \times 4.875 \times 10^{-3} / (60 \times 0.75)$ W = 325 W；而快上时的有效功率 $P_1 = 1.93 \times 10^6 \times 9.75 \times 10^{-3} / 60$ W = 313.63 W；慢上时的有效功率为 48.13 W，所以慢上时的功率损失为 276.87 W，略大于快上时的功率损失 249.7 W。现以较大值来校核其热平衡，求出发热温升。

设油箱的三个边长在 1:1:1 至 1:2:3 范围内，则散热面积为 $A = 0.065 \sqrt[3]{V^2} = 0.065 \times \sqrt[3]{70^2}$ m² = 1.104 m²，假设通风良好，取 $h = 15 \times 10^{-3}$ kW/(m² · ℃)，所以油液的温升为

$$\Delta t = \frac{H}{hA} = \frac{0.276\,87}{15 \times 10^{-3} \times 1.104} \text{ ℃} = 16.72 \text{ ℃}$$

室温为 20 ℃，热平衡温度为 36.72 ℃＜65 ℃，没有超出允许范围。

习　题

10-1　设计一卧式单面多轴钻孔组合机床动力滑台的液压系统，动力滑台的工作循环是：快进→工进→快退→停止。液压系统的主要参数与性能要求如下：轴向切削力为 21 000 N，移动部件总重力为 10 000 N，快进行程为 100 mm，快进与快退速度均为 4.2 m/min，工进行程为 20 mm，工进速度为 0.05 m/min，加速、减速时间为 0.2 s，利用平导轨（静摩擦因数为 0.2，动摩擦因数为 0.1），动力滑台可以随时在中途停止运动。

10-2　设计一台专用铣床。若工作台、工件和夹具的总重力为 5500 N，轴向切削力为 30 kN，工作台总行程为 400 mm，工作行程为 150 mm，快进、快退速度均为 4.5 m/min，工进速度为 60～1000 mm/min，加速、减速时间均为 0.05 s，工作台采用平导轨，静摩擦因数为 0.2，动摩擦因数为 0.1，试设计该机床的液压传动系统。

10-3　设计一台小型液压压力机的液压系统，要求实现快速空程下行→慢速加压→保压→快速回程→停止的工作循环，快速往返速度为 3 m/min，加压速度为 40～250 mm/min，压制力为 200 000 N，运动部件总重力为 20 000 N。

10-4　试为一般液压系统的设计步骤制作一程序流程图。

第3篇

Part 3 气压传动

第⑪章 气源装置与气动辅助元件

11.1 气源装置

气源装置是气压传动系统的一个重要组成部分,它可以提供清洁、干燥并具有一定压力和流量的压缩空气,以满足气压传动和控制的要求。

11.1.1 气源装置的组成及工作原理

如果对压缩空气没有净化质量上的要求,未净化的压缩空气将会造成元件的磨损、腐蚀和管道的堵塞等,严重影响气动元件的使用寿命和精准度。因此,气源装置除了空气压缩机外,还必须设置后冷却器、油水分离器、气罐、干燥器、过滤器等设备。

气源装置一般由气压发生装置,净化、存储压缩空气的装置和管道系统三部分组成。

如图 11-1 所示,空气经过空气压缩机上的预过滤器滤去部分杂质、灰尘后进入空气压缩机 1 中。空气压缩机输出的压缩空气进入后冷却器 2 进行冷却降温。压缩空气由 140~170 ℃ 降低到 40~50 ℃ 时,大部分油雾气与水气凝结成油滴和水滴,进入到油水分离器 3 中,将压缩空气中的油、水等污染物分离出来,并从排污口排出。初步净化的气体被输送到气罐 4 中。对压缩空气质量要求不高的气压传动系统,可通过气罐 4 直接供气;对压缩空气质量要求较高的气压传动系统,则须经过二次净化及多次净化处理,即将气罐 4 中的压缩空气输送到干燥器 5 中,进一步除去压缩空气中的油分、水分,使之变成干燥空气。过滤器 6 用以进一步除去压缩空气中的油分、灰尘和杂质颗粒。经过处理后的压缩空气进入气罐 7,可供气动仪表及射流元件组成的控制回路使用。

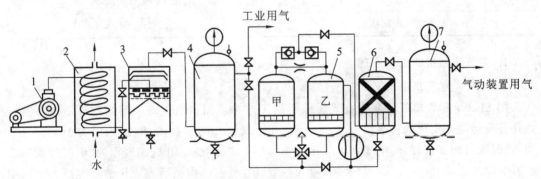

图 11-1 气源装置组成示意图
1—空气压缩机;2—后冷却器;3—油水分离器;4,7—气罐;5—干燥器;6—过滤器

11.1.2 空气压缩机

空气压缩机是气源装置的主体,是以环境空气为原料,将原动机(通常是电动机)的机械能转换为气体压力能的机器,可提供生产工艺所需要的压力。

1. 空气压缩机的分类

1）按工作原理分类

（1）容积型空气压缩机。

依靠压缩空气的体积，使单位体积内气体分子的密度增加，以提高压缩空气的压力。

（2）速度型空气压缩机。

提高气体分子的运动速度，使气体分子的动能转化为压力能，以提高压缩空气的压力。

2）按输出压力分类

空气压缩机按输出压力的分类如表 11-1 所示。

表 11-1　空气压缩机的种类（按输出压力分类）

空气压缩机的种类	输出压力范围
鼓风机	$p \leqslant 0.2$ MPa
低压空气压缩机	0.2 MPa $< p \leqslant 1$ MPa
中压空气压缩机	1 MPa $< p \leqslant 10$ MPa
高压空气压缩机	10 MPa $< p \leqslant 100$ MPa
超高压空气压缩机	$p \geqslant 100$ MPa

2）按输出流量分类

空气压缩机按输出流量 Q_v（即铭牌流量或自由流量）的分类如表 11-2 所示。

表 11-2　空气压缩机的种类（按输出流量分类）

空气压缩机的种类	输出流量范围
微型空气压缩机	$Q_v \leqslant 0.017$ m³/s
小型空气压缩机	0.017 m³/s $< Q_v \leqslant 0.17$ m³/s
中型空气压缩机	0.17 m³/s $< Q_v \leqslant 1.7$ m³/s
大型空气压缩机	$Q_v \geqslant 1.7$ m³/s

2. 空气压缩机的工作原理

1）活塞式空气压缩机

图 11-2 所示为单级活塞式空气压缩机的工作原理图。空气的压缩是依靠活塞在气缸内作往复运动来实现的。当活塞 3 向右运动时，气缸 2 的容积增加，缸内压力小于大气压力，此时吸气阀 9 被打开，空气在大气压力的作用下进入气缸 2 内，此过程为"吸气过程"；当活塞 3 向左运动时，吸气阀 9 被关闭，吸入的空气在气缸 2 内被活塞 3 压缩，此过程为"压缩过程"；当气缸 2 内的空气压力高于排气管内的压力后，排气阀 1 被打开，压缩空气排入排气管内，此过程为"排气过程"。至此完成了一个工作循环。活塞通过电动机带动曲柄滑块机构作往复运动，使空气压缩机完成空气的压缩。

具有这种结构的空气压缩机在排气过程结束时总存在剩余容积。在下一次吸气过程进行时，剩余容积内的压缩空气会膨胀，从而减少吸入的空气量，增加了压缩功，降低了效率。由于存在剩余容积，当压缩比例增大时，温度急剧升高，故当输出压力较高时，应采取分级压缩。分级压缩可降低排气温度，节省压缩功，提高容积效率，增加压缩气体的排气量。工业

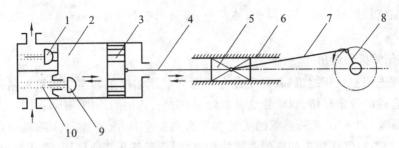

图 11-2 单级活塞式空气压缩机的工作原理图

1—排气阀;2—气缸;3—活塞;4—活塞杆;5—滑块;6—滑道;7—连杆;8—曲柄;9—吸气阀;10—弹簧

中使用的活塞式空气压缩机通常为两级,如图 11-3 所示。如最终压力为 7×10^5 Pa,第一级气缸通常将空气压缩到 3×10^5 Pa 后冷却,再输送到第二级气缸中压缩到 7×10^5 Pa。压缩空气通过中间冷却器后温度大大降低,再进入到第二级气缸。因此,两级活塞式空气压缩机相对于单级活塞式空气压缩机提高了效率。最后输出的压缩空气的温度约为 120 ℃。

活塞式空气压缩机的优点是结构简单,使用寿命长,易实现大容量和高压输出;缺点是噪声大,振动大,因排气为断续进行,输出气体有压力脉动,故需设置气罐。

2）螺杆式空气压缩机

螺杆式空气压缩机如图 11-4 所示。在螺杆式空气压缩机机体中,平行地配置着一对相互啮合的螺旋形转子。节圆外具有凸齿的转子,称为阳转子或阳螺杆;节圆内具有凹齿的转子,称为阴转子或阴螺杆。一般阳转子与原动

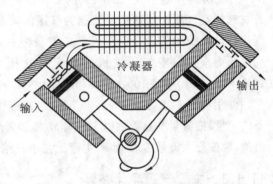

图 11-3 两级活塞式空气压缩机的结构图

机连接,带动阴转子转动,转子上的最后一对轴承实现轴向定位,并承受空气压缩机中的轴向力,转子两端的圆柱滚子轴承使转子实现径向定位,并承受空气压缩机中的径向力。在空气压缩机机体的两端,分别开设一定形状和大小的孔口,一个为进气口,另一个为排气口。

图 11-4 螺杆式空气压缩机

当阳转子的齿沟空间转至进气侧端面开口时,其空间最大,外界的空气充满其中;当转子的进气侧端面转离了机壳的进气口时,在齿沟间的空气被封闭在阴、阳转子与机壳之间,完成吸气过程。阴、阳转子与机壳形成的封闭容积随着转子角度的变化而减小,并按螺旋状移动,完成压缩过程。当此封闭容积旋转到与机壳排气口相遇时,被压缩的空气开始排放,直到齿峰与齿沟的吻合面移至排气端面,此时齿沟空间为零,完成排气过程。与此同时,转子的另一对齿沟已旋转至进气端,形成最大空间,开始吸气过程,由此开始一个新的压缩循环。

螺杆式空气压缩机具有结构简单、体积小、没有易损件、工作可靠、寿命长、维修方便等优点。

3. 空气压缩机的选用

所谓合理选用空气压缩机,就是要综合考虑空气压缩机组和空气压缩机站的投资与运行费用等综合性的技术经济指标,使之符合经济、安全、适用的原则,具体选用原则如下。

(1) 必须满足生产工艺所需要的流量和压力的要求,即要求空气压缩机的运行工况点(装置特性曲线与空气压缩机的性能曲线的交点)经常保持在高效区间,这样既可节省动力,又不易损坏机件。

(2) 所选择的空气压缩机既要体积小、重量轻、造价便宜,又要具有良好的特性和较高的效率。

(3) 具有良好的抗振性,运行平稳,寿命长。

(4) 结构简单,操作方便,配件易于购置。

(5) 所选择的空气压缩机站的工程投资少,运行费用低。

选择空气压缩机的主要依据为气压传动系统的工作压力和流量。气源的工作压力应比气压传动系统中的最高工作压力高 20% 左右,这是因为须考虑供气管道的沿程压力损失和局部压力损失。空气压缩机的额定排气压力分为低压(0.2～1.0 MPa)、中压(1.0～10 MPa)、高压(10～100 MPa)和超高压(100 MPa 以上)四种,可根据实际需求来选择。常见的使用压力一般为 0.7～1.25 MPa。在选择空气压缩机的流量时,应先了解所有的用气设备的流量,把流量的总数乘以 1.2(即放大 20% 余量)。如果生产工艺中已给出最小、正常、最大流量,应按最大流量考虑,如果生产工艺中只给出正常流量,应考虑留有一定的余量。

11.1.3　主要气源净化装置

1. 气源品质对气压传动系统的影响

在气压传动系统中,混有灰尘、水分等杂质的气体通过空气压缩机被压缩,向系统中输送。所使用的空气压缩机多需要润滑油,由空气压缩机排出的压缩空气的温度高达 140～170 ℃,使空气中的水分和润滑油变成气态,一同混在压缩空气中。如果将这种混有灰尘、水分、油分的压缩空气直接输送给气动装置使用,将会产生下列不利影响。

(1) 由水分、油分、灰尘形成的混合物沉积在气动元件或管道中,减小了通流面积,增加了气流阻力,严重时会发生堵塞,造成整个气压传动系统工作不稳定或失灵。

(2) 压缩空气中含有的饱和水分,在一定压力和温度条件下凝结成水滴,并聚集在管道或气动元件内,在寒冷季节会使管道及附件因冻结而损坏。同时,水分具有促使元件腐蚀和生锈的作用,这也将影响气动装置的正常工作。

(3) 压缩空气中含有的油分能聚集在气罐、管道、气压传动系统的容器中,形成易燃物,有引爆危险。而且润滑油汽化后会形成一种有机酸,使气动元件中的橡胶、塑料等密封件老化,缩短密封件的使用寿命。

(4) 压缩空气中含有的灰尘等固体颗粒杂质,对气压传动系统中作往复运动或转动的部件产生严重磨损,破坏元件的密封性,增加泄漏,降低效率,影响气动元件的使用寿命。

由此可见,通过空气压缩机排出的压缩空气不能直接供给气动装置使用,必须经过降温、除水、除油、除尘和干燥等处理后才能被气动装置使用。在某些要求高的系统中,压缩空气必须经过多次净化方能使用。气源净化装置一般包括后冷却器、油水分离器、气罐和干燥器。

2. 后冷却器

后冷却器一般安装在空气压缩机排气口处的管道上,其作用是将高温压缩空气进行冷却,使压缩空气中的大部分油分和水分达到饱和,凝结成油滴和水滴,从而分离出来,以便经油水分离器排除。后冷却器按冷却方式分为风冷式和水冷式两种。

风冷式后冷却器如图 11-5 所示。从空气压缩机排出的压缩空气进入风冷式后冷却器,经过较长的弯曲管道冷却后从风冷式后冷却器出口排出。从出口处排出的压缩空气的温度比环境温度高约 15 ℃。

水冷式后冷却器如图 11-6 所示。水冷式后冷却器的壳体为高压容器,壳体内布置有冷却水管,水管外壁安装金属翅片。通过强迫冷却水与压缩空气反向流动来进行冷却,冷却过程中产生的冷凝水通过排水器排出。从出口处排出的压缩空气的温度比环境温度高约 10 ℃。

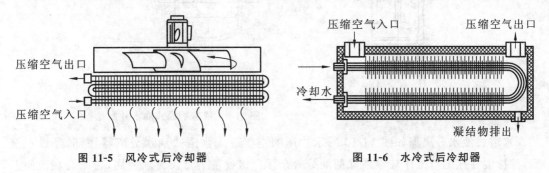

图 11-5　风冷式后冷却器　　　　　　图 11-6　水冷式后冷却器

按结构形式分,后冷却器主要有蛇形管式、列管式、套管式等,如图 11-7 所示,其原理参见风冷式后冷却器和水冷式后冷却器。

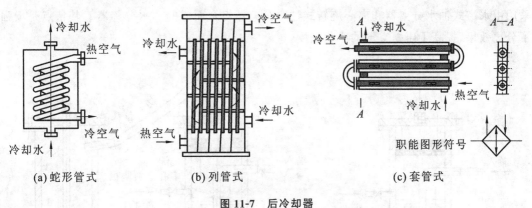

(a) 蛇形管式　　　　　　(b) 列管式　　　　　　(c) 套管式

图 11-7　后冷却器

3. 油水分离器

油水分离器是用来分离压缩空气中凝结的水分、油分等杂质,从而使压缩空气得到初步净化的装置,通常安装在后冷却器的管道上,其结构形式有离心旋转式、撞击折回式、水浴式及各种组合形式等。

离心旋转式油水分离器如图 11-8 所示。压缩空气沿油水分离器壳体的切线方向进入,气流产生强烈旋转。在离心力的作用下,混在压缩空气中凝结的水滴、油滴等杂质撞击油水分离器壁面,并沿壁面沉降到底部,而压缩空气则从位于旋转气流中心的导管输出。水滴、油滴等分离出的杂质由排水阀定期排出。

撞击折回式油水分离器如图 11-9 所示。当压缩空气进入油水分离器后撞击隔板并折回向下,而后环形回转上升,上升气流经格栅由输出口输出。混在压缩空气中凝结的水滴、油滴受惯性力和离心力的作用而分离析出,沉淀于壳体底部,并可通过排水阀排出。

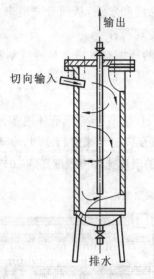
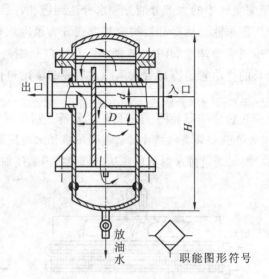

图11-8 离心旋转式油水分离器　　图11-9 撞击折回式油水分离器

水浴式油水分离器如图11-10所示。压缩空气进入水浴式油水分离器底部,经过水洗后,除掉混在压缩空气中较难清除的油分等杂质。该设备不宜长时间使用,否则会在液面上漂浮一层油污。

串联组合式油水分离器如图11-11所示。对于净化程度要求较高的气压传动系统,可采用由水浴式油水分离器和离心旋转式油水分离器组合而成的油水分离器。其特点是增强了分离效果,提高了压缩空气的净化程度。

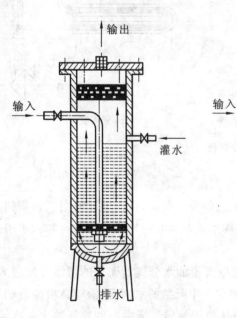
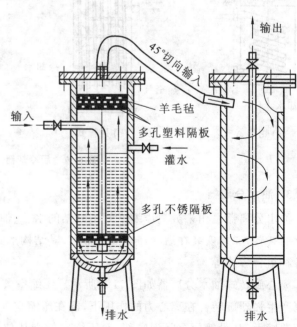

图11-10 水浴式油水分离器　　图11-11 串联组合式油水分器

4. 气罐

气罐水平或垂直安装在油水分离器后侧,其主要作用是存储一定数量的压缩空气,调节空气压缩机的输气量与气动设备的耗气量不平衡的情况;消除气源输出气流的脉动,保证输出气流的连续性和平稳性;同时可以进一步分离压缩空气中的油分、水分等杂质。气罐一般以钢板为材料,采用焊接结构制成,分为立式和卧式两种,如图 11-12 和图 11-13 所示,其中以立式结构居多。立式气罐的高度是其直径的 2~3 倍,出气管在上,进气管在下,并尽可能增大两管口之间的距离,以利于进一步分离压缩空气中的水分和油分等杂质。气罐上应设置安全阀,以调整极限压力,使其高出正常压力 10%;设置检查清理孔和指示罐内压力的压力表,以及排放油、水的排水阀门。在选取气罐时,一般以空气压缩机的排气量 q 为依据,具体参考如下:

$q < 6\ \mathrm{m^3/min}$ 时,$V_c = 1.2\ \mathrm{m^3}$;

$q = 6 \sim 30\ \mathrm{m^3/min}$ 时,$V_c = 1.2 \sim 4.5\ \mathrm{m^3}$;

$q > 30\ \mathrm{m^3/min}$ 时,$V_c = 4.5\ \mathrm{m^3}$。

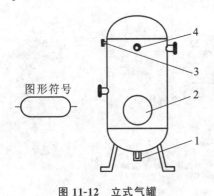

图形符号

图 11-12　立式气罐

1—排水阀门;2—检查清理孔;3—安全阀;4—压力表

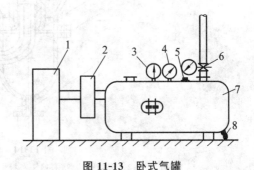

图 11-13　卧式气罐

1—空气压缩机;2—后冷却器;3—压力表;4—温度计;
5—安全阀;6—截止阀;7—气罐;8—排水阀门

为了简化压缩空气站的辅助设备,目前采用后冷却器、油水分离器和气罐一体的结构形式。

5. 干燥器

压缩空气经过后冷却器、油水分离器、气罐后,虽然得到了净化处理,但仍含有一定量的水分、油分等杂质,不能满足对空气质量要求较高的气动元件(如气动仪表、射流装置等)的要求。因此,需要将压缩空气再次进行干燥、过滤、净化处理。

干燥压缩空气的方法有吸附法、冷冻法、机械法、离心法等。机械法和离心法的工作原理与油水分离器的相同。目前,工业上常用的是吸附法和冷冻法。吸附式干燥器是内部装有吸附剂(如硅胶、活性氧化胶、焦炭、分子筛等),用来吸附水分,以达到干燥目的的装置。如图 11-14 所示,压缩空气从湿空气进气管 15 进入吸附式干燥器,经过吸附剂层 13、铜丝过滤网 12、上栅板 11、下部吸附剂层 8 后,压缩空气中的水分被吸附剂吸收而干燥。干燥后的压缩空气经过铜丝过滤网 7、下栅板 6、毛毡 5、铜丝过滤网 4,从干燥空气输出气管 22 排出。干燥器内的积水可通过底部排水管 1 和排水阀排出。

吸附剂在使用过程中不与水分发生化学反应,因此不需要更换吸附剂。但当吸附剂吸水达到饱和状态而失去吸附能力时,需要对吸附剂进行干燥再生。

225

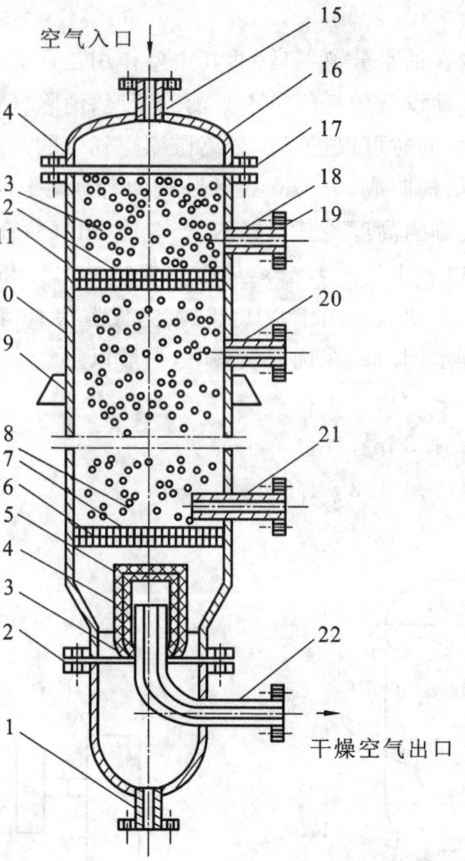

图 11-14 吸附式干燥器

1—排水管；2,17,19—法兰；3,14—密封垫；4,7,12—铜丝过滤网；5—毛毡；6—下栅板；
8,13—吸附剂层；9—支承板；10—筒体；11—上栅板；15—湿空气进气管；16—顶盖；
18,20—再生空气排气管；21—再生空气进气管；22—干燥空气输出气管

11.2 气源处理装置

空气过滤器、减压阀、油雾器一起称为气源处理装置，其安装次序根据进气方向依次为空气过滤器(二次过滤器)、减压阀和油雾器，如图 11-15 所示。压缩空气经过气源处理装置的最后处理后，将进入各气动元件及气压传动系统。因此，气源处理装置是气动元件及气压传动系统使用压缩空气质量的最后保证。

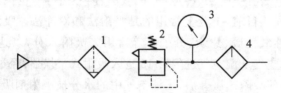

图 11-15 气源处理装置

1—空气过滤器；2—减压阀；3—压力表；4—油雾器

11.2.1 空气过滤器

1) 工作原理

空气过滤器的作用是滤去压缩空气中的灰尘、杂质、油污,并将水分分离出来。如图11-16所示,当压缩空气从输入口进入后被引入旋风叶片 1 中,旋风叶片上有许多成一定角度的缺口,这些缺口可使气流沿切线方向强烈旋转,于是其中较大的灰尘、杂质、油污和水滴等因质量较大而受到离心力作用,被高速甩到存水杯内壁而发生碰撞,从而从空气中分离出来,并流到杯底;而微粒灰尘和雾状水汽则由滤芯 2 滤除后从输出口输出。挡水板 4 是为了防止杯中污水卷起而破坏空气过滤器的过滤作用。污水由排水阀 5 放掉。

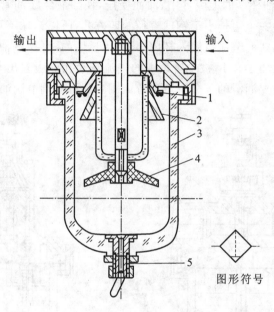

图 11-16 空气过滤器

1—旋风叶片;2—滤芯;3—存水杯;4—挡水板;5—排水阀

2) 性能指标

(1) 过滤度:指能允许通过的杂质颗粒的最大直径。常用的规格有:$5 \sim 10\ \mu m$、$10 \sim 20\ \mu m$、$25 \sim 40\ \mu m$ 及 $50 \sim 75\ \mu m$ 四种。精过滤的规格有:$0.01 \sim 0.1\ \mu m$、$0.1 \sim 0.3\ \mu m$、$0.3 \sim 3\ \mu m$ 及 $3 \sim 5\ \mu m$ 四种。

(2) 水分离率:指分离水分的能力,用符号 η 表示,则有

$$\eta = \frac{\varphi_1 - \varphi_2}{\varphi_1}$$

式中,φ_1 为空气通过空气过滤器前的相对湿度,φ_2 为空气通过空气过滤器后的相对湿度。一般要求空气过滤器的水分离率大于 80%。

(3) 滤灰效率:指空气过滤器分离灰尘的质量和进入空气过滤器的灰尘质量之比。对于二次过滤器,其滤灰效率为 80% 以上。在某些有特殊要求的场合,可采用高效过滤器,其滤灰效率可达 99%。

(4) 流量特性:额定流量下,输入压力与输出压力之差不超过输入压力的 5%。

11.2.2 油雾器

1）工作原理及结构

油雾器是一种注油装置。当压缩空气流过时，它将润滑油喷射成雾状，随压缩空气一起流进需要润滑的部件，以达到润滑的目的。油雾器的分类如下。

（1）普通油雾器（油雾粒径为 20 μm）：固定节流式、变节流式。

（2）微雾型油雾器（油雾粒径为 2～3 μm）：固定节流式、变节流式。

图 11-17 所示为普通油雾器的结构图。压缩空气由输入口进入后，大部分从出口输出，其中一小部分通过导气雾化管 2 上的径向小孔 a 的中心孔后，顶开单向阀 7 的钢球，经阀座 4 上的径向孔 c 进入贮油杯 5 的上腔 d 中，油面受压，使油液经吸油管 6 将单向阀 7 的钢球顶起。钢球上部管口为一个边长小于钢球直径的四方孔，所以钢球不可能将上部管口封死，油液能不断地经节流阀 8 的节流口滴入杯内（盖 9 为透明的，可观察油滴情况），经导气雾化管 2 上部的中心孔和径向小孔 b，被主管道中的气流从小孔 b 引射出来（压差原理），雾化后从输出口输出而进入需要润滑的部分。调节节流阀 8 就可以调节滴油量。

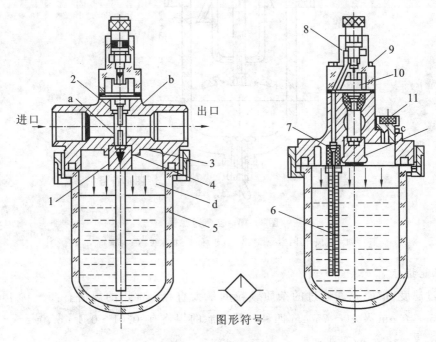

进口　　　　　　　　　出口

图形符号

图 11-17　普通油雾器

1—弹簧；2—导气雾化管；3—钢球；4—阀座；5—贮油杯；6—吸油管；
7—单向阀；8—节流阀；9—盖；10—密封垫；11—油塞

油雾器可以在不停气的状态下加油。实现不停气加油的关键部件是由阀座 4、钢球 3 和弹簧 1 组成的特殊单向阀，如图 11-17 所示，其工作状态如图 11-18 所示。其中，图 11-18（a）所示为油雾器不工作时的状态，图 11-18（b）所示为油雾器工作时的状态，图 11-18（c）所示为油雾器加油时的状态。加油时松开油塞 11，使 d 腔与大气相通而使压力下降，于是钢球 3 被压缩空气压在阀座 4 上（见图 11-18（c）），从而切断了压缩空气进入 d 腔的通道；又因单向阀 7 的钢球封住了吸油管，压缩空气也不会从吸油管 6 倒流入贮油杯 5 中，所以可以在不停气的状态下从油塞口中加油。

图 11-17 所示的油雾器为一次油雾器，也称普通油雾器。二次油雾器能使油滴在油雾

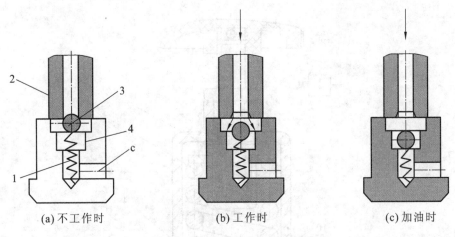

| (a) 不工作时 | (b) 工作时 | (c) 加油时 |

图 11-18　特殊单向阀的三种工作状态

(1,2,3,4 所表示的零件与图 11-17 中的相同)

器中进行两次雾化,使油雾粒度更小、更均匀,输送距离更远。二次油雾器粒径可达 5 μm。

2) 主要性能指标

(1) 流量特性:指油雾器在给定进口压力下,通过的流量变化时,进、出口压降的变化情况。

(2) 起雾流量:贮油杯中油位处于正常工作油位,节流阀全开,油雾器进口压力为规定值,起雾时的最小空气流量规定为额定流量的 40%。

油雾器的其他性能指标还有滴油量调节、油雾粒度、脉冲特性、最低不停气加油压力等。

11.2.3　减压阀

1) 工作原理及结构

气源处理装置所用的减压阀的作用是把气源输出的压缩空气的压力减小到气压传动系统所要求的压力,并保持压力稳定,使其不受气源压力波动和减压阀输出流量变化的影响。和液压传动一样,减压阀的调压方式有直动式和先导式两种。图 11-19 所示的减压阀为直动式,它是依靠改变弹簧力来直接调整压力的。其工作原理是:当阀处于图示位置时,阀芯 8 在复位弹簧 9 的作用下,阀口 a 处于关闭状态,输出口无气压输出;调压时,若顺时针方向调节手柄 1,调压弹簧 2、3 被压缩,推动弹簧座 4、膜片 5、阀杆 7 和阀芯 8 下移,使阀口 a 打开,气流通过阀口 a 后压力降低,从输出口输出。与此同时,有一小部分输出气流经反馈管 6 作用在膜片 5 上的推力与弹簧力相平衡,减压阀便有稳定的压力输出。其过程是:当输出压力超过调定值时,膜片 5 离开平衡位置而向上变形,阀芯 8 在复位弹簧 9 的作用下上移,阀口 a 关小,减压作用增强,使输出压力降低到调定值;反之,当输出压力下降时,膜片 5 向下变形,阀口 a 开大,减压作用减弱,使输出压力回升到调定值,保证输出压力稳定。通过手柄 1 控制减压阀阀口的大小,即可调节一定的输出压力值。

2) 主要性能

(1) 压力特性:指输出流量 q 一定时,输入压力 p_1 的波动引起输出压力 p_2 波动的特性,可用特性曲线表示,如图 11-20(a)所示。由图可看出,输出压力 p_2 必须低于输入压力 p_1 一定值后才基本上不随输入压力的变化而变化。

(2) 流量特性:指输入压力 p_1 一定时,输出流量 q 的变化引起输出压力 p_2 变化的特性,可用特性曲线表示,如图 11-20(b)所示。由图可看出,输出压力 p_2 越低,受流量的影响越小,但在减压阀输出流量较小时,输出压力 p_2 的波动较大。

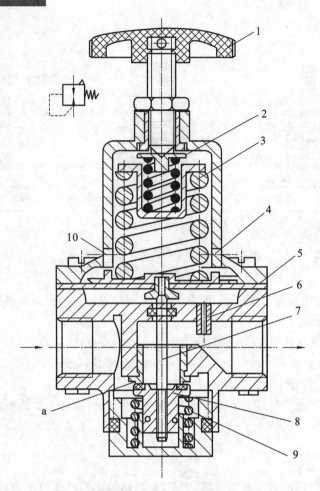

图 11-19　减压阀

1—手柄;2,3—调压弹簧;4—弹簧座;5—膜片;6—反馈管;7—阀杆;8—阀芯;9—复位弹簧

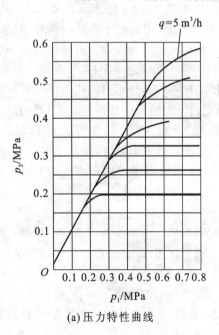

(a) 压力特性曲线

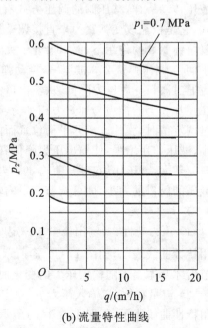

(b) 流量特性曲线

图 11-20　减压阀的特性曲线

11.3 其他气动辅助元件

11.3.1 自动排水器

随着对空气净化要求的提高,靠人工的方法进行定期排污已变得不可靠,况且有些场合也不便于人工操作,因此自动排水器得到了广泛应用。

图11-21所示为浮子式自动排水器,其工作原理是:被分离出来的水分流入自动排水器内,水位不断升高,当水位升高至一定高度后,浮子3的浮力大于浮子自重及作用在喷嘴座面积 $\frac{\pi}{4}d^2$ 上的气压力时,喷嘴2开启,气压经喷嘴2、滤芯4作用在活塞8左侧,气压力克服弹簧力使活塞8右移,排水阀座5打开放水;排水后,浮子3下降,喷嘴2关闭,活塞左腔气压通过设在活塞8及手动操纵杆6内的溢流孔7卸压,从而迅速关闭排水阀座5。

自动排水器用于排除管道、油水分离器、气罐及空气过滤器等处的积水。自动排水器必须垂直安装。在使用过程中,如自动排水器出现故障,可用手动操纵杆打开阀门放水。

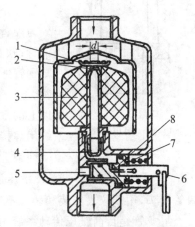

图 11-21　浮子式自动排水器

1—盖板;2—喷嘴;3—浮子;
4—滤芯;5—排水阀座;6—手动操纵杆;
7—溢流孔;8—活塞

11.3.2 消声器

气压传动系统中,压缩空气经换向阀向气缸等执行元件供气;动作完成后,又经换向阀向大气排气。由于阀内的气路复杂且又十分狭窄,压缩空气以接近声速的流速从排气口排出,空气急剧膨胀和压力变化产生高频噪声。排气噪声与压力、流量和有效面积等因素有关。当阀的排气压力为0.5 MPa时,排气噪声可达100 dB(A)以上,而且执行元件的速度越高,流量越大,噪声就越大。此时,就要用消声器来降低排气噪声。

消声器是一种允许气流通过而使声能衰减的装置,它能够降低气流通道上的空气动力性噪声。根据消声原理的不同,消声器有阻性消声器、抗性消声器、阻抗复合式消声器及多孔扩散消声器。

选用消声器时,应合理选择通过消声器的气流速度。对于一般系统,可取6~10 m/s;对于高压排空消声器,气流速度可大于20 m/s。

阀用消声器通常用多孔扩散消声器,以消除离速喷气射流噪声。消声器材料由铜颗粒烧结而成,也有用塑料颗粒烧结的,要求消声器的有效出流面积大于排气管道面积。阀用消声器的消声效果按标准规定为:公称通径为6~25 mm时不小于20 dB(A),公称通径为32~50 mm时不小于25 dB(A)。

图11-22所示为阀用消声器,它一般用螺纹连接的方式直接拧在阀的排气口上。对于集成式连接的控制阀,消声器安装在底板的排气口上。

11.4 管件及管路系统

11.4.1 管件

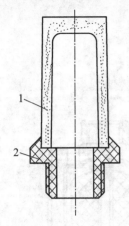

图11-22 阀用消声器

1—消声套;2—管接头

管件是气动元件之间连接的部件,包括管子和各种管接头。管子分为硬管和软管两种。硬管主要是各种金属管,常用的有钢管和纯铜管;软管包括塑料管、尼龙管和橡胶软管等。

钢管适用于高温高压及固定不动部件之间的连接,它具有耐油、抗腐、不易氧化、刚性好、价格低廉、装配时不易弯曲变形等特点。中压以上的系统用无缝钢管,常用的有10号、15号冷拔无缝钢管;低压系统用焊接钢管。

纯铜管适用于中、低压系统,在机床中应用较多,具有抗振能力差、使液压油易氧化、价格昂贵、装配时易弯曲变形等特点,常配以扩口管接头,用于仪表安装和装配不便处。

尼龙管是目前气压传动系统中普遍使用的一种管材。该管为乳白色,半透明,可观察管内流动情况,价格低廉,能代替部分纯铜管使用,加热后可任意弯曲成形和扩口,冷却后定形,但使用寿命较短,承压能力根据不同材料而异,最高耐压可达16 MPa。

管接头是连接和固定管子所必需的元件。按管接头和管子连接方式的不同,管接头有扩口式管接头、卡套式管接头、卡箍式管接头、插入式快换接头等。

(1)扩口式管接头如图11-23所示。接管1穿入导套2,扩成74°～90°的喇叭口,用螺母3将接管、导套一起压紧在接头体4上,形成锥面密封。

(2)卡套式管接头如图11-24所示。卡套式管接头由卡套2、螺母3、接头体4组成。卡套为内圆端部带有锋利刃口的金属环,装配时刃口切入被连接的油管中,起连接和密封作用。此种管接头不需要焊接或扩口,拆装方便,轴向尺寸要求不高,但对管子外径尺寸要求较高。

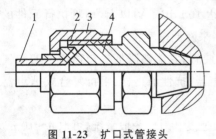

图11-23 扩口式管接头

1—接管;2—导套;3—螺母;4—接头体

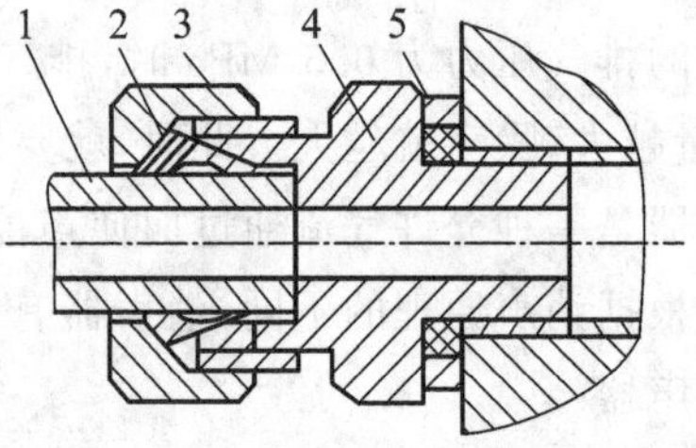

图11-24 卡套式管接头

1—接管;2—卡套;3—螺母;4—接头体;5—组合垫圈

(3)卡箍式管接头如图11-25所示。卡箍式管接头由卡箍1卡紧,密封可靠,但拆装较费力,用于不经常拆装及较大直径软管连接处。

(4)插入式快换接头如图11-26所示。使用时将软管1插入接头体3中,插到末端后向外拉动,卡头2便将管子卡紧,向里推动卡头可将管子向外拉出。此种管接头为气压管路专用接头,用于微型气压元件、逻辑元件的小直径软管连接。管接头加工质量及管子外径尺寸要求较高,否则易产生漏气现象。

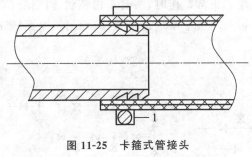

图 11-25　卡箍式管接头

1—卡箍

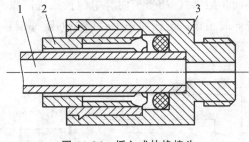

图 11-26　插入式快换接头

1—软管；2—卡头；3—接头体

11.4.2　管路系统

1. 管路系统布置原则

气压传动系统的管路布置应遵循相关基本原则，力求合理、安全、优化、经济。具体布置原则可按以下几个方面考虑。

1）按供气压力考虑

在实际应用中，若只有一种压力要求，则只需设计一种管路供气系统；若有多种压力要求，则供气系统有多种压力管路供气系统、降压管路供气系统和管路供气与瓶装供气相结合的供气系统三种。

（1）多种压力管路供气系统适用于气动装置有多种压力要求且用气量都比较大的情况。应根据供气压力的大小和使用设备的位置，设计几种不同压力的管路供气系统。

（2）降压管路供气系统适用于气动设备有多种压力要求且用气量较小的情况。应根据最高供气压力设计管路供气系统。气动装置需要的低压通过使用减压阀来获得。

（3）管路供气与瓶装供气相结合的供气系统适用于使用低压空气的大多数气动装置，以及使用用气量不大的高压空气的部分气动装置。应根据对低压空气的要求来设计管路供气系统，而用气量不大的高压空气采用气瓶供气的方式解决。

2）按供气的空气质量考虑

根据不同气动装置对空气质量的不同要求，分别设计成一般供气系统和清洁供气系统。当一般供气系统的用气量不大时，可用清洁供气系统代替，以减少投资成本；当清洁供气系统的用气量不大时，可单独设置小型净化干燥装置来解决。

3）按供气可靠性和经济性考虑

（1）单环状管网供气系统。如图 11-27(a)所示，这种供气系统可靠性高，压力稳定，末端压力损失较小。当支路上有一个阀门损坏，需要检修时，将环形管路上两侧阀门关闭，以保证维修，更换支路上的阀门，此时整个系统仍能继续供气；当环形管路上的阀门损坏时，其两侧用户要受到影响，但这种可能性较小，因为环状管路上的阀门只有在发生事故的情况下才工作。

该系统投资较高，维修工作量大，系统中冷凝水会流向各个方向，故应设置多个自动排水器。

（2）单树枝状管网供气系统。如图 11-27(b)所示，这种供气系统适用于间断供气的场合，它具有结构简单、经济性好等特点。此系统中常将两个阀门串联起来，其中一个用于频繁操作，另一个一般情况下总是开启的，当频繁操作的阀门损坏而需要更换、检修时，另一阀门才关闭，使其与系统切断，避免影响整个供气系统。

（3）双树枝状管网供气系统。如图 11-27(c)所示，这种供气系统能保证所有气动装置不间断地供气,相当于两套单树枝状管网供气系统。正常工作时,两套单树枝状管网供气系统同时工作。当任何一个管路中的附件损坏时,可关闭整个系统进行检修,而另一个系统正常工作。

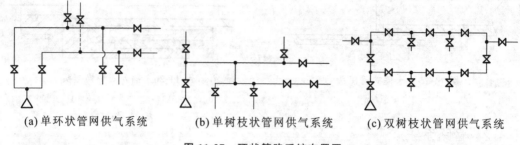

(a) 单环状管网供气系统　　(b) 单树枝状管网供气系统　　(c) 双树枝状管网供气系统

图 11-27　环状管路系统布置图

(4) 树枝状和环状相结合管网供气系统。这种供气系统具有上述两类供气系统的特点,提高了供气可靠性。厂区一般采用树枝状管网供气系统,车间内一般采用环状管网供气系统。

2. 管路系统布置注意事项

(1) 供气管路应根据场地实际情况布置,尽量与其他管线、电线等协调统一布置。

(2) 管路进入用气车间,应根据气动装置对空气质量的要求,设置配气容器、截止阀、气源处理装置等。

(3) 车间内部压缩空气主管路应沿墙体或柱子架空敷设,其高度要便于检修,又不妨碍运行。当管长大于 5 m 时,沿气流流动方向管路向下坡度为 1%～3%。为了避免长管路产生挠度,应在适当部位安装托架。管路支承不得与管道焊接。

(4) 沿墙体或柱子接出的分支管路必须在主干管路上部采用大角度拐弯后再向下引出。分支管路沿墙体或柱子离地面约 1.2～1.5 m 处接一气源分配器,并在气源分配器两侧接分支管或管接头,便于软管接到气动装置上使用。在主管路及分支管路最低点设置集水罐,下部设有排水器,以排放污水。

(5) 设置必要的旁通回路和截止阀,保证在不停气时维修和更换元件。

(6) 管路装配前,内部流道必须清理干净,不得有铁屑、毛刺、氧化皮等异物。

(7) 使用表面镀锌的钢管。

(8) 管路中容易积聚冷凝水的部位必须设置冷凝水排放口或自动排水器。

(9) 主管路入口处应设置主过滤器,分支管路至各气动装置的供气都应设置独立的过滤器、减压阀和油雾器。

典型管路布置如图 11-28 所示。

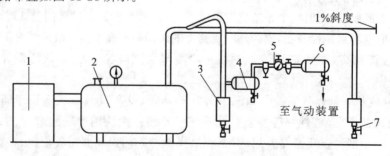

图 11-28　典型管路布置

1—空气压缩机;2—气罐;3—冷凝液收集管;4—中间储罐;5—气源处理装置;6—系统用气罐;7—排放阀

3. 管路系统设计原则

管径应根据压缩空气的最大流量和允许的最大压力损失来确定。为了避免压缩空气在管道内流动时的压力损失过大,主管路内空气推荐流速为 6～10 m/s(相应的压力损失小于 0.03 MPa);用气车间主管路内空气推荐流速为 10～15 m/s,并限定所有管道内空气流速不大于 25 m/s。管子壁厚设计主要考虑强度问题,可查阅相关手册选用。

习　题

11-1　什么是气源装置?气源装置的功能及组成有哪些?

11-2　空气压缩机的功用是什么?有哪些类型?

11-3　为什么要对压缩空气进行净化处理?净化装置有哪些?

11-4　压缩空气中的杂质来源主要有哪些?

11-5　空气过滤器有何功用?分为哪几类?主要性能指标有哪些?

11-6　何谓油雾器?其功用是什么?主要性能指标有哪些?如何选用?

11-7　消声器的功用是什么?常用的消声器有哪几类?

11-8　管道连接件有何用处?分为哪些类型?常用的软管接头的结构形式有哪些?

11-9　气压传动系统的管路及管路布置有哪些形式?各有何特点?

11-10　如图 11-29 所示,指出图中供气系统的错误之处,正确布置并说明各元件的名称和作用。

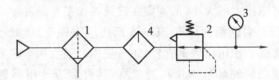

至气缸或气动马达

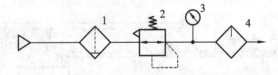

图 11-29　题 11-10 图

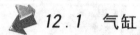

第⑫章　气动执行元件

气动执行元件是将压缩空气的压力能转换为机械能的装置,它包括气缸和气动马达。气缸用于直线往复运动或摆动,气动马达用于实现连续回转运动。

12.1　气缸

气缸按结构形式分为两大类:活塞式和膜片式。其中,活塞式又分为单活塞式和双活塞式,而单活塞式又分为有活塞杆和无活塞杆两种。除了几种特殊气缸外,普通气缸的种类及结构形式与液压缸的基本相同。目前常用的标准气缸的结构和参数都已系列化、标准化、通用化,如 QGA 系列为无缓冲普通气缸,QGB 系列为有缓冲普通气缸。其他几种较为典型的特殊气缸有气液阻尼缸、薄膜式气缸和冲击式气缸等。

1. 气缸的基本构造(以单杆双作用气缸为例)

气缸的构造多种多样,但使用最多的是单杆双作用气缸。下面就以单杆双作用气缸为例,说明气缸的基本构造。

图 12-1 所示为单杆双作用气缸,它由缸筒、端盖、活塞、活塞杆和密封件等组成。缸筒内径的大小代表了气缸输出力的大小,活塞要在缸筒内作平稳的往复滑动,缸筒内表面的粗糙度 Ra 应达到 $0.8\ \mu m$。对于钢管缸筒,其内表面还应镀硬铬,以减小摩擦阻力和磨损,并能防止锈蚀。缸筒材质除了使用高碳钢管外,还可使用高强度铝合金和黄铜,小型气缸有时用不锈钢。带磁性环或在腐蚀环境中使用的气缸,其缸筒应使用不锈钢、铝合金或黄铜等材质。

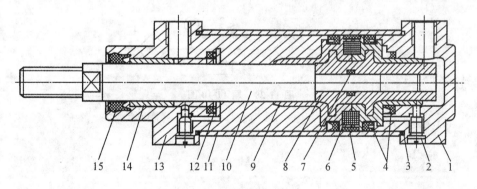

图 12-1　单杆双作用气缸

1—后端盖;2—缓冲节流;3,7—密封圈;4—活塞密封圈;5—导向环;6—磁性环;8—活塞;
9—缓冲柱塞;10—活塞杆;11—缸筒;12—缓冲密封圈;13—前端盖;14—导向套;15—防尘组合密封圈

端盖上设有进、排气通口,有的还在端盖内设有缓冲机构。前端盖设有防尘组合密封圈,以防止从活塞杆处向外漏气和防止外部灰尘混入缸内。前端盖设有导向套,以提高气缸的导向精度,承受活塞杆上的少量径向载荷,减小活塞杆伸出时的下弯量,延长气缸的使用寿命。导向套通常使用烧结含油合金、铅青铜铸件。端盖常采用可锻铸铁,现在为了减轻质量并防锈,常使用铝合金压铸,有的微型气缸使用黄铜材料。

活塞是气缸中的受力零件。为了防止活塞左、右两腔相互窜气,因此设有活塞密封圈。活塞上的耐磨环可提高气缸的导向性。耐磨环常使用聚氨酯、聚四氟乙烯、夹布合成树脂等材料。活塞的材质常采用铝合金和铸铁,有的小型气缸的活塞用黄铜制成。

活塞杆是气缸中最重要的受力零件,通常使用高碳钢,其表面经镀硬铬处理;或使用不锈钢,以防腐蚀,并能提高密封圈的耐磨性。

2. 气缸的工作特性

1) 气缸的速度

气缸活塞的运动速度在运动过程中是变化的,通常所说的气缸速度是指气缸活塞的平均速度。如普通气缸的速度范围为 50~500 mm/s,指的就是气缸活塞在全行程范围内的平均速度。目前普通气缸的最低速度为 5 mm/s,最高速度可达 17 m/s。

2) 气缸的理论输出力

气缸的理论输出力的计算公式和液压缸的相同。

3) 气缸的效率和负载率

气缸未加载时实际所能输出的力,受气缸活塞和缸筒之间的摩擦力、活塞杆与前缸盖之间的摩擦力的影响。摩擦力影响程度用气缸效率 η 表示。η 与气缸缸径 D 和工作压力 p 有关。缸径增大,工作压力提高,气缸效率 η 增加。一般气缸效率在 0.7~0.95 之间。

与液压缸不同,要精确地确定气缸的实际输出力是很困难的。于是,在研究气缸性能和确定气缸缸径时,常用到负载率 β。气缸负载率 β=(气缸的实际负载 F/气缸的理论输出力 F_0)×100%。

气缸的实际负载(轴向负载)由工况决定。若确定了气缸负载率 β,则由定义就可确定气缸的理论输出力 F_0,从而可以计算气缸的缸径。气缸负载率 β 的选取与气缸的负载性质及气缸的运动速度有关,详见表 12-1。

表 12-1 气缸的运动状态与负载率

静负载	惯性负载的运动速度 v		
	<100 mm/s	100~ 500 mm/s	>500 mm/s
$\beta=0$	$\beta \leqslant 0.65$	$\beta \leqslant 0.5$	$\beta=0.3$

由此可以计算气缸的缸径,再按标准进行圆整。估算时可取活塞杆直径 $d=0.3D$。

4) 气缸的耗气量

气缸的耗气量是指气缸在往复运动时所消耗的压缩空气量。耗气量的大小与气缸的性能无关,但它是选择空气压缩机的重要依据。

最大耗气量 q_{max} 是指气缸活塞完成所有行程所需的自由空气耗气量,有

$$q_{max} = \frac{AS(p+p_0)}{t \eta_v p_a} \tag{12-1}$$

式中,A 为气缸的有效工作面积;S 为气缸行程;t 为气缸活塞完成一次行程所需时间;p 为工作压力;p_a 为大气压力;η_v 为气缸容积效率,一般取 $\eta_v=0.9 \sim 0.95$。

3. 其他常用气缸简介

1) 气液阻尼缸

普通气缸工作时,由于气体的压缩性,当外部载荷变化较大时,会产生"爬行"或"自走"现象,使气缸的工作不稳定。为了使气缸运动平稳,普遍采用气液阻尼缸。

气液阻尼缸由气缸和油缸组合而成,它的工作原理如图 12-2 所示。它是以压缩空气为能源,并利用油液的不可压缩性和控制油液排量来获得活塞的平稳运动和调节活塞的运动速度的。它将油缸和气缸串联成一个整体,两个活塞固定在一根活塞杆上。当气缸右端供气时,气缸克服外负载并带动油缸同时向左运动,此时油缸左腔排油,单向阀关闭,油液只能经节流阀缓慢流入油缸右腔,对整个活塞的运动起阻尼作用。调节节流阀的阀口大小就能达到调节活塞运动速度的目的。当压缩空气经换向阀从气缸左腔进入时,油缸右腔排油,此时因单向阀开启,活塞能快速返回到原来位置。

这种气液阻尼缸的结构一般是将双活塞杆缸作为油缸,因为这样可使油缸两腔的排油量相等,此时油箱内的油液只需用来补充因油缸泄漏而减少的油量,一般用油杯就行了。

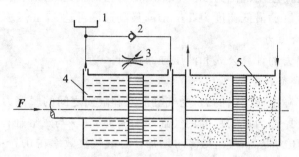

图 12-2　气液阻尼缸的工作原理图
1—油杯;2—单向阀;3—节流阀;4—油液;5—气体

2) 薄膜式气缸

薄膜式气缸是一种利用压缩空气通过膜片推动活塞杆作往复直线运动的气缸。它由缸体、膜片、膜盘和活塞杆等主要零件组成,其功能类似于活塞式气缸。它分为单作用式和双作用式两种,如图 12-3 所示。

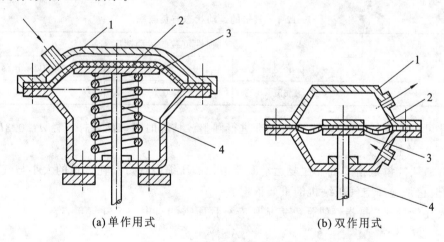

(a) 单作用式　　　　　　(b) 双作用式

图 12-3　薄膜式气缸的结构简图
1—缸体;2—膜片;3—膜盘;4—活塞杆

薄膜式气缸的膜片可以做成盘形膜片和平膜片两种形式。膜片材料为夹织物橡胶、钢片或磷青铜片。常用的是夹织物橡胶,橡胶的厚度为 5~6 mm,有时也可为 1~3 mm。金属式膜片只用于行程较短的薄膜式气缸中。

薄膜式气缸和活塞式气缸相比较,具有结构简单、紧凑,制造容易,成本低,维修方便,寿命长,泄漏小,效率高等优点。但是膜片的变形量有限,故其行程短(一般不超过 40~

50 mm），且气缸活塞杆上的输出力随着行程的增大而减小。

3）冲击气缸

冲击气缸是一种体积小、结构简单、易于制造、耗气功率小，但能产生相当大的冲击力的一种特殊气缸。与普通气缸相比，冲击气缸的结构特点是增加了一个具有一定容积的蓄能腔和喷嘴。它的工作原理如图 12-4 所示。

冲击气缸的整个工作过程可简单地分为三个阶段。

第一阶段如图 12-4(a)所示。压缩空气由孔 A 输入冲击气缸的下腔，蓄气缸经孔 B 排气，活塞上升并用密封垫封住喷嘴，中盖和活塞间的环形空间经排气孔与大气相通。

第二阶段如图 12-4(b)所示。压缩空气改由孔 B 输入蓄气缸中，冲击气缸下腔经孔 A 排气。由于活塞上端气压作用在面积较小的喷嘴上，而活塞下端受力面积较大，一般设计成喷嘴面积的 9 倍，冲击气缸下腔的压力虽因排气而下降，但此时活塞下端向上的作用力仍然大于活塞上端向下的作用力。

第三阶段如图 12-4(c)所示。蓄气缸的压力继续增大，冲击气缸下腔的压力继续降低，当蓄气缸内的压力高于活塞下腔压力的 9 倍时，活塞开始向下移动，活塞一旦离开喷嘴，蓄气缸内的高压气体迅速充入到活塞与中盖间的空间，使活塞上端受力面积突然增加 9 倍，于是活塞将以极大的加速度向下运动，气体的压力能转换成活塞的动能。当冲程达到一定值时，将获得最大冲击速度和能量，利用这个能量对工件进行冲击做功，可产生很大的冲击力。

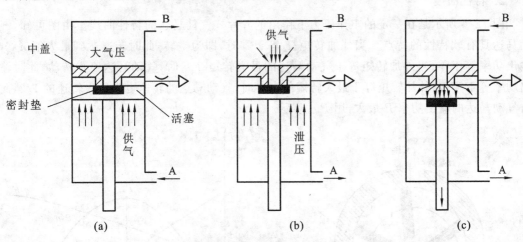

图 12-4 冲击气缸的工作原理图

 ## 12.2 气动马达

气动马达也是气动执行元件的一种。它的作用相当于电动机或液压马达，即输出力矩，拖动机构作旋转运动。最常见的气动马达是活塞式气动马达和叶片式气动马达。叶片式气动马达制造简单，结构紧凑，但低速运动转矩小，低速性能不好，适用于中、低功率的机械，目前在矿山及风动工具中应用普遍；活塞式气动马达在低速情况下有较大的输出功率，它的低速性能好，适用于载荷较大和要求低速转矩的机械，如起重机、绞车、绞盘、拉管机等。

由于气动马达具有一些比较突出的优点，在某些场合它比电动机和液压马达更适用。气动马达的优点如下。

（1）具有防爆性能，工作安全。由于气动马达的工作介质（空气）本身的特性和结构设计上的考虑,气动马达能够在工作中不产生火花,故可以在易燃易爆场所工作,同时不受高温和振动的影响,并能用于空气极潮湿的环境而无漏电危险。

(2)气动马达的软特性使之能长时间满载工作而温升较小,且有过载保护的性能。

(3)可以无级调速。控制进气流量,就能调节气动马达的转速和功率。气动马达的额定转速为每分钟几十转到几十万转。

(4)具有较高的启动力矩,可以直接带动负载运动。

(5)与电动机相比,气动马达的单位功率尺寸小,重量轻,适于安装在位置狭小的场合及手工工具上。但气动马达具有输出功率小、耗气量大、效率低、噪声大和易产生振动等缺点。

1. 工作原理

图 12-5 所示是叶片式气动马达的工作原理图。叶片式气动马达的主要结构和工作原理与叶片式液压马达的相似,主要包括一个径向装有 3～10 个叶片的转子,转子偏心安装在定子内,转子两侧有前后盖板(图中未画出)。当压缩空气从 A 口进入后分为两路,一路进入叶片底部槽中,使叶片从径向沟槽伸出;另一路进入定子腔,转子周围径向分布的叶片由于偏心,伸出的长度不同而使其受力不一样,从而产生旋转力矩,叶片带动转子作逆时针旋转。定子内有半圆形的切沟,可提供压缩空气及排出废气。废气从排气口 C 排出,而定子腔内残留气体则从 B 口排出。如果需要改变气动马达的旋转方向,只需改变进、排气口即可。

2. 特性曲线

图 12-6 所示是在一定的工作压力下作出的叶片式气动马达的特性曲线。由图可知,气动马达具有软特性的特点。当外加转矩 T 等于零时,即为空转,此时转速达到最大值 n_{max},输出功率等于零;当外加转矩等于气动马达的最大转矩 T_{max} 时,气动马达停止转动,此时输出功率等于零;当外加转矩等于最大转矩的一半时,气动马达的转速也为最大转速的 1/2,此时气动马达的输出功率 P 最大,用 P_{max} 表示。

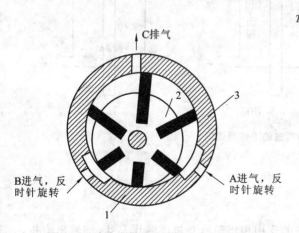

图 12-5 叶片式气动马达的工作原理图
1—叶片;2—转子;3—定子

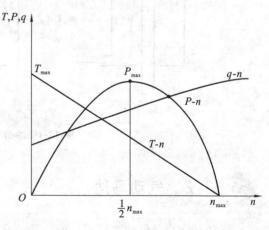

图 12-6 叶片式气动马达的特性曲线

习　题

12-1　气液阻尼缸由哪些部分组成?试简述其工作原理。

12-2　薄膜式气缸有什么特点?常用于哪种场合?

12-3　气动马达有哪些特点?常用于哪种场合?

第13章 气动控制元件

13.1 方向控制阀

能改变气体流动方向或通断的控制阀称为方向控制阀,它是气压传动系统中应用最广泛的一类阀。如向气缸一端进气,并从另一端排气,再反过来,从另一端进气,一端排气,这种流动方向的改变便要使用方向控制阀。

13.1.1 方向控制阀分类

方向控制阀的品种规格很多,因此了解其分类,便于掌握它们的特征,以利于选用。

1. 按阀内气流的流通方向分类

按气流在阀内的流通方向,方向控制阀可分为单向型方向控制阀和换向型方向控制阀两类。只允许气流沿一个方向流动的方向控制阀称为单向型方向控制阀,如单向阀、梭阀、双压阀和快速排气阀等。快速排气阀按其功能也可归入流量控制阀。可以改变气流流动方向的方向控制阀称为换向型方向控制阀,简称换向阀,如二位三通阀、二位五通阀等。

2. 按阀的控制方式分类

阀的控制方式主要有气压控制、电磁控制、人力控制和机械控制等类型。气压控制又可分为加压控制、泄压控制、差压控制和延时控制等。

3. 按阀芯的工作位置数分类

阀芯的工作位置称为"位",阀芯有几个工作位置的阀就称为"几位"阀。在不同的工作位置,按图形符号可实现不同的通断关系。经常使用的有二位阀和三位阀。阀在未加控制信号或未被操作时所处的位置称为零位。

4. 按阀的接口数目分类

阀的接口(包括排气口)称为"通"。阀的接口包括入口、出口和排气口,但不包括控制口。常见的有两通阀、三通阀、四通阀、五通阀等。

根据阀的切换位置和接口数目,便可叫出阀的名称,如二位二通阀、三位五通阀等。

5. 按阀芯结构形式分类

阀芯结构形式是影响阀性能的重要因素之一。常用的阀芯结构形式有截止式、滑柱式、滑柱截止式(平衡截止式)和滑板式等。

6. 按控制信号数目分类

方向控制阀按控制信号数目可分为单控式和双控式。

单控式是指阀的一个工作位置由控制信号(控制信号可以是电信号、气信号、人力信号或机械力信号等)获得,另一个工作位置是当控制信号消失后,靠其他力来获得的(称为复位方式)。如靠弹簧力复位称为弹簧复位,靠气压力复位称为气压复位,靠弹簧力和气压力复位称为混合复位,混合复位可减小阀芯复位活塞的直径。复位力越大,阀的换向越可靠,工作越稳定。

双控式是指阀有两个控制信号。对于二位阀,两个阀位分别由一个控制信号获得。当一个控制信号消失,另一个控制信号未加入时,能保持原有阀位不变的阀称为具有记忆功能的阀。对于三位阀,每个控制信号控制一个阀位。当两个控制信号都不存在时,靠弹簧力和(或)气压力使阀芯处于中间位置(简称中位或零位)。

7. 按阀的动作方式分类

按阀的动作方式分类,方向控制阀可分为直动式和先导式。先导式又分为内部先导式和外部先导式。先导控制的气源是主阀提供的为内部先导式,先导控制的气源是外部供给的为外部先导式。外部先导式换向阀的切换不受换向阀使用压力大小的影响,故换向阀可在低压或真空压力条件下工作。

8. 按阀的安装连接方式分类

阀的连接方式有管式连接、板式连接、法兰连接和集成式连接等。

板式连接需要配专门的过渡连接板,管路与连接板相连,阀固定在连接板上,装拆时不必拆卸管路,对于复杂气路系统维修方便。

集成式连接是将多个板式连接气阀安装在集成块上。各气阀的气源口或排气口可以共用,各气阀的排气口也可单独排气。这种安装连接方式可节省空间,减少配管,装拆方便,便于维修。

9. 按阀的密封方式分类

阀的密封方式可分为弹性密封和间隙密封。弹性密封又称为软质密封,间隙密封又称为硬配密封或金属密封。

10. 按阀的流通能力分类

按阀的流通能力的分类可分为两种:一种是按连接口径分类,另一种是按有效截面面积分类。用连接口径表示流通能力比较直观,但不科学。同一连接口径通过的流量差别很大,故用阀的有效截面面积表示其流通能力比较合理。

13.1.2 换向型方向控制阀

1. 电磁换向阀

电磁换向阀是气动控制元件中最主要的元件,其品种繁多,结构各异,但原理基本相同。电磁换向阀按动作方式分类,有直动式和先导式;按密封形式分类,有弹性密封式和间隙密封式;按所用电源分类,有直流电磁换向阀和交流电磁换向阀;按功率大小分类,有一般功率和低功率;按阀芯结构形式分类,有滑柱式、截止式和滑柱截止式。

1)直动式电磁换向阀

直动式电磁换向阀是利用电磁力直接推动阀芯换向的阀。直动式电磁换向阀按操纵线圈可分为单线圈和双线圈,分别称为单电控电磁换向阀和双电控电磁换向阀;按使用电源电压分为直流(DC 24 V、DC 12 V 等)和交流(AC 220 V、AC 110 V 等);按功率分为 2 W 以下的低功率电磁换向阀和一般功率电磁换向阀。低功率电磁换向阀可直接用半导体电路的输出信号来控制。

直动式电磁换向阀的特点是结构简单、紧凑,换向频率高,但当用于交流电磁铁时,如果阀杆卡死,就有烧坏线圈的可能。阀杆的换向行程受电磁铁吸合行程的控制,因此直动式电磁换向阀只适用于小型阀。图 13-1 所示是单电控直动式电磁换向阀的工作原理图。在图

13-1(a)中,电磁线圈断电时,弹簧力作用于阀芯上,使阀芯处于上方,P、A 断开,A、T 相通;在图 13-1(b)中,电磁线圈通电时,电磁铁产生的电磁力克服弹簧力,通过阀杆推动阀芯向下移动,使 P、A 接通,T 与 A 断开。

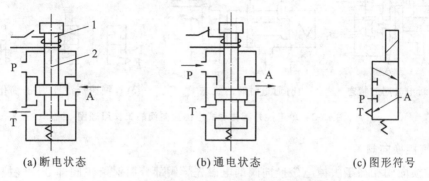

(a) 断电状态　　　　　　(b) 通电状态　　　　　　(c) 图形符号

图 13-1　单电控直动式电磁换向阀的工作原理图

1—电磁线圈;2—阀芯

图 13-2 所示是双电控直动式电磁换向阀的工作原理图,图中阀为二位五通阀。图 13-2(a)所示是电磁铁 1 通电、电磁铁 3 断电时阀的状态,阀芯 2 被推至右侧。当 P 口进气时,A 口有输出,而 B 口排气,经 T_2 排出。若电磁铁 1 断电,则阀芯位置不变,仍保持 A 口有输出,B 口为排气状态,即该阀具有记忆功能,直到电磁铁 3 通电,阀芯 2 被推至左侧,阀的状态才被切换。此时,当 P 口进气时,B 口有输出,而 A 口排气,经 T_1 排出。同样,当电磁铁 3 断电时,阀的状态保持不变,直到电磁铁 1 通电时阀的状态才切换。

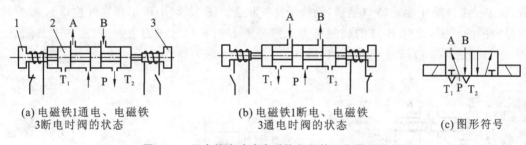

(a) 电磁铁1通电、电磁铁　　　(b) 电磁铁1断电、电磁铁　　　(c) 图形符号
　　3断电时阀的状态　　　　　　　3通电时阀的状态

图 13-2　双电控直动式电磁换向阀的工作原理图

1,3—电磁铁;2—阀芯

2) 先导式电磁换向阀

先导式是指电磁换向阀的主阀由气压力进行切换的一种动作方式。先导式电磁换向阀由小型直动式电磁换向阀和大型气控换向阀构成,由电磁先导阀输出先导压力,此先导压力再推动(气动)主阀阀芯换向。按电磁线圈数,先导式电磁换向阀有单电控和双电控之分;按先导压力来源,先导式电磁换向阀有内部先导式和外部先导式之分。

图 13-3 所示是单电控外部先导式电磁换向阀的工作原理图。在图 13-3(a)中,当电磁先导阀断电时,先导阀的 x—A_1 口断开,A_1—B_1 口接通,先导阀处于排气状态,即主阀的控制腔 A_1 处于排气状态。此时,主阀阀芯在弹簧和 x 口气压的作用下向右移动,将 P—A 口断开,A—R 口接通,即主阀处于排气状态。在图 13-3(b)中,当电磁先导阀通电时,先导阀的 x—A_1 口接通,A_1—B_1 口断开,先导阀处于进气状态,即主阀的控制腔 A_1 处于进气状态。由于 A_1 腔内气体作用于阀芯上的力大于 x 口气体作用在阀芯上的力与弹簧力之和,因此主阀阀芯将被推向左端,使 P—A 口接通,A—R 口断开,即主阀处于进气状态。图 13-3(c)所

示是单电控外部先导式电磁换向阀的详细图形符号,图 13-3(d)所示是其简化图形符号。

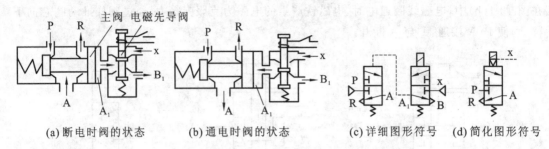

| (a)断电时阀的状态 | (b)通电时阀的状态 | (c)详细图形符号 | (d)简化图形符号 |

图 13-3　单电控外部先导式电磁换向阀的工作原理图

2. 气控换向阀

气控换向阀相当于去掉电磁换向阀的电磁先导阀部分而保留主阀部分。气控换向阀以外加的气压信号为动力来切换主阀,从而控制回路换向或开闭。由外部供给的外加气压称为控制压力。气压控制适用于易燃、易爆、潮湿和粉尘多的场合,操作安全可靠。

按照作用原理,气控换向阀可分为加压控制、泄压控制和差压控制三种类型。加压控制是给阀的开闭件以逐渐增加的压力来使阀换向的一种控制方式,泄压控制是给阀的开闭件以逐渐减小的压力来使阀换向的一种控制方式,差压控制是利用控制气压作用在阀芯两端不同面积上所产生的压力差来使阀换向的一种控制方式。

图 13-4 所示是二位三通单气控加压截止式换向阀的工作原理图。图 13-4(a)所示是当气控口 K 没有控制信号时阀的状态,此时阀芯在弹簧力与 P 腔气压的作用下处于上方位置,使 P—A 口断开,A—O 口接通,阀处于排气状态。图 13-4(b)所示是当气控口 K 有控制信号时阀的状态,此时 K 口的控制压力克服弹簧力和 P 口气压之和,阀芯向下移动,使 P—A 口接通,A—O 口断开,从 A 口进气。

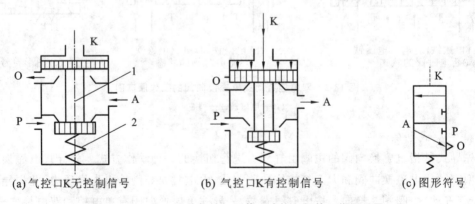

| (a)气控口K无控制信号 | (b)气控口K有控制信号 | (c)图形符号 |

图 13-4　二位三通单气控加压截止式换向阀的工作原理图

对于双气控或气压复位的气控换向阀,如果阀两边的气压控制腔活塞的有效工作面积存在差别,导致在相同控制压力的作用下,驱动阀芯的力不相等而使阀换向,则该阀为差压控制阀。

对于气控换向阀,在其控制压力到气压控制腔的气路上串接一个由单向节流阀和固定气室组成的延时环节,就构成延时阀。控制信号的气体压力经单向节流阀向固定气室充气,当充气压力达到主阀动作要求的压力时,气控换向阀换向。阀切换延时时间可通过调节单向节流阀的开口大小来调整。

3. 机控换向阀

靠机械外力使阀芯切换的阀称为机控换向阀。它利用执行机构或者其他机构的运动部件碰撞阀上的凸轮、滚轮、杠杆或撞块等机构来操作阀杆,从而驱动阀换向。

当基本型机控换向阀无外力时,阀芯复位;当基本型机控换向阀有外力时,推杆先接触阀芯,封住排气口,再推开阀芯,使供气口和工作口相通。直动式机控换向阀不能承受非轴向推力。当滚轮式机控换向阀工作时,撞块沿滚轮切向接触,再传力给推杆。滚轮杠杆式机控换向阀是借助杠杆来增大推杆向下的压力的。

图 13-5 所示是机控换向阀常用的机械控制方式。

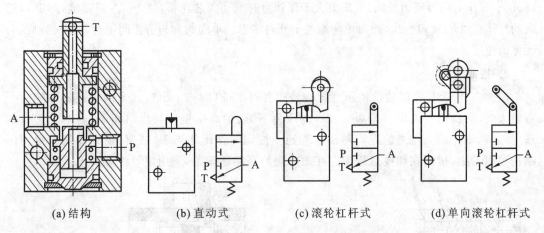

(a) 结构　　　(b) 直动式　　　(c) 滚轮杠杆式　　　(d) 单向滚轮杠杆式

图 13-5　机控换向阀常用的机械控制方式

4. 人力控制换向阀

靠手或脚使阀芯换向的阀称为人力控制换向阀。它与机控换向阀的区别仅是操作机构有所不同。

人力控制换向阀的操作机构有按钮式(蘑菇形、伸出形、平形)、旋钮式、锁式、推拉式、肘杆式(拨叉式)、脚踏式和长手柄式等。旋钮式、锁式、推拉式、肘杆式和长手柄式都具有定位功能或自保持功能(有时也称为双稳态功能),即阀被切换后,撤除人力操作,能保持切换后的阀芯位置不变。要改变切换位置,必须反向施加操作力。按钮式无自保持功能,除去人力操作,阀芯靠弹簧复位,称为单稳态功能。图 13-6 所示是几种人力控制换向阀的实物图。

(a) 按钮式(蘑菇形)　　(b) 按钮式(伸出形)　　(c) 按钮式(平形)　　(d) 旋钮式

(e) 锁式　　(f) 推拉式　　(g) 肘杆式　　(h) 脚踏式　　(i) 长手柄式

图 13-6　几种人力控制换向阀的实物图

人力控制换向阀和机控换向阀常用来产生气信号,用于系统控制,但其操作频率不能太高。

13.1.3　单向型方向控制阀

单向型方向控制阀有单向阀、梭阀、双压阀和快速排气阀。

1.单向阀

有两个通口,气流只能向一个方向流动而不能反方向流动的阀称为单向阀。

图 13-7 所示是单向阀的结构示意图。单向阀的工作原理为:当压缩空气从 A 口进入时,由于气压力和弹簧力同向,它们同时作用在阀芯 3 上,使阀芯处于右端位置,A—P 口断开,即 A 口进入的气体不得从 P 口流出,此时单向阀处于关闭状态;而当压缩空气从 P 口进入时,由于气压力和弹簧力反向,气压力大于弹簧力时推动阀芯左移,使 P—A 口接通,即 P 口进入的气体可以从 A 口流出,此时单向阀处于开启状态。单向阀常与节流阀组合,用来控制执行元件的速度。

2.梭阀

图 13-8 所示是梭阀的结构示意图。梭阀有两个进口,一个出口。当两个进口中的一个有输入时,出口便有输出。若两个进口的压力不等,则高压进口与出口相通;若两个进口的压力相等,则先输入压力的进口与出口相通。梭阀的作用相当于"或"门逻辑功能。由图示结构可以看出,梭阀在切换过程中存在短时间的路路通现象,应用中要注意防止。

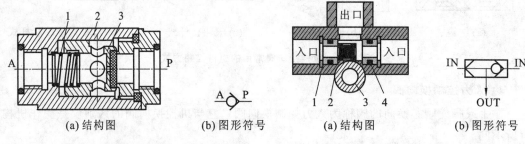

(a) 结构图　　　(b) 图形符号　　　　　(a) 结构图　　　(b) 图形符号

图 13-7　单向阀的结构示意图
1—弹簧;2—阀体;3—阀芯

图 13-8　梭阀的结构示意图
1—阀座;2—阀芯;3—阀体;4—O 形圈

梭阀主要用于选择信号。例如,梭阀可应用于手动和自动操作的选择回路,如图 13-9(a)所示。梭阀也可用于高低压转换回路,但必须在梭阀的高压进口侧加装一个二位三通阀,以免得不到低压,如图 13-9(b)所示。

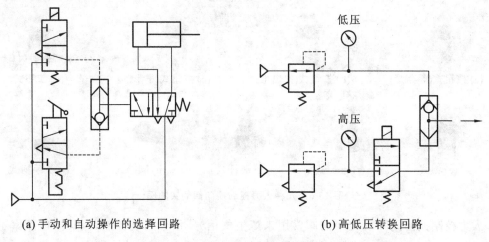

(a) 手动和自动操作的选择回路　　　　　(b) 高低压转换回路

图 13-9　梭阀的应用回路

3. 双压阀

图 13-10 所示是双压阀的结构示意图。双压阀也有两个进口,一个出口。当两个进口同时都有气信号时,出口才有输出。双压阀的作用相当于"与"门逻辑功能。

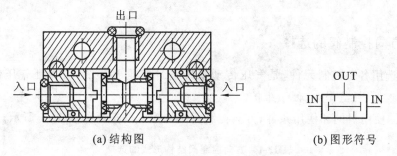

(a) 结构图　　　　　　　　　(b) 图形符号

图 13-10　双压阀的结构示意图

双压阀主要用于安全互锁回路中,如图 13-11 所示。

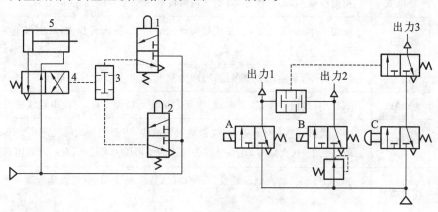

图 13-11　安全互锁回路

1,2—机控换向阀;3—双压阀;4—气控换向阀;5—钻孔缸

4. 快速排气阀

当进口压力下降到一定值时,出口有气体自动从排气口迅速排出的阀,称为快速排气阀(简称快排阀)。

图 13-12 所示是快速排气阀的一种结构形式。其工作原理为:当 P 口进气后,阀芯关闭排气口 T,P—A 口相通,A 口有输出;当 P 口无气体输入时,A 口的气体使阀芯顶起,将 P 口封住,A—T 口接通,气体经排气口 T 快速排出。通口流通面积大,排气阻力小。

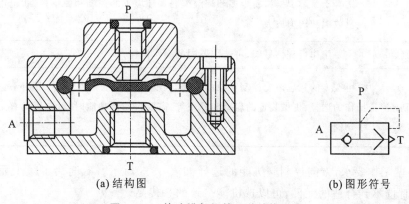

(a) 结构图　　　　　　　　　(b) 图形符号

图 13-12　快速排气阀的一种结构形式

当气缸或压力容器需要短时间排气时,在换向阀和气缸之间加上快速排气阀,这样气缸中的气体就不再通过换向阀而直接通过快速排气阀排气,从而增大了气缸的运动速度。尤其是当换向阀距离气缸较远时,在距离气缸较近处设置快速排气阀,气缸内的气体可迅速排入大气。

13.1.4 方向控制阀的选择

合理地选用各种控制元件,是气压传动系统设计的重要环节,可保证气压传动系统正确、可靠,成本低,耗气量小,便于维护。

(1) 根据使用目的和使用条件,方向控制阀结构形式的选择如表 13-1 所示。

表 13-1　方向控制阀结构形式的选择

结　构　形　式		特　　　点
阀芯结构 形式	座阀式	换向行程小,密封性好,对空气清洁度要求低于滑柱式,换向力较大
	滑柱式	换向力小,通用性强,双控式易实现记忆功能,换向行程大,对空气清洁度要求较高
	滑板式	结构简单,易实现多位多通,换向力较大,对空气清洁度要求较高
动作方式	直动式	通径小,换向频率高,省电;若主阀芯粘住或动作不良,交流电磁线圈易烧毁
	先导式	通径大,换向频率低,省电,线圈烧毁事故少;内部先导式的使用压力不能太低,一般在 0.1～0.5 MPa 以上;外部先导式的使用压力可较低,有些可使用真空压力
密封形式	弹性密封	换向力较大,换向频率较低,密封性好,故泄漏少,对空气清洁度要求低于间隙密封
	间隙密封	换向力较小,换向频率高,有微漏,对空气清洁度要求高

(2) 根据控制要求,方向控制阀控制方式的选择如表 13-2 所示。

表 13-2　方向控制阀控制方式的选择

控　制　方　式	特　　　点
电磁控制	适合于电、气联合控制和远距离控制,以及复杂系统的控制
气压控制	适合于易燃、易爆、粉尘多和潮湿等恶劣环境下的控制和简单控制,也用于流体的流量放大和压力放大
机械控制	主要用作行程信号阀,可选用不同的操作机构
人力控制	可按人的意志改变控制对象的状态,可选用不同的操作机构,可用于自动或手动操作的选择、机械装置的启动和停止等;需要自保持功能时,可选用具有定位功能的手动阀

(3) 根据工作要求,方向控制阀机能的选择如表 13-3 所示。有时为了减少元件的品种规格,或暂时选不到合适的元件,可以选机能一致的替代品。

表 13-3　方向控制阀机能的选择

阀的机能		特　点	
二位式	单气、电控	控制信号撤除,阀芯复位。单控式只有一个电磁先导阀,成本低	用于具有两个工作位置的场合
	双气、电控	具有记忆功能,从安全性考虑,选双控式好。一旦停电,因具有记忆功能,气缸能保持原状	
三位式	中封式	当两个控制口都无电信号时,各通口都封闭;用于气缸在任意位置的停止或紧急停止,但停止精度不高(在几毫米以上)	
	中泄式	当两个控制口都无电信号时,进气口封闭,出口与排气口接通;气缸宜水平安装,一般用于急停时释放气压,以保证安全;或使气缸处于自由状态,以便于进行调整工作	
	中压式	当两个控制口都无电信号时,进气口同时与两个出口接通;在气缸无杆侧的回路中装减压阀,实现中停的速度比中封式的快;有少量泄漏,仍可维持中停;不适用于负载变动的场合	
	中止式	当两个控制口都无电信号时,两个出口都被单向阀封闭,气缸两腔的压力可较长时间保持不变,实现气缸较长时间的中停	
阀的通口数	二位二通	控制气源的通断,紧急切断气源,紧急快速泄压	
	二位三通	可控制单作用气缸,控制容器的充、排气,控制气动制动器,紧急情况下切断电源,高低压切换,作为主阀的先导阀	
	二(三)位四、五通	可控制双作用气缸等	
	多位多通	用作气路分配阀	
阀的零位状态	常断式	当无控制信号时,出口无输出　} 根据安全性及合理性来选择	
	常通式	当无控制信号时,出口有输出	
	通断式	流动方向不受限制	

（4）根据通流能力的要求或阀的有效截面面积的大小,预选阀的系列型号。对于信号阀（手动换向阀、机控换向阀）,应考虑通过控制距离、要求的动作时间及被控制阀的数量等因素来选定阀的通径。

（5）方向控制阀连接方式的选择如表 13-4 所示。

表 13-4　方向控制阀连接方式的选择

连接方式	特　点
管式	连接简单,价格低,装拆、维修不方便,用于简单系统
板式	装拆时不拆下配管,维修方便,可避免接管错误,价格较高,用于复杂系统
集成式	节省空间,减少配管,便于维护

（6）按工作条件和性能要求,最终确定方向控制阀的型号。方向控制阀的工作条件应考虑是否需要油雾润滑、介质温度、环境温度、湿度、粉尘状况、振动情况、使用压力范围等。

对于电磁换向阀来说,应考虑阀的响应时间和最大动作频率;对于气控换向阀来说,应考虑阀的最低先导压力。

(7)电气规格的选择。对于电磁换向阀来说,应选择电源种类、电压大小、功率大小、导线引出方式、先导阀的手动操作方法、是否需要有指示灯和冲击电压保护装置等,如表 13-5 所示。

表 13-5 电气规格的选择

连接方式	规格与特点
交流电磁铁	行程大时吸力较大;启动电流比保持电流大得多,故当电磁铁芯不能吸合时,易烧毁线圈;电磁铁不宜频繁启动;易产生蜂鸣声
直流电磁铁	行程大时吸力小,行程小时吸力大;电流保持一定,与行程无关,故当电磁铁芯不能吸合时,不会烧毁线圈;电磁铁可频繁启动,无蜂鸣声
交流电源	标准电压有 AC 220 V、110 V,非标准电压有 AC 240 V、200 V、100 V、48 V、24 V、12 V
直流电源	标准电压有 DC 24 V,非标准电压有 DC 110 V、100 V、48 V、12 V、6 V、5 V、3 V

(8)标准化、通用化、系列化。元件选型要提高三化水平,尽量减少元件的品种规格,以降低成本和维修管理费用。

13.2 压力控制阀

压力控制阀主要用来控制系统中气体的压力,以满足各种压力要求或用以节能。

气压传动系统与液压传动系统的一个不同之处是,液压传动系统的液压油是由安装在每台设备上的液压源直接提供的;而气压传动系统则是将比使用压力高的压缩空气储存于储气罐中,然后减压到适用于系统的压力。因此,每台气动装置的供气压力都需要用减压阀(在气压传动系统中又称调压阀)来减压,并保持供气压力稳定。对于低压控制系统(如气动测量),除了用减压阀降低压力外,还需要用精密减压阀(或定值器),以获得更稳定的供气压力。当输入压力在一定范围内改变时,这类压力控制阀能保持输出压力不变。当管路中压力超过允许压力时,为了保证系统的工作安全,往往用安全阀来实现自动排气,以使系统的压力下降。有时,气动装置中不便安装行程阀,而要依据气压的大小来控制两个以上的气动执行机构的顺序动作,能实现这种功能的压力控制阀称为顺序阀。因此,在气压传动系统中压力控制阀可分为三类:①起降压、稳压作用的减压阀、定值器;②起限压、安全保护作用的安全阀、限压切断阀等;③根据气路压力不同进行某种控制的顺序阀、平衡阀等。所有的压力控制阀都是利用空气压力和弹簧力相平衡的原理来工作的。由于安全阀、顺序阀的工作原理与液压控制阀中的溢流阀(安全阀)和顺序阀的工作原理基本相同,因而本节主要讨论气动减压阀(调压阀)的工作原理和主要性能。

1. 气动调压阀的工作原理

图 13-13 所示为直动式调压阀的工作原理及其图形符号。当顺时针方向调整手柄 1 时,调压弹簧 2(实际上有两个弹簧)推动下弹簧座 3、膜片 4 和阀芯 5 向下移动,使阀口开启,气流通过阀口后压力降低,从右侧输出二次压力气。与此同时,有一部分气流由阻尼孔 7 进入膜片室,在膜片下产生一个向上的推力而与弹簧力平衡,调压阀便有稳定的压力输出。当输入压力 p_1 增大时,输出压力 p_2 也随之增大,使膜片下的压力也增大,将膜片向上推,阀

芯5在复位弹簧9的作用下上移,从而使阀口8的开度减小,节流作用增强,使输出压力降低到调定值时为止;反之,若输入压力减小,则输出压力也随之减小,膜片下移,阀口开度增大,节流作用减弱,使输出压力回升到调定压力值,以维持压力稳定。

调节手柄1以控制阀口开度的大小,即可控制输出压力的大小。目前常用的 QTY 型调压阀的最大输入压力为 1.0 MPa,其输出流量随阀的通径大小而改变。

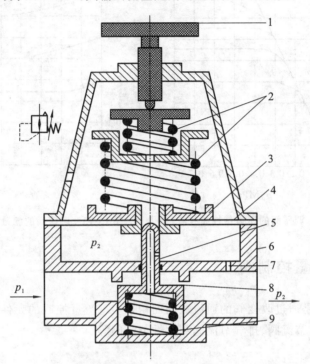

图 13-13 直动式调压阀的工作原理及其图形符号
1—手柄;2—调压弹簧;3—下弹簧座;4—膜片;5—阀芯;
6—阀套;7—阻尼孔;8—阀口;9—复位弹簧

2. 气动调压阀的主要性能

1) 调压阀的调压范围

调压阀的调压范围是指它的输出压力 p_1 的可调范围,在此范围内要求达到规定的精度。调压范围主要与调压弹簧的刚度有关。为了使输出压力在高、低调定值下都能得到较好的流动特性,常采用两个并联或串联的调压弹簧。一般调压阀的最大输出压力是 0.6 MPa,调压范围是 0.1~0.6 MPa。

2) 调压阀的压力特性

调压阀的压力特性是指流量 q 一定时,输入压力 p_1 波动而引起输出压力 p_2 波动的特性。当然,输出压力波动越小,减压阀的特性越好。

输出压力 p_2 必须低于输入压力 p_1 一定值后,才会基本上不随输入压力的变化而变化。调压阀的压力特性曲线如图 13-14 所示。

3) 调压阀的流量特性

调压阀的输入压力 p_1 一定时,输出压力 p_2 随输出流量 q 变化的特性。很明显,当流量 q 发生变化时,输出压力 p_2 的变化越小越好。图 13-15 所示为调压阀的流量特性曲线。由图可见,输出压力越低,调压阀输出流量的变化波动就越小。

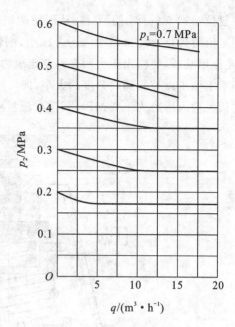

图 13-14　调压阀的压力特性曲线　　　　图 13-15　调压阀的流量特性曲线

 ## 13.3　流量控制阀

流量控制阀就是通过改变阀的通流截面面积来实现流量控制的元件。常用的流量控制阀包括节流阀、单向节流阀、排气节流阀和柔性节流阀等。

13.3.1　节流阀

图 13-16 所示为圆柱斜切型节流阀的结构原理图及职能图形符号。压缩空气由 P 口进入，经过节流阀后，由 A 口流出。旋转螺杆 1，就可改变阀芯 3 节流口的开度，这样就调节了压缩空气的流量。由于这种节流阀的结构简单、体积小，故其使用范围较广。

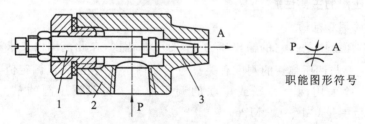

图 13-16　圆柱斜切型节流阀的结构原理图及职能图形符号
1—螺杆；2—阀体；3—阀芯

13.3.2　单向节流阀

单向节流阀是由单向阀和节流阀并联而成的组合式流量控制阀，如图 13-17 所示。当压缩空气沿着 P→A 方向流动时，气流只能经节流阀口流出。旋动阀针的调节螺杆，调节节流口的开度，即可调节气流量。当气流反方向流动（由 A→P）时，单向阀阀芯被打开，气流不需经过节流阀节流。单向节流阀常用于气缸的调速和延时回路。

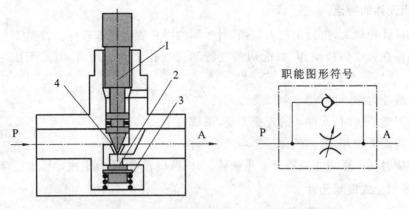

图13-17 单向节流阀的工作原理图及职能图形符号

1—阀针调节螺杆；2—单向阀阀芯；3—弹簧；4—节流口

13.3.3 排气节流阀

排气节流阀是装在执行元件的排气口处，调节进入大气中气体流量的一种控制阀。它不仅能调节执行元件的运动速度，还常带有消声器件，所以能起到降低排气噪声的作用。图13-18所示为排气节流阀的工作原理图。其工作原理和节流阀的类似，靠调节节流口1处的通流面积来调节排气流量，由消声套2来减小排气噪声。

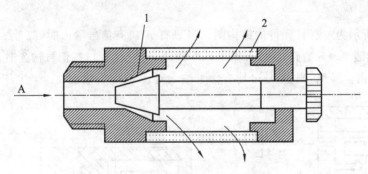

图13-18 排气节流阀的工作原理图

1—节流口；2—消声套

应当指出，用流量控制的方法控制气缸内活塞的运动速度，采用气动比采用液压困难。特别是在极低速控制中，要按照预定行程变化来控制速度，只用气动很难实现。在外部负载变化很大时，仅用气动流量阀也不会得到满意的调速效果。为了提高其运动平稳性，建议采用气液联动。

 ## 13.4 气动逻辑元件

气动逻辑元件是一种以压缩空气为工作介质，通过元件内部可动部件的动作来改变气流流动的方向，从而实现一定逻辑功能的流体控制元件。气动逻辑元件的种类很多，按工作压力分为高压、低压、微压三种；按结构形式分类，主要包括截止式、膜片式、滑阀式和球阀式等几种类型。本节仅对高压截止式逻辑元件做简要介绍。

1. 逻辑元件的特点

(1) 元件孔径较大,抗污染能力较强,对气源的净化程度要求较低。

(2) 元件在完成切换动作后,能切断气源和排气孔之间的通道,因此无用功耗的气量较低。

(3) 负载能力强,可带动多个同类型元件。

(4) 在组成系统时,元件间的连接方便,调试简单。

(5) 适应能力较强,可在各种恶劣环境下工作。

(6) 响应时间一般为几毫秒至十几毫秒,响应速度较慢,不宜组成运算很复杂的系统。

2. 高压截止式逻辑元件

1)"是门"和"与门"元件

图 13-19 所示为"是门"元件及"与门"元件的结构图。图中 P 为气源口,A 为信号输入口,S 为信号输出口。当 A 口无信号时,阀芯 2 在弹簧及气源压力的作用下上移,关闭阀口,封住 P→S 通路,S 口无输出;当 A 口有信号时,膜片在输入信号的作用下推动阀芯 2 下移,封住 S 与排气孔的通道,同时接通 P→S 通路,S 口有输出。即元件的输入和输出始终保持相同状态。

当气源口 P 改为信号口 B 时,则成"与门"元件,即只有当 A 口和 B 口同时输入信号时,S 口才有输出,否则 S 口无输出。

2)"或门"元件

图 13-20 所示为"或门"元件的结构图。当只有 A 口有信号输入时,阀片 a 被推动下移,打开上阀口,接通 A→S 通路,S 口有输出。类似地,当只有 B 口有信号输入时,B→S 通路接通,S 口也有输出。显然,当 A、B 口均有信号输入时,S 口定有输出。

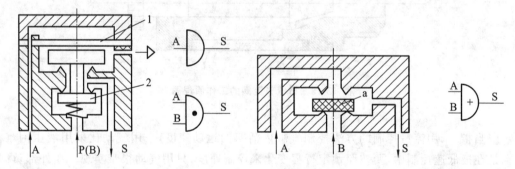

图 13-19 "是门"元件及"与门"元件的结构图
1—膜片;2—阀芯

图 13-20 "或门"元件的结构图

3)"非门"及"禁门"元件

图 13-21 所示为"非门"及"禁门"元件的结构图。图中 A 为信号输入口,S 为信号输出口,P 为气源口。当 A 口无信号输入时,膜片 2 在气源压力的作用下上移,下阀口开启,上阀口关闭,P→S 通路接通,S 口有输出;当 A 口有信号输入时,膜片 2 在输入信号的作用下推动阀芯 3 及膜片 2 下移,上阀口开启,下阀口关闭,S 口无输出。显然此时为"非门"元件。若将气源口 P 改为信号口 B,则该元件就成为"禁门"元件。在 A、B 口均有信号输入时,膜片 2 及阀芯 3 在 A 口输入信号的作用下封住 B 口,S 口无输出;当 A 口无信号输入,而 B 口有信号输入时,S 口就有输出,即 A 口输入信号起"禁止"作用。

4）"或非"元件

图 13-22 所示为"或非"元件的结构图。P 为气源口，S 为输出口，A、B、C 为三个信号输入口。当三个输入口均无信号输入时，阀芯在气源压力的作用下上移，下阀口开启，P→S 通路接通，S 口有输出；当三个输入口只要有一个输入口有信号输入时，都会使阀芯下移而关闭阀口，截断 P→S 通路，S 口无输出。

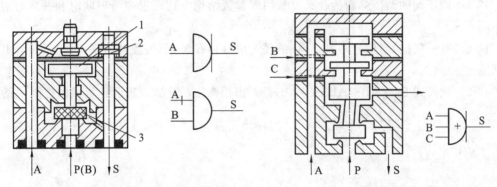

图 13-21 "非门"及"禁门"元件的结构图
1—活塞；2—膜片；3—阀芯

图 13-22 "或非"元件的结构图

"或非"元件是一种多功能逻辑元件，用它可以组成"与门""或门""非门""双稳"等逻辑元件。

5）"双稳"元件

记忆元件分为单输出和双输出两种。双输出记忆元件称为"双稳"元件，单输出记忆元件称为单记忆元件。下面介绍"双稳"元件。

图 13-23 所示为"双稳"元件的结构图。当 A 口有控制信号输入时，阀芯带动滑块右移，接通 P→S_1 通路，S_1 口有输出，而 S_2 口与排气孔 O 相通，无输出。此时"双稳"元件处于"1"状态，在 B 口的输入信号到来之前，A 口的信号虽然消失，但阀芯仍保持在右端位置。当 B 口有输入信号时，P→S_2 通路接通，S_2 口有输出，S_1→O 通路接通，此时"双稳"元件处于"0"状态，B 口的信号消失后，A 口的信号未到来前，"双稳"元件一直保持此状态。

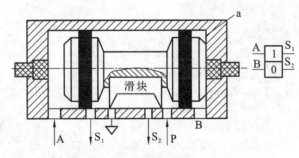

图 13-23 "双稳"元件的结构图

3. 逻辑元件的应用

每个逻辑元件都对应于一个最基本的逻辑单元，逻辑控制系统的每个逻辑符号可以用对应的逻辑元件来实现。逻辑元件设计有标准的机械和气信号接口，元件更换方便，组成逻辑系统简单，易于维护。

但逻辑元件的输出功率有限，一般用于组成逻辑控制系统中的信号控制部分，或推动小

功率执行元件。如果执行元件的功率较大,则需要在逻辑元件的输出信号后接大功率的气控滑阀作为执行元件的主控阀。

习　题

13-1　调压阀的调压弹簧为什么要采用双弹簧结构? 这两根弹簧串联时和并联时有什么不同?

13-2　有一气缸,当信号 A、B、C 中的任一信号存在时,都可使其活塞返回,试设计其控制回路。

13-3　化简式 $S = (AB + \overline{A}B + C)\overline{A}B$,并画出用高压截止式逻辑元件组成的控制回路。

第14章 气动基本回路

14.1 方向控制回路

气动方向控制回路是通过控制气缸进气方向,从而改变活塞运动方向的回路。

14.1.1 换向回路

图 14-1 所示为采用无记忆作用的单控换向阀的换向回路。其中,图 14-1(a)为气控换向,图 14-1(b)为电控换向,图 14-1(c)为手控换向。当输入控制信号后,气缸活塞杆伸出;控制信号一旦消失,不论活塞杆运动到何处,活塞杆立即退回。在实际使用中,必须保证信号有足够的延续时间,否则会发生事故。

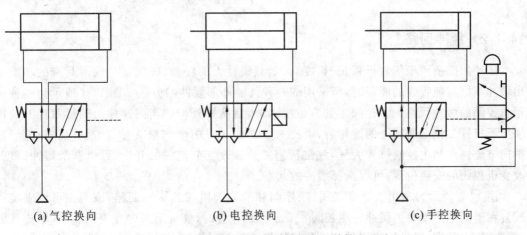

(a) 气控换向　　　　　　　　(b) 电控换向　　　　　　　　(c) 手控换向

图 14-1　采用无记忆作用的单控换向阀的换向回路

图 14-2 所示为采用有记忆作用的双控换向阀的换向回路。其中,图 14-2(a)为双气控换向;图 14-2(b)为双电控换向。回路中所用的主控阀具有记忆功能,故可以使用脉冲控制信号(但脉冲宽度应能保证主控阀换向)。只有加了相反的控制信号后,主控阀才会换向。

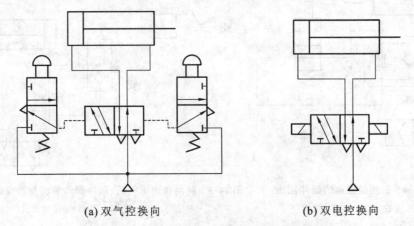

(a) 双气控换向　　　　　　　　(b) 双电控换向

图 14-2　采用有记忆作用的双控换向阀的换向回路

257

图 14-3 所示为自锁式换向回路,主控阀采用无记忆作用的单控换向阀。这是一个手控换向回路。当按下手动阀 1 的按钮后,主控阀右位接入,气缸活塞杆向左伸出,这时即使手动阀 1 的按钮松开,主控阀也不会换向。只有当手动阀 2 的按钮压下后,控制信号消失,主控阀换向复位,其左位接入,气缸活塞杆向右退回。这种回路要求控制管路和手动阀不能有漏气现象。

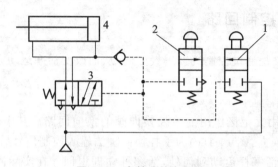

图 14-3　自锁式换向回路

1,2—手动阀;3—主控阀;4—气缸

14.1.2　缓冲回路

缓冲回路适用于气缸行程长、速度高、负载惯性大的场合,即气缸负载所具有的动能超出缓冲气缸所能吸收的能量时,所采用的一种气缸外部缓冲的方法。图 14-4 所示为一种采用机控阀的缓冲回路。主控阀 1 的右位接入时,活塞杆外伸。当高速伸出的活塞杆上的挡块压下机控二位二通阀 4 的滚轮后,机控二位二通阀 4 关闭,气缸 3 排气腔的气体只能经过单向节流阀 2 和主控阀排入大气,气缸活塞减速。改变节流阀的开度,可以调节缓冲速度;改变机控阀的安装位置,可以选择缓冲的起点。

图 14-5 所示为利用快速排气阀、顺序阀和节流阀组成的缓冲回路,该回路可用来实现气缸在退回到终端时的缓冲。主控阀 1 处于图示位置时,气缸活塞向左退回,一开始排气腔(左腔)压力较高,通过快速排气阀 3 的气体打开顺序阀 4,经节流阀 2 流入大气,排气腔压力快速下降。当接近行程终端时,因排气腔压力下降,顺序阀 4 关闭,排气腔的气体只能经节流阀 2 和主控阀 1 排入大气,从而实现了气缸外部缓冲。

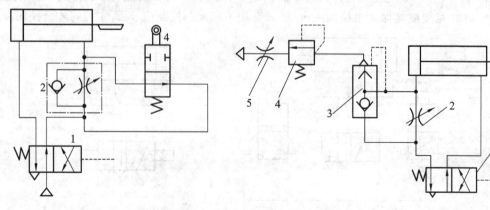

图 14-4　采用机控阀的缓冲回路
1—主控阀;2—单向节流阀;
3—气缸;4—机控二位二通阀

图 14-5　利用快速排气阀、顺序阀和节流阀组成的缓冲回路
1—主控阀;2,5—节流阀;3—快速排气阀;4—顺序阀

14.2 压力与力控制回路

14.2.1 压力控制回路

压力控制回路应用很广,凡是需要用到具有一定压力的压缩空气的场合,都采用这类回路。图 14-6 所示为两级压力控制回路。图 14-6(a)所示的压力控制回路是最基本的压力控制回路,它由气动三大件——过滤器、减压阀和油雾器组成。如果气动系统有几个气缸动作,且工作压力相同,则可在油雾器后面通过气源分配器将压缩空气送到每个气缸所对应的主控阀气源口。

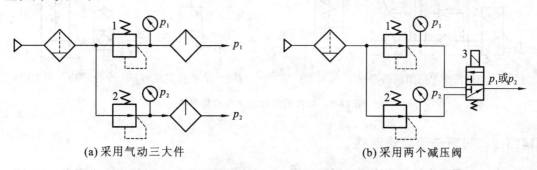

(a) 采用气动三大件　　　　　(b) 采用两个减压阀

图 14-6 两级压力控制回路

1,2—减压阀;3—二位三通电磁阀

在图 14-6(b)中,两个减压阀 1、2 提供两种不同压力,利用二位三通电磁阀 3 能实现自动选择压力。

14.2.2 力控制回路

图 14-7(a)所示为利用压力控制回路提供的两种不同压力来改变气缸活塞两侧的压差,从而实现对输出力的控制。图中将手动换向阀 2 的右位接入,气缸无杆腔压力 p_A 由减压阀 1 提供,气缸有杆腔压力 p_B 由减压阀 5 提供,且调定 $p_A > p_B$,活塞杆伸出,轻夹工件;操纵手动换向阀 4,使有杆腔内的压缩空气排空,则气缸输出力增加。对输出力的控制也可以通过改变作用面积来实现。图 14-7(b)所示为三活塞串联的气缸的增力回路,电磁换向阀 8 用于气缸的换向,电磁换向阀 6、7 用于气缸的增力控制。

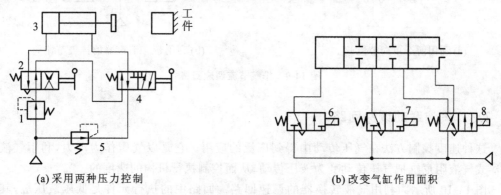

(a) 采用两种压力控制　　　　　(b) 改变气缸作用面积

图 14-7 力控制回路

1,5—减压阀;2,4—手动换向阀;3—气缸;6,7,8—电磁换向阀

14.3 速度控制回路

14.3.1 单作用气缸的速度控制回路

图 14-8 所示为单作用气缸的速度控制回路。图 14-8(a) 为利用两个单向节流阀控制活塞杆的伸出和退回速度。两个单向节流阀串联时，要注意单向节流阀的连接方向。图 14-8(b) 为利用一个单向节流阀和一个快速排气阀串联来控制活塞杆的伸出速度和快速退回。

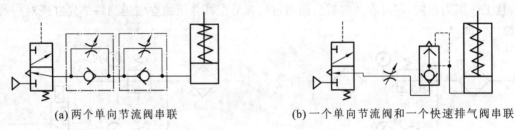

(a) 两个单向节流阀串联   (b) 一个单向节流阀和一个快速排气阀串联

图 14-8　单作用气缸的速度控制回路

14.3.2 排气节流调速回路

图 14-9 所示为排气节流调速回路。图 14-9(a) 是利用两个单向节流阀来实现气缸活塞杆伸出和退回两个方向的速度控制，气流经单向阀进气，通过节流阀节流排气。图 14-9(b) 是利用带有消声器的排气节流阀来实现排气节流的速度控制，排气节流阀安装在主控阀的排气口处。

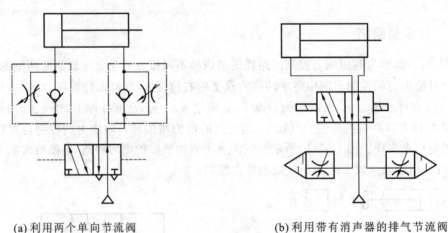

(a) 利用两个单向节流阀   (b) 利用带有消声器的排气节流阀

图 14-9　排气节流调速回路

14.3.3 气液联动调速回路

这种速度控制方法在气压传动中得到广泛的应用。它是以气压作为动力，利用气液转换器或气液阻尼缸把气压传动变为液压传动，从而控制执行机构的速度的。

图 14-10 所示为利用气液转换器的调速回路。回路中的执行元件是低压液压缸，其活塞杆伸出或退回的速度是以调节通过节流阀的流量来控制的。

图 14-11 所示为利用气液阻尼缸的调速回路。

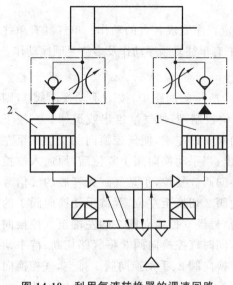

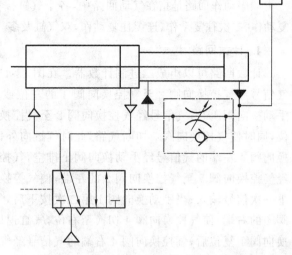

图 14-10 利用气液转换器的调速回路
1,2—气液转换器

图 14-11 利用气液阻尼缸的调速回路

 ## 14.4 其他常用回路

1. 同步控制回路

图 14-12 所示为简单的同步控制回路，采用刚性零件把 A、B 两个气缸的活塞杆连接起来。

2. 位置控制回路

图 14-13 所示为采用串联气缸的位置控制回路。气缸由多个气缸串联而成。当换向阀 1 通电时，左侧气缸的活塞就推动中侧及右侧气缸的活塞右行，到达左侧气缸活塞的行程终点。

图 14-14 所示为三位五通阀控制的能在任意位置停止的回路。

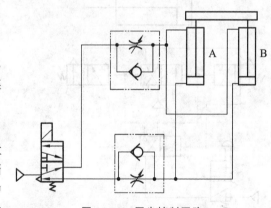

图 14-12 同步控制回路

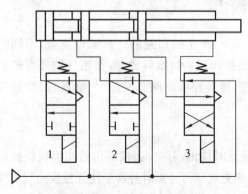

图 14-13 采用串联气缸的位置控制回路
1,2,3—换向阀

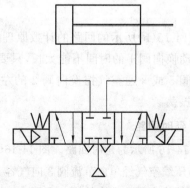

图 14-14 三位五通阀控制的能在任意位置停止的回路

3. 顺序动作回路

顺序动作回路是指在气动回路中,各个气缸按一定程序完成各自的动作。单气缸有单往复动作、二次往复动作、连续往复动作,双气缸及多气缸有单往复顺序动作及多往复顺序动作。

4. 计数回路

计数回路可以组成二进制计数器。在图 14-15(a)所示的回路中,按下手动换向阀 1,则气信号经气控换向阀 2 至气控换向阀 4 的左位或右位控制端,使气缸推出或退回。当按下手动换向阀 1 时,气信号经气控换向阀 2 至气控换向阀 4 的左端,使气控换向阀 4 切换至左位,同时使气控换向阀 5 切断气路,此时气缸向外伸出;当手动换向阀 1 复位后,原通入气控换向阀 4 左端的气信号经手动换向阀 1 排空,气控换向阀 5 复位,于是气缸无杆腔的气信号经气控换向阀 5 至气控换向阀 2 的左端,使气控换向阀 2 切换至左位,等待手动换向阀 1 的下一次信号输入;当手动换向阀 1 第二次按下后,气信号经气控换向阀 2 的左端至气控换向阀 4 的右端,使气控换向阀 4 切换至右位,气缸退回,同时气控换向阀 3 将气路切断;待手动换向阀 1 复位后,气控换向阀 4 右端的气信号经气控换向阀 2、手动换向阀 1 排空,气控换向阀 3 复位并将气信号导至气控换向阀 2 左端,使其切换至右位,又等待手动换向阀 1 的下一次信号输入。因此,第 1,3,5,…(奇数)次按手动换向阀 1,则气缸伸出;第 2,4,6,…(偶数)次按手动换向阀 1,则气缸退回。

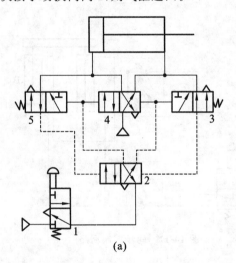

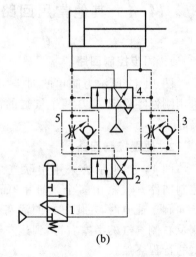

(a)   (b)

1—手动换向阀;2,3,4,5—气控换向阀   1—手动换向阀;2,4—气控换向阀;3,5—单向节流阀

图 14-15　计数回路

图 14-15(b)所示的回路的计数原理与图 14-15(a)所示的回路的计数原理类似,不同的是按手动换向阀 1 的时间不能太长,只要能使气控换向阀 4 切换就放开,否则气信号将经单向节流阀 5 或 3 通至气控换向阀 2 的左端或右端,使气控换向阀 2 换位,气缸反行,导致气缸来回振荡。

5. 延时回路

图 14-16 所示为延时回路。图 14-16(a)所示是延时输出回路。当控制信号切换气控换向阀 4 后,压缩空气经单向节流阀 3 向气容 2 充气。当充气压力经延时升高至使气控换向阀 1 换位时,气控换向阀 1 才有输出。在图 14-16(b)中,按下手动换向阀 8,则气缸在伸出行程中压下行程阀 5 后,压缩空气经单向节流阀 3 到气容 6 延时后才将换向阀 7 切换,气缸退回。

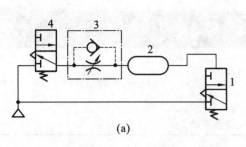
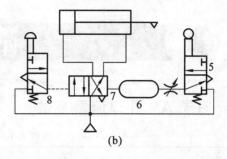

图 14-16　延时回路

1,4—气控换向阀;2,6—气容;3—单向节流阀;5—行程阀;7—换向阀;8—手动换向阀

习　　题

14-1　分析图 14-17 所示的回路的工作过程,并指出元件的名称。

14-2　利用两个双作用气缸、一个顺序阀和一个二位四通单电控换向阀设计顺序动作回路。

14-3　试设计一双作用缸动作之后单作用缸才能动作的联锁回路。

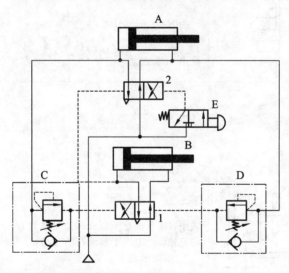

图 14-17　题 14-1 图

附　录

附录 A　孔口流量系数

附表 A-1　薄壁孔流量系数 C_d

类型	图	流量系数 C_d
有座面的锥阀	（图）	$$C_d = \frac{24R_m}{\delta Re \sin\varphi} \ln \frac{R_1}{R_2} + \xi \left(\frac{R_m}{R_1}\right)^2 + \frac{54}{35}\left(\frac{R_m}{R_2}\right)^2$$ 式中，$Re = \frac{v_m \delta}{\gamma}$ 为雷诺数，其中 v_m 为平均半径处的平均流速；R_m 为平均半径，$R_m = \frac{R_1 + R_2}{2}$；$\xi$ 为径向流动起始段的附加压力损失系数，当 $\frac{\delta}{R_1} = 10 \sim 15$ 时，$\xi = 0.13 + 0.008\frac{v_1\delta}{\gamma}$，$v_1$ 为 R_1 处的平均流速，当 $\frac{\delta}{R_1} > 30$ 时，$\xi = 0.18$
直角棱边滑阀	（图）	当 $Re = \frac{2q}{\pi d\gamma} > 100$ 时 $$C_d = 0.67 \sim 0.74$$ 式中，d 为阀芯直径
喷嘴挡板阀	（图）	1. 固定节流孔 当 $Re = \frac{v_0 d_0}{\gamma} > 2000$ 时 $$C_{d0} = 0.886 - 0.046\sqrt{\frac{l_0}{d_0}}$$ 当 $2 < \frac{l_0}{d_0} < 9$ 时 $$C_{d0} \approx 0.8$$ 式中，C_{d0} 为固定节流孔的流量系数，v_0 为通过固定节流孔的平均流速，d_0 为固定节流孔的直径，l_0 为固定节流孔的长度。 2. 喷嘴节流孔 当 $\frac{x}{d_n} < 0.32$ 时 $$C_{dn} = \frac{0.8}{1 + 1.6\left(\frac{x}{d_n}\right)^2}$$ 式中，x 为喷嘴与挡板间的距离，d_n 为喷嘴节流孔直径
薄壁孔	（图）	当 $D/d \geqslant 7$ 且 $d = 0.4 \sim 1.2$ mm（液流完全收缩）时 $$C_d = 0.964 Re^{-0.05} \quad (Re = 300 \sim 5000)$$ $$C_d = 0.60 \sim 0.62 \quad (Re > 10^5)$$ 当 $D/d < 7$（液流不完全收缩）时 $$C_d' = \frac{C_d}{\sqrt{1 - (C_d A/A_1)^2}}$$ 式中，C_d 为完全收缩时的流量系数，A_1、A 为分别为管道截面面积及小孔流断面面积

附表 A-2　短孔流量系数 C_d

条　件	图	流量系数 C_d
$dRe/l \geqslant 50$		$C_d = \left[1.5 + 13.74 \left(\dfrac{1}{dRe} \right)^{0.5} \right]^{-0.5}$
$dRe/l < 50$		$C_d = \left[2.28 + \dfrac{64l}{dRe} \right]^{-0.5}$

附录 B　液压与气压传动常用图形符号

（摘自 GB/T 786.1—2009，参照 ISO 1219—1:2006）

附表 B-1　基本符号、管路及连接

名　称	符　号	名　称	符　号
工作管路		组合元件框线	
控制管路		管口在液面以上的油箱	
连接管路		管口在液面以下的油箱	
交叉管路		管端连接于油箱底部	
柔性管路		密闭式油箱	
直接排气		不带单向阀的快换接头	
带连接的排气		单通路旋转接头	
带单向阀的快换接头		三通路旋转接头	

附表 B-2　控制机构和控制方法

名　称	符　号	名　称	符　号
按钮式人力控制		电动机旋转控制	
手柄式人力控制		加压或卸压控制	
踏板式人力控制（单向）		内部压力控制	
顶杆式机械控制		外部压力控制	
弹簧控制式机械控制		气压先导控制	
滚轮式机械控制		液压先导控制	
单向滚轮式机械控制		液压二级先导控制	
单作用电磁控制		气-液先导控制	
双作用电磁控制		电-液先导控制	
电-气先导控制		外部电反馈控制	
液压先导卸压控制		差动控制	

附表 B-3　液压泵、液压(气动)马达和液压(气)缸

名　　称	符　　号	名　　称	符　　号	
单向定量 液压泵		单向缓冲 液压(气)缸 (简化符号)	(不可用)	(可用)
双向定量 液压泵		双向缓冲 液压(气)缸 (简化符号)	(不可用)	(可用)
单向变量 液压泵		定量液压泵 -马达		
双向变量 液压泵		变量液压 泵-马达		
单向定量 马达		液压整体式 传动装置		
双向定量 马达		摆动马达		
单向变量 马达		单作用弹簧 复位缸		
双向变量 马达		单作用 伸缩缸		
双作用单活塞 杆液压(气) 缸(简化符号)		双作用 伸缩缸		
双作用双活塞 杆液压(气) 缸(简化符号)		增压器		

附表 B-4 控制元件

名　称	符　号	名　称	符　号
直动式溢流阀		定差减压阀	
先导式溢流阀		直动式顺序阀	
先导式比例 电磁溢流阀		先导式顺序阀	
卸荷溢流阀		单向顺序阀 （平衡阀）	
双向溢流阀		直动式卸荷阀	
直动式减压阀		制动阀	
先导式减压阀		不可调节流阀	
溢流减压阀		可调节流阀	
先导式比例 电磁溢流 减压阀		可调单向 节流阀	
定比减压阀	(减压比为1/3)	减速阀	

名　称	符　号	名　称	符　号
带消声器的节流阀		液压锁	
调速阀	(简化符号)	或门型梭阀	(简化符号)
温度补偿调速阀	(简化符号)	与门型梭阀	(简化符号)
旁通式调速阀		快速排气阀	(简化符号)
单向调速阀	(简化符号)	二位二通换向阀	
分流阀		二位三通换向阀	
集流阀		二位四通换向阀	
分流集流阀		二位五通换向阀	
单向阀	(简化符号)	三位四通换向阀	
液控单向阀	(简化符号)	三位五通换向阀	
四通电液伺服阀			

附表 B-5　辅助元件

名　称	符　号	名　称	符　号
过滤器		除油器	(人工排出)　(自动排出)
磁心过滤器		空气干燥器	
污染指示过滤器		油雾器	
分水排水器	(人工排出)　(自动排出)	气源调节装置	
空气过滤器	(人工排出)　(自动排出)	冷却器	
加热器		压力继电器	(一般符号)
蓄能器		消声器	
气罐		液压源	(一般符号)
压力计		气压源	(一般符号)
液位计		电动机	M
温度计		原动机	M (电动机除外)
流量计		气-液转换器	

附录 C 系统主回路应用实例

主机主要工作要求				实例				
				主回路系统	循环形式	液压泵的类型	液压执行元件类型	主机名称
直线运动	速度要求较稳定,负载变化小	行程中不变速	高速 $v_{max}=30\sim70$ m/min	容积调速	闭式	双向变量叶片泵	双杆活塞缸	高精度平面磨床
				容积调速	闭式	双向变量叶片泵或柱塞泵	单杆活塞缸或柱塞缸	龙门刨床
			中速 $v_{max}=7\sim30$ m/min	容积调速	闭式	双向变量泵	双杆活塞缸	平面磨床
				节流调速	开式	定量泵		
			低速小功率 $v_{max}<6$ m/min	节流调速	开式	齿轮泵、螺杆泵		内、外圆磨床
			低速大功率	容积调速	闭式	双向变量柱塞泵	单杆活塞缸	拉床
	速度要求较稳定,负载变化小	行程中变速	—	容积-节流联合调速	开式	限压式变量泵	差动缸	组合机床
				节流调速	开式	双联定量泵		
				容积调速	开式	恒功率变量柱塞泵	单杆活塞缸	金属挤压液压机
	速度不要求稳定,负载变化大	调速比小于6.5		恒功率调节	开式	恒功率变量柱塞泵		校直、压装液压机
		调速比大于6.5		恒功率调节	开式	恒功率变量柱塞泵加定量泵、充液阀或蓄能器		粉末制品液压机
		不连续工作(挖掘、提升、旋转等)		恒功率调节	开式	恒功率变量柱塞泵	单杆活塞缸	大、中型挖掘机
				不调速	开式	阀配流式柱塞定量泵		
				不调速	开式	定量叶片泵或高压齿轮泵		小型挖掘机、拖拉机搅拌装置
		负载变化大,增压后保压时间较长		恒功率调节(双泵或单泵)	开式	恒功率变量柱塞泵(双泵或单泵)		塑料制品液压机
		速度不要求稳定,短时间有重负载		不调速	开式	齿轮泵、叶片泵、阀配流式泵或手动泵	单杆活塞缸	冲孔、剪料简易液压机、弯管机、拉钢筋机

主机主要工作要求		实例				
		主回路系统	循环形式	液压泵的类型	液压执行元件类型	主机名称
旋转运动	小功率,轻负载,要求反应速度快	定量泵、定量马达(节流调速)	开式	叶片泵	直轴式柱塞马达	小型打包机
	小功率,轻负载,速度要求一般	定量泵、定量马达	闭式	齿轮泵或叶片泵	摆线转子马达	轧钢机辅助机构
	大功率,负载变化较小	定量泵、定量马达(容积调速)	闭式	斜轴式柱塞泵	内曲线型马达(低速)	绞车
					斜轴式柱塞马达	小内燃机车、叉车
	大功率,负载变化大,容许重载时低速	定量泵、双速马达(扭矩调节)	开式	斜轴式柱塞泵、阀配流式柱塞泵	双速大扭矩马达	挖掘机行走机构
	大功率,负载变化大,速度变化大,要求重载时在中速下工作	变量泵、变量马达(调速调扭矩)	开式	斜轴式柱塞泵	直轴式柱塞马达	石油钻机、起重机提升机构

参 考 文 献

[1] 王积伟,章宏甲,黄谊.液压与气压传动[M].2版.北京:机械工业出版社,2005.

[2] 左健民.液压与气压传动[M].3版.北京:机械工业出版社,2005.

[3] 张玉莲.液压和气压传动与控制[M].2版.杭州:浙江大学出版社,2012.

[4] 张奕.液压与气压传动[M].北京:电子工业出版社,2011.

[5] 陈淑梅.液压与气压传动[M].2版.北京:机械工业出版社,2014.

[6] 桂兴春,林艾光.液压与气压传动[M].北京:北京航空航天大学出版社,2011.

[7] 迟媛.液压与气压传动[M].北京:机械工业出版社,2016.

[8] 路甬祥.液压气动技术手册[M].北京:机械工业出版社,2005.

[9] 许福玲,陈尧明.液压与气压传动[M].3版.北京:机械工业出版社,2011.

[10] 左健民.液压与气压传动学习指导与例题集[M].北京:机械工业出版社,2009.

[11] 王积伟.液压与气压传动习题集[M].北京:机械工业出版社,2006.

[12] 刘延俊.液压与气压传动[M].3版.北京:机械工业出版社,2012.

[13] 姜继海,宋锦春,高常识.液压与气压传动[M].2版.北京:高等教育出版社,2009.

[14] 杨曙东,何存兴.液压传动与气压传动[M].3版.武汉:华中科技大学出版社,2008.

[15] 王守城,容一鸣.液压与气压传动[M].北京:北京大学出版社,2008.

[16] 马恩,李素敏.液压与气压传动[M].北京:高等教育出版社,2010.